单墫 主编

数学奥林匹克命题人讲座

图 论

任韩 著

上海科技教育出版社

图书在版编目(CIP)数据

图论/任韩著. —上海:上海科技教育出版社,2009.10
(2024.7重印)
(数学奥林匹克命题人讲座/单墫主编)
ISBN 978-7-5428-4882-6

Ⅰ.图… Ⅱ.任… Ⅲ.图论—高中—教学参考资料
Ⅳ.G634.603

中国版本图书馆CIP数据核字(2009)第132211号

责任编辑:卢　源
封面设计:童郁喜

* 数学奥林匹克命题人讲座 *

图　论

单　墫　主编
任　韩　著

上海科技教育出版社有限公司出版发行
(上海市闵行区号景路159弄A座8楼　邮政编码201101)
www.sste.com　www.ewen.co
全国新华书店经销　上海颛辉印刷厂有限公司印刷
开本890×1240　1/32　印张9.5　字数246 000
2009年10月第1版　2024年7月第16次印刷
ISBN　978-7-5428-4882-6/O·627
定价:36.00元

丛书序

读书,是天下第一件好事。

书,是老师。他循循善诱,传授许多新鲜知识,使你的眼界与思路大开。

书,是朋友。他与你切磋琢磨,研讨问题,交流心得,使你的见识与能力大增。

书的作用太大了!

这里举一个例子:常庚哲先生的《抽屉原则及其他》(上海教育出版社,1980 年)问世后,很快地,连小学生都知道了什么是抽屉原则。而在此以前,几乎无人知道这一名词。

读书,当然要读好书。

常常有人问我:哪些奥数书好? 希望我能推荐几本。

我看过的书不多。最熟悉的是上海的出版社出过的几十本小册子。可惜现在已经成为珍本,很难见到。幸而上海科技教育出版社即将推出一套"数学奥林匹克命题人讲座"丛书,帮我回答了这个问题。

这套丛书的书名与作者初定如下:

黄利兵　陆洪文　　　《解析几何》
王伟叶　熊　斌　　　《函数迭代与函数方程》
陈　计　季潮丞　　　《代数不等式》
田廷彦　　　　　　　《圆》
冯志刚　　　　　　　《初等数论》
单　墫　　　　　　　《集合与对应》《数列与数学归纳法》
刘培杰　张永芹　　　《组合问题》
任　韩　　　　　　　《图论》
田廷彦　　　　　　　《组合几何》

| 唐立华 | 《向量与立体几何》 |
| 杨德胜 | 《三角函数·复数》 |

显然，作者队伍非常之强。老辈如陆洪文先生是博士生导师，不仅在代数数论等领域的研究上取得了卓越的成绩，而且十分关心数学竞赛。中年如陈计先生于不等式，是国内公认的首屈一指的专家。其他各位也都是当下国内数学奥林匹克的领军人物。如熊斌、冯志刚是2008年IMO中国国家队的正副领队、中国数学奥林匹克委员会委员。他们为我国数学奥林匹克做出了重大的贡献，培养了很多的人才。2008年9月14日，"国际数学奥林匹克研究中心"在华东师范大学挂牌成立，担任这个研究中心主任的正是多届IMO中国国家队领队、华东师范大学数学系副教授熊斌。

这些作者有一个共同的特点：他们都为数学竞赛命过题。

命题人写书，富于原创性。有许多新的构想、新的问题、新的解法、新的探讨。新，是这套丛书的一大亮点。读者一定会从这套丛书中学到很多新的知识，产生很多新的想法。

新，会不会造成深、难呢？

这套书当然会有一定的深度，一定的难度。但作者是命题人，充分了解问题的背景（如刘培杰先生就曾专门研究过一些问题的背景），写来能够深入浅出，"百炼钢化为绕指柔"。另一方面，倘若一本书十分浮浅，一点难度没有，那也就失去了阅读的价值。

读书，难免遇到困难。遇到困难，不能放弃。要顶得住，坚持下去，锲而不舍。这样，你不但读懂了一本好书，而且也学会了读书，享受到读书的乐趣。

书的作者，当然要努力将书写好。但任何事情都难以做到完美无缺。经典著作尚且偶有疏漏，富于原创的书更难免有考虑不足的地方。从某种意义上说，这种不足毋宁说是一种优点：它给读者留下了思考、想象、驰骋的空间。

如果你在阅读中，能够想到一些新的问题或新的解法，能够发现书中的不足或改进书中的结果，那就是古人所说的"读书得间"，值得祝贺！

我们欢迎各位读者对这套丛书提出建议与批评。

感谢上海科技教育出版社,特别是编辑卢源先生,策划组织编写了这套书。卢编辑认真把关,使书中的错误减至最少,又在书中设置了一些栏目,使这套书增色很多。

单 墫
2008 年 10 月

目 录

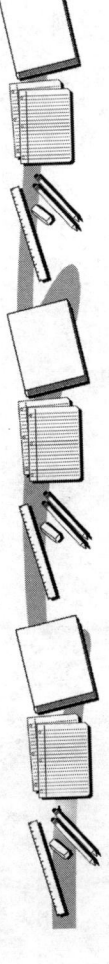

第一讲　图的基本概念 / 1

第二讲　图的连通性 / 23

　　§ 2.1　图的连通性、点割集、边割集 / 24
　　§ 2.2　关于图的连通性的一些基本结果 / 26
　　§ 2.3　连通图的结构问题 / 33

第三讲　组合理论中的树结构 / 36

　　§ 3.1　树的定义、基本性质 / 37
　　§ 3.2　图中的树与反圈之间的关系 / 38
　　§ 3.3　最小支撑树问题 / 40
　　§ 3.4　与树有关的几个重要算法 / 42
　　§ 3.5　边不交支撑树问题 / 52
　　§ 3.6　树在代数结构方面的应用 / 56

第四讲　图的子图问题 / 61

第五讲　对集问题 / 84

　　§ 5.1　一般图中的对集问题 / 84
　　§ 5.2　二部图中的对集问题 / 92

第六讲　图中的遍历性问题 / 107

　　§ 6.1　欧拉图问题 / 108

§6.2 中国邮递员问题 / 120

§6.3 哈密顿问题 / 124

第七讲 拉姆齐问题 / 139

§7.1 2-维拉姆齐数 / 139

§7.2 广义拉姆齐数及其应用 / 149

§7.3 单色子图问题 / 164

第八讲 图的染色问题 / 175

§8.1 图的两种染色概念 / 175

§8.2 图的节点染色 / 177

§8.3 图的边染色 / 193

§8.4 图的色多项式 / 201

§8.5 群论方法 / 204

§8.6 其他染色问题 / 213

第九讲 平面图与多面体问题 / 215

§9.1 平面图与图的平面嵌入 / 215

§9.2 平面嵌入图的染色问题 / 225

§9.3 与平面图有关的图论问题 / 233

第十讲 有向图 / 247

参考答案及提示 / 263

第一讲 图的基本概念

怎样布线才能使得每一部电话都互相连通,并且花费最小? 在城市交通系统中,两个城市之间的最短路线是什么? 一个计算机芯片需要多少层才能使得同一层的线路互不相交? 怎样安排一个体育联盟季度赛的日程表,使得其在最少的周数内完成? 我们能用四种颜色来为每张地图的各个区域涂色,并且使得相邻区域具有不同的颜色吗? 这些问题以及其他的一些实际问题都涉及图论——一门与现代科学技术相互渗透的崭新而迅速发展的数学分支.尤其是在现在,几乎所有的科学研究领域内都可以见到图论的踪迹.不难想象,一个不了解图论的人在现代科技领域内几乎是寸步难行的.

一、图的定义、简单图、重图、环、子图和支撑子图

一个图 G 是一个二元组 (V,E),其中 V 和 E 是两个不相交的集合,V 称为节点的集合,E 称为边的集合(如图1-1).如果 $V=\{v_1,v_2,\cdots,v_p\}$,那么无序对 $e=\{v_i,v_j\}$ 就记为 v_iv_j(或 $e=(v_i,v_j)$).以后我们说节点 $v\in G$ 就意味着 $v\in V(G)$.类似地,说边 $e\in G$ 时,就指 $e\in E(G)$.如果图 G 中任意两个节点(可以是相同节点)之间最多有一条边联结它们,则称 G 为一个**简单图**,否则,称 G 为一个**重图**.一对节点之

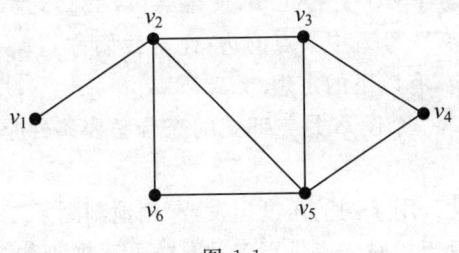

图 1-1

间边的数目称为边的重数. 关联于同一节点的一条边称为**环**. 不难看出,任何一个重图里面都含有一个边数与节点数最多的简单子图,且大多数图只反映对象之间的二元关系,所以图论的重点研究对象是简单图.

如果对图 $G=(V,E)$ 与 $G'=(V',E')$,有 $V'\subseteq V, E'\subseteq E$,即图 G' 的顶点都是图 G 的顶点,图 G' 的边也都是图 G 的边,则称 G' 是 G 的**子图**. 例如图 1-2 中的 G_1, G_2 都是 G 的子图. 如果 $V'=V$,则称 G' 是 G 的**支撑子图**. 图 1-2 中的 G_2 是 G 的支撑子图,而 G_1 则不是. 其实 G_2 是 G 的一个支撑树.

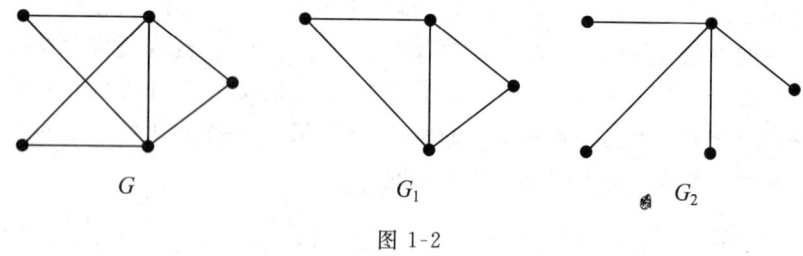

图 1-2

二、完全图、迹、路、圈、二部图、平面图和欧拉图

由 n 个节点组成节点集合,任何两个节点间有一条边相连,所成的图称为 n 个节点组成的**完全图**,记为 K_n. 如果图 G 中的某些节点和边组成的交错序列 $(v_1, e_1, v_2, e_2, \cdots, v_k, e_k, v_{k+1})$,使得 $e_i = v_i v_{i+1} (i=1, 2, \cdots, k)$,则称之为 G 中联结 v_i 与 v_{i+1} 的一条**迹**,简称为 $(v_1 - v_{k+1})$ 迹,v_1 与 v_{k+1} 是其端点. 有时我们将其记为 $v_1 v_2 \cdots v_{k+1}$. 如果一个迹中没有节点相同,则称其为**路**,其中的边数称为其长. 一条路中的两个端点粘合在一起时形成一个圈. 如果一个圈的长为 k,则称其为 **k-圈**. 如果一个图 G 的节点集合 $V(G) = X \cup Y$,使得 $X \cap Y = \emptyset$,且边集合 $E(G)$ 中的元素均是联结 X 与 Y 中节点的边,此时我们称 G 是一个**二部图**. 关于二部图的判定,有以下的定理.

定理 1-1   一个图 G 是二部图的充分必要条件是 G 中没有奇长的圈.

这个结果从禁用子图的角度出发,深刻地刻画了二部图的特点. 以后我们还要在适当的时候提供更多的有效方法来研究二部图.

二部图理论在图的实际应用中有着重要地位. 如果 $|X|=m$, $|Y|=n$, 且 X 中的每一个节点与 Y 中的每一个节点相关联, 我们称其为完全二部图 $K_{m,n}$. 历史上最为著名的二部图是 $K_{3,3}$, 其重要性在于它基本上可以刻画所有图的平面性质. 如果一个图 G 可以画在平面上, 使得边与边仅仅在节点处相交, 我们称其为**平面图**. 图 1-1 和图 1-2 都是平面图. 1930 年波兰数学家库拉托夫斯基(Kuratowski)指出, 只要一个图中有 $K_{3,3}$ 的结构, 那么它是不可能画在平面上的. 这一个结构从内在结构上反映出了图的拓扑性质, 被当今最为著名的拓扑图论学家托马森(C. Thomassen)称为迄今为止最为深刻的图论结果之一. 当一个连通图 G 中的节点的次均为偶数时, 被称为**欧拉图**. 这是为了纪念伟大的瑞士数学家欧拉在解决哥尼斯堡七桥问题时所作出的突出贡献. 他的那篇文章成功地解决了哥尼斯堡七桥问题, 同时标明了一门全新的数学分支——拓扑学的诞生.

三、节点的邻域与次, 图中节点间的距离, 握手定理及其应用

对于图 G 中的节点 x, 用 $N_G(x)$(或 $N(x)$)表示 G 中所有与 x 有边相连的节点集合, 称之为节点 x(在 G 中)的**邻域**, 而 $|N(x)|=d(x)$ 则是 x 在 G 中的**次**. 例如, 图 1-1 中节点 v_3 的邻域为 $N(v_3)=\{v_2, v_4, v_5\}$, 而 $d(v_3)=3$. 在简单图中, $d(x)$ 记录下所有与 x 发生联系的节点数. 图 G 中的两个节点 x 与 y 之间最短通路的长被称为 x 与 y 的**距离**, 记为 $d_G(x,y)$, 而 $\max\{d_G(x,y)\}$ 表示图 G 的直径 $\mathrm{diam}(G)$. 例如, 图 1-1 中 $d(v_1,v_4)=3$, $\mathrm{diam}(G)=3$. 不难看出, 直径越是小的图, 其边数越密集. 在与图的节点次有关的结果中, 最为初等而有用的结果是下面的定理.

定理 1-2(握手定理) 设图 G 的边数为 $|E(G)|$, 则有
$$\sum_{x \in V(G)} d_G(x) = 2|E(G)|.$$

推论 1-3 一个图中所有奇次节点的数目是偶数.

这个结果是如此的简洁, 人们常常用它来解决数学竞赛中有关奇偶性的问题. 例如, 一次聚会中所有握过奇数次手的人员的总数一定是偶数. 下面是握手定理的对偶形式:

定理 1-4(对偶定理) 一个平面图 G 中所有面边界长度之和为

3

$2|E(G)|$（即 $\sum_{f\in F} d(f) = 2|E(G)|$）．

四、图的识别与同构

设 G_1 与 G_2 是两个图．若 $V(G_1)$ 与 $V(G_2)$ 之间存在一一对应关系，使得对于 G_1 中任意一对节点，当且仅当它们在 G_1 中相邻时它们的对应节点在 G_2 中相邻，我们就说 G_1 与 G_2 是**同构**的，记为 $G_1 \cong G_2$．图 1-3 所示的两个图是同构的．因为存在一一对应关系：$v_i \leftrightarrow u_i (1 \leq i \leq 6)$，其相邻关系不变．如 $v_1 v_4 \in E(G_1), u_1 u_4 \in E(G_2); v_1 v_2 \notin E(G_1), u_1 u_2 \notin E(G_2)$ 等等．

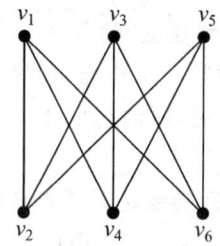 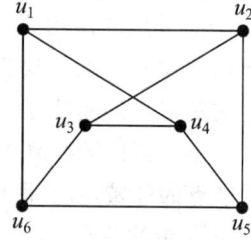

图 1-3

从一般意义上讲，判定两个图是否同构是一个很困难的问题．在这方面，乌拉姆(Ulam)提出了一个猜想．

重构猜想（乌拉姆，1929） 令 G 是有 p 个节点 v_i，H 是有 p 个节点 $u_i (i=1,2,\cdots,p; p \geq 3)$ 的图．如果对于每个 $i(1 \leq i \leq p)$，
$$G - v_i \cong H - u_i,$$
则 $G \cong H$．

迄今为止，这个猜想既未被否定，也未被完全证明．它是图论中尚未解决的著名难题之一．关于这个猜想的进展，可以参见哈拉里(F. Harary)、邦迪(J. Bondy)和纳什-威廉森(Nash-Williamson)等人的文献．

注意：本书中，除非特别说明，我们所说的图都是指有限简单图．

例 1 在一个由 n 个人组成的集合中，每 4 个人组成的子集内就有一个人认识其余的 3 个人．证明：该集合中有一个人认识其余的所有

人(规定若 A 认识 B,则 B 也认识 A).

证明 若 A 和 B 不认识,则对于其余任意的 C 和 D,C 与 D 必然相识,因此 C 和 D 当中一定有人认识其余 3 个人.假定这个人是 C,则对于这 4 人以外的任何一个人 E,我们考虑 4 人组 A,B,C,E,一定有 C 认识 E(否则,A,B,C,E 决定的子图中没有点的次为 3).由 E 的任意性知,C 认识所有人.证毕.

例 2 证明:在一个由 $2n$ 个人组成的集合 S 中存在两个人,他们公共朋友的数目为偶数.

证明 建立一个图 $G=(S,E)$ 如下:当且仅当 x 认识 y 时,$x,y\in S$ 有边相连.

假设结论不成立,则对任何节点 $x,y\in S \Rightarrow |N(x)\cap N(y)|\equiv 1(\bmod 2)$.于是 G 中任何两个节点都有公共朋友.

现在考虑 $N(x)$ 中的节点 y 在 $N(x)$ 中的熟人(即 $d_{N(x)}(y)$).求和后(根据握手定理)有

$$\sum_{y\in N(x)} d_{N(x)}(y)\equiv 0(\bmod 2)\ (即 d(x) 个奇数之和为偶数),$$

从而 $d(x)\equiv 0(\bmod 2)$(即每一个人认识的朋友总数为偶数).设 $d(x)=2m$.

现在考虑 $y\in N(x)$.由上面的分析,$d(y)\equiv 0(\bmod 2)$,且 $|N(x)\cap N(y)|\equiv 1(\bmod 2)$.令 $X=S-(N(x)\cup\{x\})$,则 $|X|\equiv 1(\bmod 2)$.一方面,任何一个 $N(x)$ 中的节点 y 在 X 中的朋友数目 $d_X(y)$ 必然是偶数,从而边集 $E(X,N(x))$ 中有偶数条边.另一方面,任意 $y\in X\Rightarrow d_{N(x)}(y)\equiv 1(\bmod 2)$,从而 $|X|$ 个奇数之和为奇数(即 $|E(X,N(x))|$),这与 $|E(X,N(x))|\equiv 0(\bmod 2)$ 相违.证毕.

 这真是一个令人困惑的题目,如果不用图的邻域概念是很难解答它的.

图论

例3　(握手问题)亚当斯夫妇参加一个聚会,他们到达时已有3对夫妇.相互握手时,没人和自己的配偶握手,没人和相同的人握手两次,没人和自己握手.握手结束后,亚当斯先生问每个人(包括他的妻子)握手的次数.使他吃惊的是,每个人的答案都不一样.问:亚当斯夫人握手多少次?

解　虽然解决问题并不必须画图,但按以下方式将数据图形化是很有益处的.在图1-4(A)中将8个人表示成8个点.

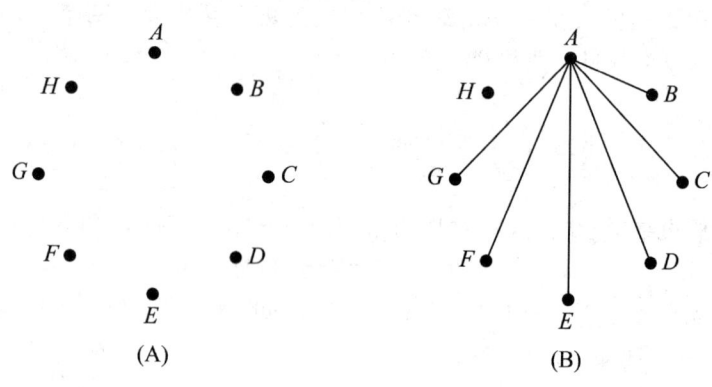

图 1-4

回答亚当斯先生问题的答案一定是数0,1,2,3,4,5,6.假如某人,不妨设为A,已经和B,C,D,E,F,G握手6次,在图中由A向这些点各引一条直线(如图1-4(B)).可以看出,H一定没有和别人握手.由于A不和自己的配偶握手,进一步可知,A和H一定是夫妇.

按照假设,B,C,D,E,F,G中有一人握手5次,不妨设为B(若需要可以重新编号).不失一般性,可以认为和B握手的是A,C,D,E,F,这表示在图1-5(A)中.由图中可以看出,G是回答握手次数为1的人,而且B和G是夫妇.

如前进行(若需要可以重新编号C,D,E),我们假定C和A,B,D,E握手4次(参见图1-5(B)).和前面同样的理由可知,F和C是夫妇,因而D和E是夫妇.D和E每人握手3次,亚当斯先生没有得到两个握手3次的答案,因此D和E一定是亚当斯夫妇.所以亚当斯夫人握

 第一讲 图的基本概念

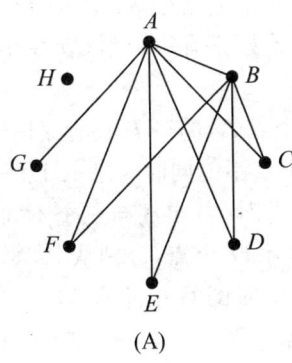
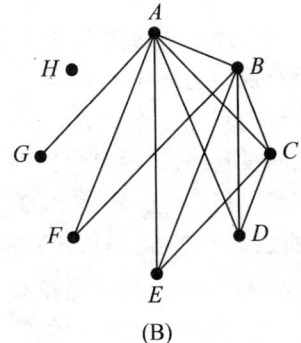

图 1-5

手 3 次.

> **点评** 这道题目是数学竞赛中的一道名题,曾经在美国的普特南数学竞赛中使用过. 一般人如果不用图论方法而单凭逻辑推导, 几乎很难解出来. 这 8 个人中一定有两个人握手的次数相同, 可以断定, 这是一对夫妇. 利用这一特点, 人们制造了许多数学竞赛题目. 下面就是一道, 提供的解答具有普遍性.

例 4 某次聚会共有 17 人, 其中每个人都认识另外 4 个人. 证明: 存在两个人, 他们不认识, 而且没有共同认识的人.

(1992 年第 24 届独联体数学奥林匹克竞赛)

证明 方法一 用 17 个点 $A_1, A_2, \cdots, A_{17}$ 表示 17 个人. 如果两个人认识, 则在相应点之间连一条边, 于是得到一个 4-正则图 G. 如果两个点之间的距离等于 1 或 2, 则称它们是关联的. 问题归结为证明 G 中有不关联的点.

用反证法. 设 G 中所有的点都两两关联 (即 $\mathrm{diam}(G) = 2$, 任意两个点都连有线段或张有角). 因为 G 中有 34 条边, 张角总数为 $17C_4^2 =$

102,并且 $102+34=136=C_{17}^2$,恰好等于两点组的个数.这表明 G 中任意两点要么连有线段要么没有连线但是恰好张有一个角,故 G 中不存在三角形或四边形.

考察图 G 中一个点 X,它与其他四个点 A,B,C,D 连有线段.于是它们之间没有线段,而且它们中任意两个点不能同时与除 X 以外的第三点有线段相连.从 A,B,C,D 出发,除 X 外,各自还与三个不同的点连有线段(如图 1-6(A)所示).这样一共有 17 个点,分别从 A,B,C,D 引出 4 个 3 点组,并且组内没有边相连.这时图 G 中还有 $34-16=18$ 条线段(边),每连一个线段便形成一个含有 X 的 5 点圈(如图 1-6(A)中 XAA_2B_1B),故含有 X 的 5 点圈有 18 个.因为 X 是任意的,故每一个点都包含在 18 个 5 点圈内部.这样图中 5 点圈的个数为 $\frac{1}{5}\times 17\times 18$ 个,但是它不是整数,矛盾! 故必然存在两点是不关联的,也就是存在两个人,他们不认识,且没有共同认识的人.

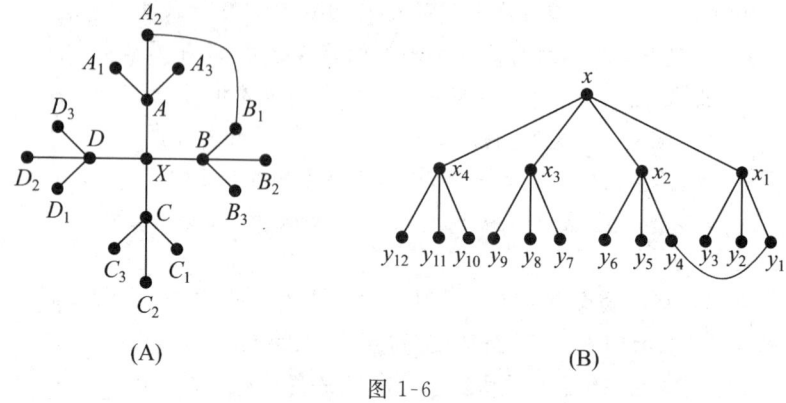

图 1-6

方法二 我们从图论的角度出发给出另外一个解答.用 17 个节点 $x_1,x_2,\cdots,x_{17}$ 表示这 17 个人.若两个人认识,就在他们之间连一条边,于是得到一个 4-正则图 G.我们要证明:

存在两个节点 x_i,x_j,使得 $x_ix_j\notin E(G),N(x_i)\cap N(x_j)=\varnothing$.

用反证法.假设结论不成立,则对于任意节点 $x\in V(G)\Rightarrow$ 任意节点 $y\in V(G)\backslash\{x\cup N(x)\}$,都有 $z\in N(x)$,使得 $yz\in E(G)$.这表明: $N(x)\cup\{x\}$ 以外的 12 个节点至少要向 $N(x)$ 引 12 条边.由反证假设

第一讲 图的基本概念

和鸽笼原理,$N(x)$中每个节点都要与$N(x)\bigcup\{x\}$以外的 3 个节点有边相连.由于节点 x 的任意性,G 中没有长为 3 或 4 的圈.令

$N(x)=\{x_1,x_2,x_3,x_4\}$, $N(x_1)=\{x\}\bigcup\{y_1,y_2,y_3\}$,

$N(x_2)=\{x\}\bigcup\{y_4,y_5,y_6\}$, $N(x_3)=\{x\}\bigcup\{y_7,y_8,y_9\}$,

$N(x_4)=\{x\}\bigcup\{y_{10},y_{11},y_{12}\}$.

由于 G 中无长为 3 或 4 的圈,上述 5 个集合都是独立集(即它们所导出的子图是空图).不妨设 $y_1y_4\in E(G)$,则 $y_2y_5\notin E(G)$,且 $N(y_2)\bigcap N(y_5)=\emptyset$(否则,$G$ 中有 4-圈,如图 1-6(B)所示).与假设相违!

例 5 国际乒乓球男女混合双打大奖赛有 24 对选手参加,赛前一些选手握了手,但同一对选手之间不握手.赛后某个男选手问每个选手的握手次数,各人的回答各不相同.问:这名男选手的女搭档和多少人握了手?

解 48 名选手用 48 个顶点 $v,v_0,v_1,\cdots,v_{46}$ 表示,其中 v 代表那名男选手.两人握过手就在他们相应的顶点之间连一条边,得图 G.在 G 中,$d(v_i)\leqslant 46,i=0,1,2,\cdots,46$.并且当 $i\neq j$ 时,$d(v_i)\neq d(v_j)$.所以除顶点 v 外,其他顶点的度分别为

$$0,1,2,\cdots,46.$$

不妨设 $d(v_i)=i,i=0,1,2,\cdots,46$.对顶点 v_{46} 来说,它只和顶点 v_0 不相邻,故 v_{46} 和 v_0 是搭档.在 G 中去掉顶点 v_0,v_{46} 及与它们相邻的边,得图 G_1.在 G_1 中除 v 外,各顶点的度仍然不同,且都减小 1.同样道理,v_{45} 和 v_1 是搭档.依次可得 v_{44} 和 v_2、v_{43} 和 $v_3\cdots v_{24}$ 和 v_{22} 是搭档,于是 v_{23} 和 v 是搭档,所以那名男选手的女搭档握了 23 次手.

点评 本题中的 24 改为 34,"男女搭档"改为"正副领队",便是第 26 届国际数学奥林匹克竞赛预选题.将 24 改为 16,"男女搭档"改为"甲、乙两个足球队",就是 1985 年全国高中数学联赛第二试第 3 题.

 图论

下面这个例子取自 1981 年国际数学奥林匹克竞赛,原来的解答是纯粹的组合计数方法.现在我们提供一个由国际著名图论学家,美国孟菲斯州立大学的鲁索(C. Rousseau)给出的利用二部图理论的解答.

例 6 设 $1 \leqslant r \leqslant n$,考虑 $\{1, 2, \cdots, n\}$ 的所有 r-子集,每一个子集都有最小元.用 $F(n, r)$ 表示这些最小元的算术平均值.证明:$F(n, r) = \dfrac{n+1}{r+1}$.

证明 考虑一个二部图如下:黑色节点集合是 $\{0, 1, 2, \cdots, n\}$ 的 $(r+1)$-子集的全体,白色节点集合是 $\{1, 2, \cdots, n\}$ 的 r-子集的全体.对于每一个黑色节点 X,我们将 X 中的最小元 α_X 去掉以后得到 $Y = X - \{\alpha_X\}$,是一个白色节点 ($\{1, 2, \cdots, n\}$ 的 r-子集),然后在 X 与 $Y = X - \{\alpha_X\}$ 之间连一条边.此图具有 C_{n+1}^{r+1} 个黑色节点和 C_n^r 个白色节点,同时还有 $\dfrac{n+1}{r+1} C_n^r$ 条边.注意到白色节点的次是这个节点(即 $\{1, 2, \cdots, n\}$ 的 r-子集)的最小元素.这样,所要求的最小元的平均值就是 $\dfrac{\text{边数}}{\text{白色节点数}}$,即 $\dfrac{n+1}{r+1}$.

例 7 能否让马跳动若干次,将如图 1-7(A)所示的阵势变为如图 1-7(B)所示的阵势("马"按照国际象棋规则跳动)?

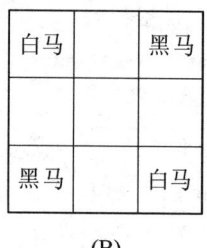

图 1-7

解 如图 1-8 所示,将 9 个方格编号,再把每个方格对应为平面上一点.若马能从一个方格跳往另一个方格,则在相应两点之间连一条边,如图 1-9.

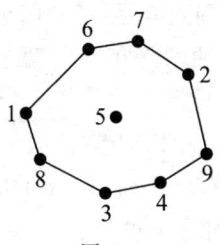

图 1-8　　　　　　　　图 1-9

于是由图 1-7(A)所示的开始阵势及图 1-7(B)所示的要求变成的阵势分别变成了图 1-10、图 1-11 中的两个图形.显然,马在一个圆上的前后跟随顺序是无法从两白两黑紧贴转化为黑白相间的,所以不能按要求改变阵势.

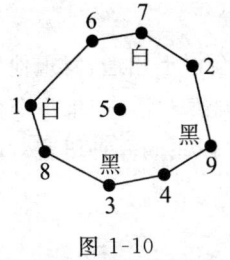 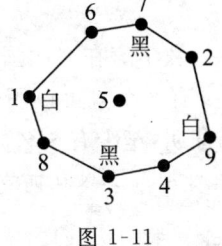

图 1-10　　　　　　　　图 1-11

本题解答的关键在于建立原问题的数学模型,得出两种无法相互转化的结构.

例 8　有 n 个选手 $A_1, A_2, \cdots, A_n$ 参加数学竞赛,其中有些选手是互相认识的,而且任何两个不相识的选手都恰好有两个共同的熟人.若已知选手 A_1 与 A_2 互相认识,但他俩没有共同的熟人,证明:他俩的熟

 图论

人一样多.

证明 用节点 $A_1, A_2, \cdots, A_n$ 表示这 n 个选手. 如果两个选手互相认识,那么就在相应的两个节点之间连一条边,这样就得到一个简单图 G. 图 G 中的顶点满足:任意两个不相邻的顶点都恰好有两个共同相邻的顶点. 要证明的是相邻的两个节点 A_1 与 A_2 满足条件 $|N(A_1)| = |N(A_2)|$.

从 $N(A_1)$ 中任取节点 $x(\neq A_2)$. 由条件,$N(A_1) \bigcap N(A_2) = \emptyset$,得 $(x, A_2) \notin E(G)$. 从而 $N(A_2)$ 中有节点 y,与 x 之间有边相连. 易见,$N(A_1)$ 中不同的 x 对应于 $N(A_2)$ 中不同的 y. 这就建立起了从 $N(A_1)$ 到 $N(A_2)$ 之间元素的一一对应,所以 $|N(A_1)| = |N(A_2)|$.

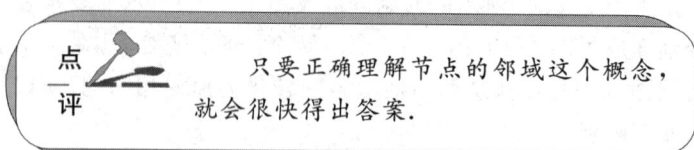

只要正确理解节点的邻域这个概念,就会很快得出答案.

例9 9名数学家在一次国际数学会议上相遇,发现他们中的任意3个人中,至少有2个人可以用同一种语言对话. 如果每个数学家至多说3种语言,证明:至少有3名数学家可以用同一种语言对话.

(1978年美国数学奥林匹克竞赛)

证明 **方法一** 用9个节点 $v_1, v_2, \cdots, v_9$ 表示这9名数学家. 如果某两个数学家能用第 i 种语言对话,则在他们相应的顶点之间连一条边,并涂以相应的第 i 种颜色. 这样就得到一个有9个顶点的简单图 G,它的边涂上了颜色,每3点之间至少有一条边,每个顶点引出的边至多有3种不同的颜色. 要证明的是:图 G 中存在3个点,它们两两相邻,且这3条边具有相同的颜色(这种三角形称为同色三角形).

如果边 $(v_i, v_j), (v_j, v_k)$ 具有相同的第 i 种颜色,则按边涂色的意义,点 v_i, v_k 也相邻,且边 (v_i, v_k) 也具有第 i 种颜色. 所以对顶点 v_1 来

说,有两种情形:

(1) 点 v_1 与点 $v_2, v_3, \cdots, v_9$ 都相邻. 根据抽屉原则知,至少有两条边,不妨设为 $(v_1, v_2), (v_1, v_3)$, 具有相同的颜色, 从而 $\triangle v_1 v_2 v_3$ 是同色三角形.

(2) 点 v_1 与点 $v_2, v_3, \cdots, v_9$ 中的至少一个点不相邻. 不妨设点 v_1 与点 v_2 不相邻, 由于每 3 点之间至少有一条边, 所以从 $v_3, v_4, \cdots, v_9$ 发出的另一个端点是 v_1 或 v_2 的边至少有 7 条. 由此可知, 点 $v_3, v_4, \cdots, v_9$ 中至少有 4 个点与 v_1 或 v_2 相邻. 不妨设点 v_3, v_4, v_5, v_6 与点 v_1 相邻, 如图 1-12 所示, 于是边 $(v_1, v_3), (v_1, v_4), (v_1, v_5), (v_1, v_6)$ 中必定有两条具有相同的颜色. 设 $(v_1, v_3), (v_1, v_4)$ 同色, 则 $\triangle v_1 v_3 v_4$ 是同色三角形.

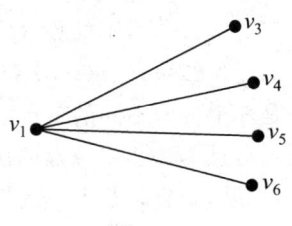

图 1-12

点评 若把题中的 9 改成 8, 命题就不成立了, 图 1-13 给出了一个反例. $v_1, v_2, \cdots, v_8$ 表示 8 个顶点, $1, 2, \cdots, 12$ 表示 12 种颜色, 则图中无同色三角形.

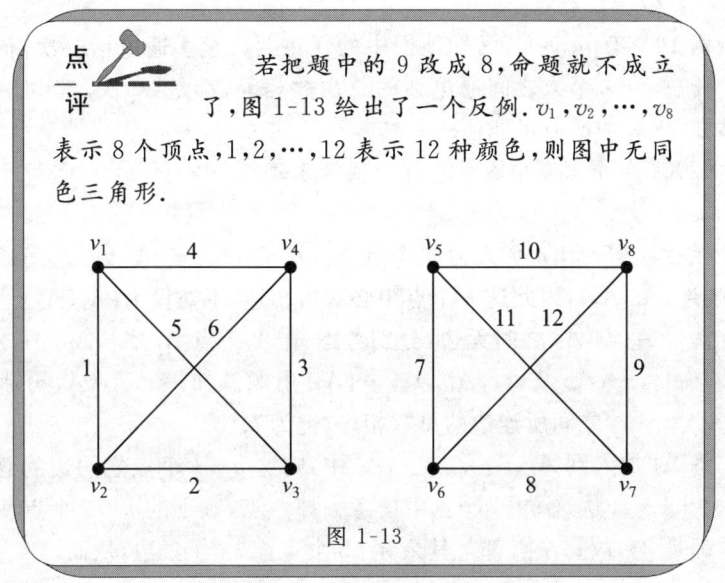

图 1-13

方法二 利用二部图理论. 令 $X = \{x_1, x_2, \cdots, x_9\}$ 为这 9 名数学家的全体, 而 Y 是他们所掌握语言的集合. 如果某人 x_i 会说某种语言

y_j,则在它们之间连一条边. 这样得到一个二部图 $G=(X,Y,E)$,如图 1-14.

运用反证法. 设 Y 中每个节点的次不超过 2. 由题目,不妨设 $y_i \in N(x_{2i-1}) \cap N(x_{2i})$,$i=1,2,3,4$. 同时不妨设 $y_5 \in N(x_1) \cap N(x_3)$,且 $y_6 \in N(x_3) \cap N(x_9)$. 容易看出,$y_1, y_2, \cdots, y_6$ 是 6 个两两不同的节点. 现在 $N(x_3) = \{y_2, y_5, y_6\}$,且 $N(x_3)$ 中节点的次都是 2. 考虑节点 x_3, x_5, x_7,必有新节点 $y_7 \in N(x_5) \cap N(x_7)$. 同理,有新节点 $y_8 \in N(x_5) \cap N(x_8)$. 现在考虑节点 x_1, x_5, x_9,存在新节点 $y_9 \in N(x_1) \cap N(x_9)$. 考虑节点 x_1, x_4, x_5,必有新节点 $y_{10} \in N(x_1) \cup N(x_5)$. 无论如何都有 $d(y_{10}) \geqslant 3$,与反证假设相违.

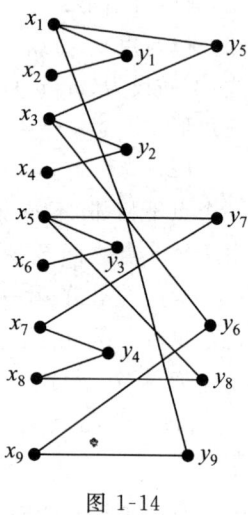

图 1-14

例 10 有 n 个人,已知他们中的任意两人至多通电话一次,他们中的任意 $n-2$ 个人之间通电话的总次数相等,都是 3^m 次,其中 m 为自然数. 求 n 的所有可能值.

(2000 年中国高中数学联赛加试第 3 题)

解 显然 $n \geqslant 5$. 记 n 个人为 n 个点 $A_1, A_2, \cdots A_n$. 若 A_i, A_j 之间通电话,则连 (A_i, A_j),因此这 n 个点中必有边相连,不妨设为 (A_1, A_2).

倘若 A_1 与 A_3 之间无边,分别考虑 $n-2$ 个点 $A_1, A_4, A_5, \cdots, A_n$;$A_2, A_4, A_5, \cdots, A_n$ 及 $A_3, A_4, A_5, \cdots, A_n$. 由题意知,$A_1, A_2, A_3$ 分别与 $A_4, A_5, \cdots, A_n$ 之间所连边的总数相等,记为 k.

将 A_2 加入到 $A_1, A_4, A_5, \cdots, A_n$ 中,则这 $n-1$ 个点之间边的总数 $S = 3^m + k + 1$. 从这 $n-1$ 个点中任意去掉一点,剩下的 $n-2$ 个点所连边数都是 3^m,故每个点都与其余 $n-2$ 点连 $k+1$ 条边,从而

$$S = \frac{1}{2}(n-1)(k+1).$$

同理,考虑 A_3 加入 $A_1, A_4, A_5, \cdots, A_n$ 中所得的 $n-1$ 个点的情

况,可知边的总数为 $t=3^m+k=\frac{1}{2}(n-1)k$.

因为 $S=t+1$,得
$$\frac{1}{2}(n-1)(k+1)=\frac{1}{2}(n-1)k+1,$$

即 $n=3$,矛盾. 所以 A_1 与 A_3 之间有边. 同理,A_2,A_3 之间也有边,进而 A_1,A_2 与所有 $A_i(i=3,4,\cdots,n)$ 之间有边. 对于 A_i,$A_j(i\neq j)$,因为 A_i 与 A_1 之间有边,可知 A_i 与 A_j 之间有边,因此这 n 个点构成一个完全图. 所以
$$3^m=\frac{1}{2}(n-2)(n-3),$$
$$n=5.$$

例 11 如图 1-15(A)所示,大三角形的三个顶点分别涂以红、蓝、黑三种颜色,在大三角形内取若干个点,将它分为若干个小三角形,每两个小三角形或者有一个公共顶点,或者有一条公共边,或者完全没有公共点. 将每个小三角形的顶点也涂上红、蓝、黑三种颜色之一. 证明:不管怎样涂色,都有一个小三角形,它的三个顶点的颜色全不相同.

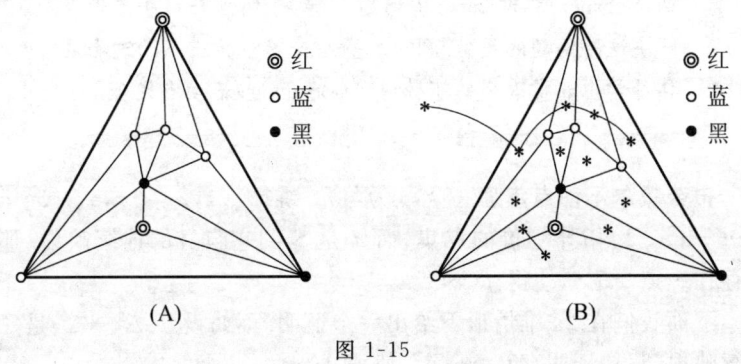

图 1-15

证明 **方法一** 设在大三角形内部的红蓝边(即一端为红、一端为蓝的边)有 k 条,又设三个顶点分别为红、蓝、黑的小三角形有 p 个,三个顶点分别为红、红、蓝或蓝、蓝、红的小三角形有 q 个,其余的小三角形共

有 r 个. 计算一下每个小三角形的红蓝边的条数,再把它们加起来,总和为 $p+2q$. 由于每一条在大三角形内部的红蓝边被算了两次,而大三角形本身的一条红蓝边只算了一次,所以 $p+2q=2k+1$. 从而 p 是一个奇数,当然不等于零(零是偶数),即存在三个顶点的颜色各不相同的小三角形.

方法二 依照题目所设,在大三角形外及每个小三角形内各取一个点. 当两个面以一条红蓝边为公共边时,我们在相应的两个点之间连一条边,这样得到一个图 G'(图 1-15(B)).

三个顶点的颜色分别为红、蓝、黑的小三角形对应于 G' 的奇顶点(次数为 1),其余的小三角形均对应于 G' 的偶顶点(次数为 0 或 2),此外大三角形的外部也对应于一个奇顶点 v_1. 根据推论 1-3,奇顶点的总数是一个偶数,因此图 G' 除了 v_1 外,至少还有一个奇顶点,也就是在图 1-15 中至少有一个小三角形,它的三个顶点分别为红、蓝、黑这三种颜色.

> **点评** 这个例子实际上讲的是组合几何学(或几何图论)中的一个重要结论——施佩纳(Sperner)引理. 和七桥问题一样,奇偶性与握手定理是解决这个问题的关键. 利用本题结论不难推出下面这个在拓扑学中非常著名的布劳威尔(Brouwer)不动点定理.

布劳威尔不动点定理 令 S 为与 n-维球 $\{(x_1,x_2,\cdots,x_n)\mid x_1^2+x_2^2+\cdots+x_n^2\leqslant 1\}$ 拓扑等价的点集,而 f 是 S 到它自身的连续映射. 那么总存在一点 $x\in S$,使得 $f(x)=x$.

下面我们在 2-维情形下给出一个证明. 不妨设 $f:\Delta^2\to\Delta^2$ 是一个连续映射,只要证明存在 $x\in\Delta^2$,使得 $f(x)=x$ 即可.

证明 记 Δ^2 为平面上的闭三角形,将它进行三角剖分 $(\delta_1^2,\delta_2^2,\cdots,\delta_n^2)$: $\Delta^2=\delta_1^2\cup\delta_2^2\cup\cdots\cup\delta_n^2,\delta_i^2\cap\delta_j^2=\varnothing,\delta^0$ 或 δ^1,其中 δ_i^2 是小三角形,δ^0,δ^1 分别是节点和边,如图 1-16(A)所示.

第一讲 图的基本概念

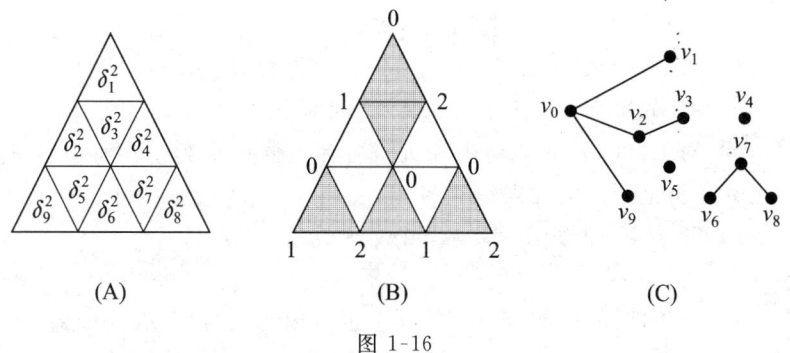

图 1-16

对于这个三角剖分,将 Δ^2 和 δ_i^2 的节点用 $0,1,2$ 标号.如果这样的标号满足:

(1) Δ^2 的三个顶点分别标号 $0,1,2$;

(2) 若 Δ^2 的一边之端点标 $i,j,0\leqslant i<j\leqslant 2$,则此边上其他顶点非 i 即 j,

则称之为真标号.在真标号下,三个顶点分别是 $0,1,2$ 的 δ_i^2 称为显三角形,如图 1-16(B)中带阴影的三角形.以 $v_1,v_2,\cdots$ 代表 Δ^2 中三角形 $\delta_1^2,\delta_2^2,\cdots$,以 v_0 代表 $\pi-\Delta^2=\delta_0^2$ 作为图的节点.当且仅当此二节点所代表的三角形有公共边,且其二端点标 0 和 1 时,二节点间有一条边.记此图为 $G(\Delta^2)$,如图 1-16(C)所示.

设 a_0,a_1,a_2 为三角形 Δ^2 的三个顶点,则对于任何 $x\in\Delta^2$,均有 $x=\lambda_0 a_0+\lambda_1 a_1+\lambda_2 a_2$,其中 $\lambda_0+\lambda_1+\lambda_2=1,\lambda_0,\lambda_1,\lambda_2\geqslant 0$.记 $x=(\lambda_0,\lambda_1,\lambda_2),f(x)=(\lambda_0',\lambda_1',\lambda_2')$.定义 $D_i=\{(\lambda_0,\lambda_1,\lambda_2)\in\Delta^2|\lambda_i\geqslant\lambda_i'\},i=0,1,2$.因此,只要证明 $D_0\bigcap D_1\bigcap D_2\neq\varnothing$ 即可.

对于 Δ^2 的任何一个三角剖分 $(\delta_1^2,\delta_2^2,\cdots)$,将属于 D_i 的顶点标为 $i,i=0,1,2$.由 f 的连续性知,这样的标号是真标号.这样,由例 11(或施佩纳引理)知,总存在显三角形,即三个顶点分别属于 D_0,D_1,D_2.又,每个 $D_i,i=0,1,2$ 全是闭集,因此显三角形(在取极限后)的极限点也应该属于 $D_0\bigcap D_1\bigcap D_2$.定理证毕.

例 12 设 n 为一正整数,且 $A_1,A_2,\cdots,A_{2n+1}$ 是某个集合 B 的子集.设

(1) 每一个 A_i 恰含有 $2n$ 个元素；

(2) 每一个 $A_i \cap A_j (1 \leqslant i < j \leqslant 2n+1)$ 恰含有一个元素；

(3) B 的每个元素至少属于 A_i 中的两个.

问：对怎样的 n，可以将 B 中元素各标上数 0 或 1，使得每个 A_i 恰含有 n 个标上了 0 的元素？

(1988 年第 29 届国际数学奥林匹克竞赛)

解 首先，条件(3)中的"至少"实际上也可以改成"恰"，因为如果有一个元素 $a_1 \in A_1 \cap A_{2n} \cap A_{2n+1}$，那么剩下的 $2n-2$ 个子集 $A_2, A_3, \cdots, A_{2n-1}$ 每个至多含 A_1 中一个元素，从而 A_1 中至少有一个元素不属于 $A_2 \cup A_3 \cup \cdots \cup A_{2n-1} \cup A_{2n} \cup A_{2n+1}$，这与条件(3)矛盾.

于是作完全图 K_{2n+1}，每一个顶点 v_i 表示一个子集 A_i，每一条边 $(v_i, v_j) = b_{ij} (1 \leqslant i, j \leqslant 2n+1, i \neq j)$ 表示集 A_i 与 A_j 所共有的那个元素，于是题目就转化为：对怎样的 n，可以给 K_{2n+1} 的每条边贴一个 0 或 1 的标签，使得从图中任一点 v_i 出发的 $2n$ 条边中恰有 n 条边贴有 0 的标签.

因为 K_{2n+1} 有 $n(2n+1)$ 条边，如果上述贴标签的要求能够满足，则贴 0 的边共有 $\dfrac{n}{2}(2n+1)$ 条，于是 n 必须是偶数.

另一方面，若 $n = 2m$ 是偶数，我们把 K_{2n+1} 中的边 (v_i, v_{i-m}), (v_i, v_{i-m+1}), $\cdots$, (v_i, v_{i-1}), (v_i, v_{i+1}), $\cdots$, (v_i, v_{i+m}), $i = 1, 2, \cdots, 2n+1$，全标上 0，其余的标上 1，则得本题所要求的贴标签方法(要注意的是，顶点下标的加法是按模 $2n+1$ 进行的，即 $v_{(2n+1)+i} = v_i$). 所以，当且仅当 n 为偶数时，可以满足题目要求.

例 13 有 $12k$ 个人参加会议，每人都恰好与 $3k+6$ 个人握过手，并且对其中任意两人，与这两个人都握过手的人数皆相同. 问：有多少人参加会议？

(1995 年第 36 届国际数学奥林匹克竞赛预选题)

解 设对任意两人，与他们都握过手的有 n 人. 考虑某个 a，与 a 握过

手的全体记为 A,与 a 没有握过手的全体记为 B,由题设知 $|A|=3k+6, |B|=9k-7$.

再考虑 $b\in A$,与 a,b 都握过手的 n 个人都在 A 中,因此 b 与 A 中 n 个人握手,与 B 中 $3k+5-n$ 个人握手.

考虑 $c\in B$,与 a,c 都握过手的 n 个人都在 A 中,于是 A 与 B 之间握手总数为
$$(3k+6)(3k+5-n)=(9k-7)n,$$
$$n=\frac{(3k+6)(3k+5)}{12k-1},$$
从而
$$16n=\frac{(12k-1+25)(12k-1+21)}{12k-1}.$$

显然 $(3,12k-1)=1$,所以 $(12k-1)|(25\times 7)$.因为 $12k-1$ 除以 4 余 3,所以 $12k-1=7, 5\times 7$ 或 $5^2\times 7$,经检验只有 $12k-1=5\times 7$ 产生整数解 $k=3, n=6$.即有 36 个人参加会议.

下面构造一个由 36 点组成的图,图中每点引出 15 条边,且对每一对点,与它们相连的点均为 6 个.

自然地,我们可用 6 个完全图 K_6.36 个点分成六组,同组的 6 个人编号,排成一个 6×6 方阵:

$$\begin{array}{cccccc} 1 & 2 & 3 & 4 & 5 & 6 \\ 6 & 1 & 2 & 3 & 4 & 5 \\ 5 & 6 & 1 & 2 & 3 & 4 \\ 4 & 5 & 6 & 1 & 2 & 3 \\ 3 & 4 & 5 & 6 & 1 & 2 \\ 2 & 3 & 4 & 5 & 6 & 1 \end{array}$$

对方阵中的每个点,它与同行、同列、同编号的 15 个点相连,与其余点不相连.易见,与任意两位代表都握过手的恰好有 6 人.

例 14 设 G_n 是一个图,它的节点集合是 $\{1,2,\cdots,n\}$ 上的所有全排列.当且仅当两个排列 $a_1, a_2, \cdots, a_n$ 与 $b_1, b_2, \cdots, b_n$ 互换了两个邻接位置上的元素时,它们才是邻接的(G_3 如图 1-17 所示).证明:G_n 是连通图.

证明 设 $\sigma = a_1, a_2, \cdots, a_n$ 与 $\tau = b_1, b_2, \cdots, b_n$ 表示任意两个置换. 我们从左向右检查这两个置换的元素. 设 a_k 与 b_k 是第一个不同元素, 我们在 σ 中可以使用交换相邻元素的方法逐步地交换 a_k 与 a_{k+1}, 接着在所得置换中交换第 $k+1$ 位置上的元素 a_k 与第 $k+2$ 位置上的元素 a_{k+2} …… 直至交换 a_k 与 $a_m = b_k$. 然后将此过程反过来, 将 b_k 与第 $m-1$ 位置上的元素向前交换, 如此反复下去直到我们得到新置换 $\sigma' = a_1, a_2, \cdots, a_{k-1}, b_k, \cdots, a_n$, 它与 τ 的前 k 个元素相同. 根据数学归纳法原理, σ' 与 τ 之间有路相互联结. 这样, G 中有联结 σ 与 τ 的路. 证毕.

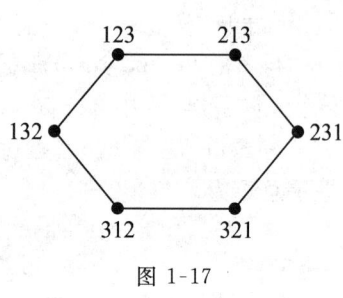

图 1-17

注意:实际上 G 是哈密顿(Hamilton)图, 我们略去其证明.

习题 1

1. 设 $G=(V,E)$ 是一个阶至少为 3 的图. 证明:当且仅当 G 中有两个节点 x,y,使得 $G-x-y$ 是连通图时,G 也是连通图.

2. 证明:如果图 G 不是连通的,那么它的补图 $\overline{G}$ 必然是连通的.

3. 设图 G 的阶为 14,边数为 27,每一个节点的次只能是 3,4 或 5,且 G 有 6 个次为 4 的节点. 问:G 中有多少个次为 3 的节点?多少个次为 5 的节点?

4. 有 n 个药箱,每两个药箱里有一种相同的药,每种药恰好在两个药箱里出现. 问:有多少种药?

5. 一次会议有 n 名教授 $A_1,A_2,\cdots,A_n$ 参加. 证明:可以将这 n 个人分为两组,使得每一个人 A_i 在另一组中认识的人数 d_i 不少于他在同一组中认识的人数 $d'_i (i=1,2,\cdots,n)$.

6. 18 个队进行比赛,每一轮中每个队与另一个队比赛一场,并且在其他各轮比赛中,两个已赛过的队彼此不再比赛. 现在比赛已进行完 8 轮. 证明:一定有 3 个队,在前 8 轮比赛中彼此之间尚未比赛过.

7. 某次会议有 n 名代表出席,已知任意 4 名代表中都有 1 个人与其余的 3 个人握过手. 证明:任意 4 名代表中必有 1 个人与其余的 $n-1$ 名代表都握过手.

8. 有 3 所中学,每所有学生 n 名,每名学生都认识其他 2 所中学的 $n+1$ 名学生. 证明:可以从每所中学选出 1 名学生,使选出来的 3 名学生互相认识.

9. 一个很大的棋盘上有 $2n$ 个红色的方格. 对任何两个红色方格,可从其中一个出发,每步横或竖走到相邻的红色方格,一直走到另一个方格中. 证明:所有的红色方格可以分为 n 个矩形.

10. 某参观团有 2000 个人,其中任意 4 个人中一定有某 1 个人认识其他 3 人. 问:认识该参观团所有成员的人数最少有多少?

11. 在一节车厢里,任意 $m(m\geqslant 3)$ 个旅客都有唯一的公共朋友(当甲是乙的朋友时,乙也是甲的朋友. 任何人不作为他自己的朋友). 问:

这节车厢里有多少人?

12. 平面上给定 5 点 A,B,C,D,E,其中任意 3 点不共线. 试证:任意用线段联结某些点(这些线段称为边),若所得图形中不出现以这 5 点中任意 3 点为顶点的三角形,则此图不可能有 7 条或更多的边.

第二讲 图的连通性

在一个已知的网络系统中,每一个节点到其他节点都有通路.试问:要想破坏这个系统,使得它不再连通,至少需要去掉多少个节点(边)?有没有快速的算法求解这个问题?这就是图论中所谓的连通性问题.

考虑如下四个连通图(如图 2-1).其中 G_1 是树,它是最"脆弱"的连通图,去掉任何一边或非一次节点都会使得它不再连通.G_2 中,虽然去掉任何一边后图仍然连通,但是存在一个节点 v,使得去掉 v 以后得到的图不连通.G_3 中,去掉任何一边或节点都不能使它不连通,但是去掉两条边或两个节点,便可以得到不连通图.而 G_4 则是连通度最高的图.

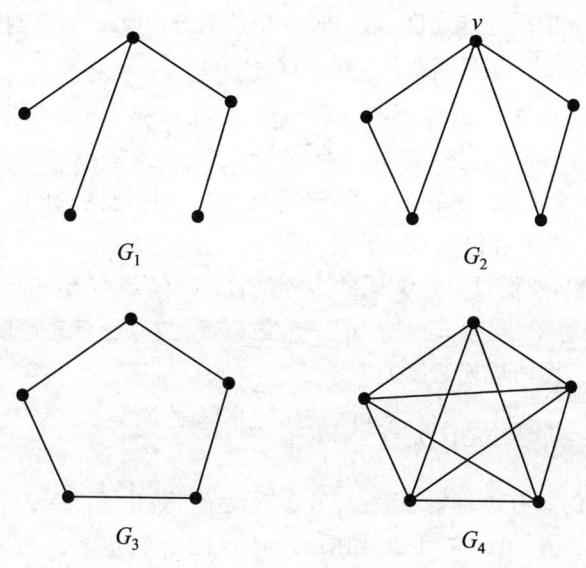

图 2-1

§2.1 图的连通性、点割集、边割集

设图 G 不是完全图. 若存在 $V_1 \subset V$, 使得 $G-V_1$ 是不连通图,则称 V_1 是 G 的一个**点割集**. 若 $|V_1|=k$, 也称 V_1 为 k-点割集. 设 u 与 v 分别是 $G-V_1$ 的不同分支内的节点, 我们称 V_1 是分离 u,v 的点割集. 定义图 G 的点连通度 $\kappa(G)=\min\{|V_1|\}$. 如果 $G=K_p$, 则规定 $\kappa(G)=p-1$. 这里对 G 的所有点割集取最小. 若点割集 V_1 使得 $|V_1|=\kappa(G)$, 则称其为最小点割集. 由定义可知, 如果 G 不连通, 则 $\kappa(G)=0$.

设 u,v 是 G 中一对不相邻的节点. 我们定义
$$\kappa(u,v)=\min\{|V_1|\}$$
为关于 u,v 的局部连通度, 这里对 G 中所有分离 u,v 的点割集 $|V_1|$ 取最小. 不难看出, 如果 $G \neq K_p$, 则 $\kappa(G) = \min_{uv \notin E(G)} \{\kappa(u,v)\}$.

对于非负整数 k, 如果有 $\kappa(G) \geq k$, 则称 G 是 k-点连通图. 显然, 如果 G 是 k-点连通图, 则 G 也是 $(k-1)$-点连通图. 所有非平凡的图都是 1-点连通图. 由定义易见, 若 G 是 k-点连通图, 则 G 的节点数 $p(G) \geq k+1$, 当且仅当 $G \cong K_{k+1}$ 时等号成立.

类似地, 我们可以定义图的边连通度. 若有 $E_1 \subset E(G)$, 使得 $G-E_1$ 是不连通图, 则称 E_1 是 G 的一个**边割集**. 类似于点连通度情形, 我们可以定义图的边连通度如下:
$$\lambda(G)=\begin{cases}\min\{|E_1|\}, & G \neq K_1, \\ 0, & G=K_1,\end{cases}$$
这里对 G 的所有边割集取最小. 若边割集 E_1 使得 $|E_1|=\lambda(G)$, 则称其为最小边割集. 由定义可知, 如果 E_1 是 G 的最小边割集, 则 $G-E_1$ 恰好有两个分支.

设 u,v 是 G 中一对不相邻的节点. 我们定义

$$\lambda(u,v) = \min\{|E_1|\}$$

为关于 u,v 的边局部连通度,这里对 G 中所有分离 u,v 的边割集 $|E_1|$ 取最小. 不难看出,如果 $G \neq K_1$,则 $\lambda(G) = \min\limits_{uv \notin E(G)} \{\lambda(u,v)\}$.

对于非负整数 k,如果有 $\lambda(G) \geqslant k$,则称 G 是 k-边连通图. 显然,如果 G 是 k-边连通图,则 G 也是 $(k-1)$-边连通图. 所有非平凡的图都是 1-边连通图. 此外,由定义可见,对于图 G 中任何节点 v 和任何一条边 e,有

$$\kappa(G) - 1 \leqslant \kappa(G-v),$$
$$\lambda(G) - 1 \leqslant \lambda(G-e) \leqslant \lambda(G).$$

§2.2 关于图的连通性的一些基本结果

定理 2-1 对于任何一个图 G,都有
$$0 \leqslant \kappa(G) \leqslant \lambda(G) \leqslant \delta(G),$$
其中 $\delta(G) = \min\limits_{x \in V(G)} \{d(x)\}$ 是 G 的最小次.

注意,此结果表明,一个 k-点连通图一定是 k-边连通图.

前面我们介绍了点割集与边割集的概念. 特别地,如果一个节点 v 构成了图 G 的点割集,则称其为割点;类似地,若一条边 e 构成了图 G 的边割集,则称其为割边. 关于割点与割边,有以下十分重要的结果.

定理 2-2 每一个非平凡连通图至少有两个点不是割点.

定理 2-3 设 v 是连通图 G 中的一个节点,则下列结论等价:

(1) v 是 G 的割点;

(2) 存在 $V-\{v\}$ 的一个剖分 U, W,使得对于任意的 $u \in U, w \in W$,节点 v 在每一条 $(u-w)$ 路上;

(3) 存在节点 $u, w(\neq v)$,使得 v 在每一条 $(u-w)$ 路上.

下面的定理给出了割边的特征.

定理 2-4 设 e 是连通图 G 的一条边,则下列结论等价:

(1) e 是 G 的割边;

(2) 存在 V 的一个剖分 U, W,使得对于任意的 $u \in U, w \in W$,e 在每一条 $(u-w)$ 路上;

(3) 存在节点 u, w,使得边 e 在每一条 $(u-w)$ 路上;

(4) e 不在 G 的任一个圈上.

下列结论提供了阶 $p(G) \geqslant 3$ 的 2-点连通图的特征.

定理 2-5 如果 $p(G) \geqslant 3$,则下列结论等价:

(1) G 是 2-点连通图;

(2) G 的任何两个节点位于某个圈上；

(3) G 的任何一个节点和任何一条边位于某一个圈上；

(4) G 的任何两条边位于某一个圈上；

(5) 对于 G 的任意两个节点 u,v 及任意一条边 e, 总存在过 e 的 (u,v) 路；

(6) 对于 G 的任意三个节点, 总存在联结其中任意两个节点, 并且穿过第三个节点的圈；

(7) 对于 G 的任意三个节点, 总存在联结其中任意两个节点, 而不过第三个节点的圈.

为了让大家了解图论的基本思想和方法, 我们在此处仅证明(1)与(2)的等价性.

设 G 是 2-点连通图, 而 u,v 是 G 中任意两个节点. 我们对 u,v 之间的距离, 用数学归纳法证明 G 中有圈过这两个节点. 如果 $d(u,v)=1$, 则 $e=uv\in E(G)$. 由于 $G-e$ 仍然连通, $G-e$ 中有路 P 联结 u,v. 易见, $P+e$ 是 G 中一个穿过 u,v 的圈.

假设 G 中距离小于等于 k 的节点对位于一个圈上, 现在考虑距离为 $k+1$ 的节点对 u,v. 由定义, G 中有长为 $k+1$ 的 (u,v) 路 $P(u,v)$ (注意, $P(u,v)$ 是 G 中联结 u,v 的最短路). 设 w 是 $P(u,v)$ 上与 v 相邻的节点. 由归纳法假设, G 中有联结 u,w 的两条内部不相交的路 $P_1(u,w), P_2(u,w)$. 由于 $G-wv$ 依然连通, 在其中有联结 u,v 的通路 $Q(u,v)$ (如图 2-2 所示). 由于 G 是 2-点连通的, 可以假设 Q 不过 w. 设 x 是 Q 与圈 $C=P_1\cup P_2$ 相交的最后一个节点, 则 $x\neq w$. 容易看出, 图 2-2 的结构中一定有圈过 u,v. 由归纳法原理, 结论对于所有自然数成立. 这就证明了(2). 反过来, 从(2)推出(1)是显而易见的.

下面的结果给出了定理 2-5 的对偶情形.

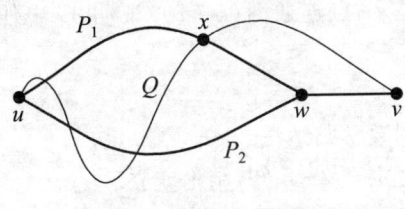

图 2-2

定理 2-6 如果 $p(G) \geqslant 3$,则下列结论等价：
(1) G 是 2-边连通图；
(2) G 中不含割边；
(3) 每一条边在一个圈上；
(4) 任何两条边都位于一个欧拉圈上；
(5) 任何一个节点和任何一条边都位于一个欧拉圈上；
(6) 任何两个节点都位于一个欧拉圈上.

在图的连通性方面,最有影响力且最常用到的结果就是以下的门格(Menger)定理. 它是低维拓扑,尤其是 2-维流形理论中用得最多的定理,以至于几乎每一篇与连通性有关的图论研究论文都要使用到它.

定理 2-7（门格定理的节点连通性情形） 一个非平凡图 G 是 k-点连通的充分必要条件是：对于 G 中任何两个节点 u, v, G 中存在 k 条内部不相交的 (u, v) 路.

它与下面的在网络流理论方面十分有用的最大流-最小割定理等价.

定理 2-8（最大流-最小割定理） 设 $x, y \in V(G), x \neq y$, 则 G 中内部点不相交的 (x, y) 路的最大数目等于 (x, y) 分离集的最小节点数.

对于 k-边连通图,我们有类似的结果.

定理 2-9（门格定理的边连通性情形） 一个非平凡图 G 是 k-边连通的充分必要条件是：对于 G 中任何两个节点 u, v, G 中存在 k 条无公共边的 (u, v) 路.

注意：门格定理的一个直接应用便是证明节点与边的共圈性质（即对于图中给定的元素,是否有圈通过它们）.

例 1 设 G 是 k-点连通图 $(k \geqslant 2)$. 证明：G 中任意 k 个节点位于同一个圈上.

证明 对 k 的值用数学归纳法.

当 $k = 2$ 时,由定理 2-5 知,结论成立.

假定结论对 $(k-1)$-点连通图成立,我们考虑 k-点连通图 G 中节

点 $x_1, x_2, \cdots, x_k$. 由定义, $G - x_k$ 为 $(k-1)$-点连通图. 由归纳假设, $G - x_k$ 中有圈 C 穿过 $x_1, x_2, \cdots, x_{k-1}$. 不妨设这 $k-1$ 个节点在 C 上的次序就是 $x_1 \to x_2 \to, \cdots, \to x_{k-1}$. 由门格定理, 由 x_k 向 C 有 k 条内部不相交的路 $P_1, P_2, \cdots, P_k$, 它们形成一个扇型结构, 使得任意两条路的交点为 $P_i \cap P_j = \{x_k\}$. 设 $V(P_i) \cap C = \{a_i\} (1 \leqslant i \leqslant k)$. 由容斥原理, 一定存在 a_i, a_j, x_l, 使得 a_i, a_j 位于 C 上某个区间 $[x_l, x_{l+1}]$ 内部 (如图 2-3 所示). 容易看出, 在此结构之下, $C \cup P_i \cup P_j$ 中有圈穿过 $x_1, x_2, \cdots, x_k$. 由数学归纳法原理, 结论对于所有满足条件的 k-点连通图成立.

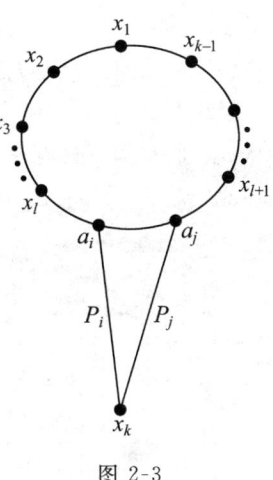

图 2-3

> **点评** 这个结果是众多的点-共圈问题中最为有趣而有用的性质. 人们利用它可以解决一些类似的数学竞赛问题.

一个通讯网络 G 去掉 $k-1$ 个站点不能让它断裂成多个部分. 例如, 可以证明: 对于任意 k 个站点, G 中一定存在一种循环通讯方式 $C = (x_1, x_2, \cdots, x_n)$, 使得:

(1) 站点 x_i 与 x_{i+1} 通过 C 传递信息 $(1 \leqslant i \leqslant n)$;

(2) 这 k 个站点在集合 $\{x_1, x_2, \cdots, x_n\}$ 内.

例 2 从敌区铁路交通图上发现, 要使两个城市 v_1, v_2 间的铁路交通完全断绝, 至少要炸坏 k 段铁路. 如果图上有一个城市 v_3, 与 v_1, v_2 之间各有一段铁路 e_1, e_2 相通. 证明: 把 e_1, e_2 炸坏后, 至少还要再炸坏 $k-1$ 段铁路才能使 v_1, v_2 间的铁路交通完全断绝.

证明 以城市为节点、铁路为边得到一个图 G, 去掉 e_1, e_2 所得到的图

为 $G_1 = G - e_1 - e_2$. 从 G_1 中去掉 $k-2$ 条边后得到图 G_2. 如果 G_2 中没有 $(v_1 - v_2)$ 路, 我们转而考虑图 $G_3 = G_2 + e_1$. 因为 G_3 是从 G 中去掉 $k-1$ 条边得到, G_3 中一定有 $(v_1 - v_2)$ 路 P. 可见, $e_1 \in E(P)$. 进而 P 中从 v_3 到 v_2 的一段路是 G_2 中的 (v_3, v_2) 路; 同理, G_2 中也有 (v_1, v_3) 路. 在此结构下不难看出, G_2 中一定有 (v_1, v_2) 路, 与 G_2 的定义相违!

> **点评** 这是个与图中点对之间连通性有关的问题, 题目选自单墫编写的《有趣的图论》一书(上海教育出版社). 我们对原来的解答进行了更为细致而简短的概括, 从而使读者可以从中体会到图论所使用的方法的灵活性. 这个例子表明: 在一些特殊情形下, 图中节点对之间的局部边连通度会发生变化!

例 3 某国的每个城市都有 100 条道路通往其他城市, 并且由任何一个城市都可以到达其他任何一个城市. 今有一条道路关闭修理. 证明: 现在仍可由任何城市抵达其他任何城市.

证明 假设关闭的道路是 AB, 我们只需证明现在仍可由 A 到 B. 否则, 包含顶点 A 的连通子图中, 除 A 点外所有顶点的度都是偶数. 这与握手定理矛盾.

> **点评** 本题的关键是考察图的连通子图. 连通的概念很重要, 我们在后面的例题中还会遇到. 但这个解答没有从本质上解决问题, 这个问题的实质是要讨论欧拉图的边连通性. 在这方面我们可以考虑得更加广泛一些.

设 S 是一个连通图 G 的非平凡节点子集 (即 $S \subset V(G), S \neq \varnothing, V(G)$). 我们可以定义 G 的一个反圈为

第二讲 图的连通性

$$[S,\overline{S}]=\{(u,v)\in E(G)\mid u\in S,v\in \overline{S}\}.$$

于是我们有以下的定理(这个定理的证明非常直观,我们将其留给读者).

定理 2-10 设 $[S,\overline{S}]$ 是图 G 的一个反圈,而 C 是 G 的一个圈(欧拉子图),则有

$$|[S,\overline{S}]\cap E(C)|\equiv 0\pmod{2},$$

即圈(欧拉子图)与反圈之间公共边的数目为偶数. 特别地,任何一个欧拉图的边连通度必为偶数.

这样一来,例 3 所体现的结构就十分显而易见了!关于反圈在图的连通性方面的作用,我们以后还要再谈.

例 4 一条河的两岸有一些城市,城市的总数不少于 3 个. 城市间由一些航线相连,每条航线将位于两岸的一对城市连在一起. 每个城市恰好与另一边的 k 个城市相连,人们可以在任何两座城市之间往来. 证明:如果有一条航线被取消,人们还可以在任何两座城市之间往来.

(1996 年第 10 届伊朗数学奥林匹克竞赛)

证明 题目表明的结论正是下面的定理.

定理 2-11 一个 k-正则二部图的边连通度至少是 2(即 G 中删去任意一条边 e,图 $G'=(X,Y;E-e)$ 仍然是连通的).

不妨称河的两岸分别为北岸与南岸,北岸的 n 个城市用点 x_1, $x_2,\cdots,x_n$ 表示,其全体记为 $X=\{x_1,x_2,\cdots,x_n\}$;南岸的 m 个城市用点 $y_1,y_2,\cdots,y_m$ 表示,其全体记为 $Y=\{y_1,y_2,\cdots,y_m\}$. 如果北岸的城市 x_i 与南岸的城市 y_j 之间有航线,则连成边 (x_i,y_j),所有的边组成的集合记为 E,这就得到了一个由顶点集 X,Y 与边集 E 构成的图,称为二部图,也称为偶图,记为 $G=(X,Y;E)$. 题中的后两个条件即是:由任一顶点引出的边都是 k 条;图 G 是连通的,即任意两个顶点之间都有由若干条边连成的路.

因为每个顶点恰与 k 条边相连,所以有

$$|X|k=|E|=|Y|k,$$

其中 $|X|$,$|E|$,$|Y|$ 表示集合 X,E,Y 中元素的个数. 于是有 $|X|=$

$|Y|$,即 $n=m$. 又因 $|X|+|Y|\geqslant 3$,所以 $|X|=|Y|\geqslant 2$.

现在去掉 G 的一条边,得到的图为 G'. 若 G' 不连通,则 G' 由两个连通部分 G_1,G_2 构成.

设
$$X=X_1\bigcup X_2, X_1\bigcap X_2=\varnothing,$$
$$Y=Y_1\bigcup Y_2, Y_1\bigcap Y_2=\varnothing.$$
$$G_1=(X_1,Y_1;E_1), G_2=(X_2,Y_2;E_2).$$

去掉的一条边联结 X_1 与 Y_2 的顶点,则
$$|X_1|k-1=|E_1|=|Y_1|k,$$
$$|X_2|k=|E_2|=|Y_2|k-1,$$
从而 $(|X_1|-|Y_1|)k=1$,得 $k=1$.

又 G 连通,则 $|X|=1$,与 $|X|\geqslant 2$ 矛盾.

故 G' 连通,从而结论成立.

§2.3 连通图的结构问题

一、2-连通图的递归性质

除了前面所述的性质以外,2-连通图还有以下的递归性质:

定理 2-12(惠特尼(Whitney)耳朵分解定理) 一个图 G,当且仅当它有耳朵分解时,它是 2-连通图.

图 G 的耳朵是 G 中内部节点的次均为 2 的极大路. 图 G 的耳朵分解是满足下列条件的分解: $P_0, P_1, \cdots, P_k$, 其中 P_0 是一个圈,而 P_i 则是 $P_0 \cup P_1 \cup \cdots \cup P_{i-1}$ 的耳朵(如图 2-4 所示). 这样, 就使得我们可以对 2-连通图的某些性质使用归纳法.

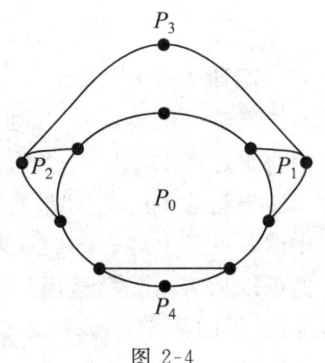

图 2-4

二、简单 3-连通图的结构

加拿大滑铁卢大学组合优化系的图特(Tutte)教授在 3-连通图的结构方面所做的工作是划时代的. 1961 年他证明了如下结果.

定理 2-13 图 G 是 3-连通图,当且仅当图 G 是轮图,或者可以由一个轮图通过一系列如下的运算得到:

(a) 加边运算:即增加一条新边;

(b) 分裂运算:将一个次至少为 4 的节点 v 换为两个相邻的节点 v', v'', $N(v)$ 中的节点恰好与 v', v'' 之一相邻,使新图中 v', v'' 的次都至少为 3.

图 2-5(D)中的图 G 可以从 W_5 (图 2-5(A))经过一次分裂(图 2-5(B))和两次加边运算(图 2-5(C),(D))得到.

注意到,在分裂运算中,边 $v'v''$ 不含在任何 3-圈中.

1980 年托马森改进了图特的工作,他证明了如下结果.

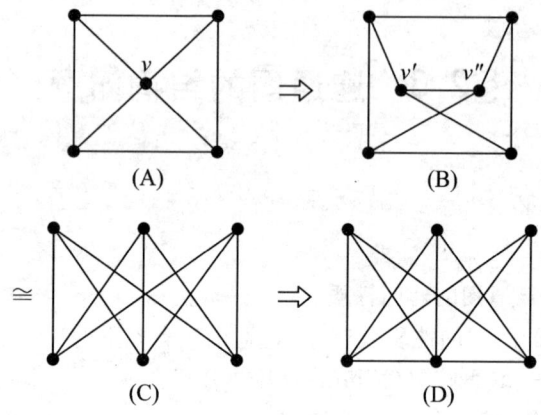

图 2-5

定理 2-14 设 G 是一个节点数 $p(G) \geqslant 5$ 的 3-连通图,则存在边 e,使得 $G \circ e$ 仍然是 3-连通图(这里 $G \circ e$ 表示收缩边 e 后得到的图.如果有重边产生,则用一条边来代替多重边).

根据这个定理,如果我们运用更加一般的分裂运算(即使得 $N(v)$ 中的节点至少与 v', v'' 之一相邻),允许边 $v'v''$ 包含在 3-圈中,那么我们可以从 K_4 出发,运用一系列的一般分裂运算,生成任何一个 3-连通图(如图 2-6 所示,图 2-5(D)中的图 G,可以从 K_4 经过两次分裂运算得到).

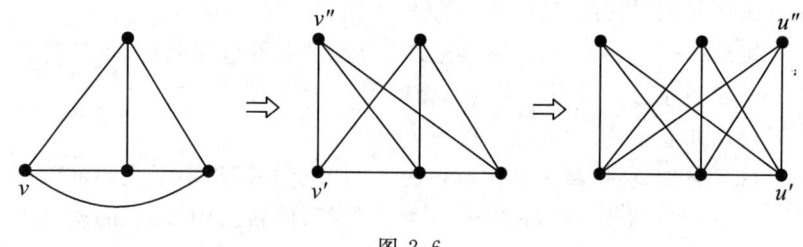

图 2-6

1981 年托马森将上述结果推广到一般的 k-连通图($k \geqslant 4$).

定理 2-15 设 G 是一个 k-连通图($k \geqslant 4$),则存在边 e,使得 $G \circ e$ 仍然是 k-连通图.

习题 2

1. 在 20 个城市之间有 172 条航线. 证明:利用这些航线,可以在任何两个城市之间飞行.

2. 至少要去掉多少条边,才能将完全图 K_n 变成一个不连通的图 G,并且 G 有一个连通分支含有 n' 个节点($1 \leqslant n' < n$)?

3. 如果在一个会议上,每个人都至少与 $\delta \geqslant 2$ 个人交换过意见. 证明:一定可以找到 k 个人 $v_1, v_2, \cdots, v_k$,使得 v_i 与 v_{i+1} 交换过意见($1 \leqslant i < k$).

4. 如果 G 是 2-连通图,证明:对于任意三个节点 x, y, z,有一条从 x 到 y 的路经过 z.

5. 证明:一个连通图中任意两个最长路必然有交点.

6. 证明:如果一个图 G 中每一条边 e 都位于两个圈 C_1 和 C_2 上,且 $E(C_1) \cap E(C_2) = \{e\}$,那么 G 一定是 3-边连通图.

7. 设 G 是一个至少有 3 个节点的连通图. 修改图 G,使得只要 $d_G(x, y) = 2$,则添加一条边联结 x 与 y,将所得到的图记为 G_1. 证明:G_1 是 2-连通图.

8. 设 G 是节点数多于 k 的图,且不是完全图. 证明:如果 G 不是 k-连通图,则 G 中一定有节点数为 $k-1$ 的分离集.

9. 一个图 G 的连通子图 G_1 称为一个块(block). 如果 G_1 是一个 2-连通图,且 G 中没有其他的 2-连通图以 G_1 为子图. 证明:若连通图 G 中没有偶长圈,则 G 的每一个块都是 K_1 或奇长圈.

10. 设 G 是一个 2-连通图,而 X, Y 是 G 的两个不相交的节点集,它们每一个都至少有两个节点. 证明:G 中一定有两条路 P, Q,使得:

(1) P 和 Q 分别联结 X 与 Y 中的节点;

(2) $V(P) \cap V(Q) = \emptyset$.

11. 证明:如果简单图 G 的最小次 $\delta \geqslant k (\geqslant 2)$,则 G 中一定有长度至少为 k 的圈.

第三讲 组合理论中的树结构

一个图 $G=(V,E)$，连通且可以画到平面上，使得它不含边与边的交叉，而且平面对于 G 的差集 S_0-G 仅有一个连通分支，则称这样的图为**树**.

虽然欧拉解决哥尼斯堡七桥问题标志着图论的诞生，但作为一门数学理论的发展，它有两个重要的起源：一个是克希霍夫对于电路网络的研究，另外一个是凯莱对于有机化学中各种同分异构体个数的计算.

树之所以重要，不仅因为它在许多领域中有着广泛的应用，而且在图论中，树是一种非常简单的图，所以在探讨关于图的一些悬而未决的问题时，可以首先研究树这种情形.

§3.1 树的定义、基本性质

一个不含圈的连通图称为**树**. 一般地,由若干个不交的树可以形成一个**森**.

定理 3-1 任何一个树 T, 如果它的节点数 $p(T) \geqslant 2$, 则它至少有两个悬挂点(即次为 1 的节点).

注意:这个结果是推导许多重要数学结果(特别是曲面拓扑学中结果)的重要起点. 当我们讨论一个多面体上图的性质时,首先从它入手. 例如,大家熟悉的 3-维多面体中著名的欧拉公式,可以从树结构开始,对于边数用数学归纳法给出证明.

定理 3-2 如果 T 是一个树,则 $q(T) = p(T) - 1$ (即 G 的贝蒂(Betti)数为零).

定理 3-3 下列结论是等价的:

(1) 图 T 是树;

(2) 图 T 无圈,并且 $q(T) = p(T) - 1$;

(3) 图 T 连通,并且 $q(T) = p(T) - 1$;

(4) 图 T 是连通图,但是去掉任何一条边后,图便分成两个且仅仅两个连通分支;

(5) 图 T 是无圈图,但是添加任何一条边后,图便包含且仅包含一个圈;

(6) 图 T 中任何两个节点之间有且仅有一条联结它们的路.

以上结果可以用数学归纳法给出证明,我们将其留给读者.

一个图 G,如果有树 T 使得 $V(T) = V(G)$,则称 T 为 G 的一个**支撑树**. 我们可以用所谓的**破圈法**来证明下面的定理.

定理 3-4 图 G 有支撑树的充分必要条件是:G 是连通图.

 图论

§3.2 图中的树与反圈之间的关系

回忆一下图中反圈的概念. 设 G 是一个图,且 $S \subset V(G), S \neq V(G), \emptyset$. 用 $[S, \overline{S}] = \Phi_G(S)$ 表示端点分别在 S 和 $\overline{S}$ 中的边的全体,则有下面的定理.

定理 3-5 设 $T = (V, E(T))$ 是图 $G = (V, E)$ 的一个支撑子图,则当且仅当满足下列条件时,T 是树:

(1) $E(\overline{T})$ 中不含 G 的任何反圈(即 $G - E(T)$ 中没有反圈);

(2) 对于任一边 $e \in E(T), E(\overline{T} + e)$ 中包含 G 的一个反圈,且仅含有 G 的一个反圈.

注意:如果大家仔细观察,可以发现这个结果与定理 3-3 中的结论(5)有极大的相似之处. 如果将树与反圈对应起来,可以看出这两个结果是对偶关系. 在定理 3-3 的结论(5)中,$T + e (e \notin E(T))$ 中唯一的圈被称为图 G 关于 T 的一个**基本圈**. 而定理 3-5 的条件(2)中对应于 $e \in E(T)$ 的图 G 唯一的反圈被定义为图 G 关于 T 的一个**基本反圈**. 这就提示我们,凡是与树有关的命题或结果,都有可能用反圈描述! 这是一个发现数学结果的途径.

证明: 我们只要证明 $\overline{T} = (V, E \setminus E(T))$ 和条件(1),(2)等价于 $T = (V, E(T))$ 和条件:

(1)' T 是连通的;

(2)' 对于任一边 $e \in E(T), T - e$ 恰好含两个分支.

首先证明(1)等价于(1)'. 若 $T = (V, E(T))$ 是连通的,则 G 的任何一个反圈 $\Phi_G(X)$ 中必有 T 中的边,故(1)'⇒(1). 反之,设 $E(\overline{T}) = E \setminus E(T)$ 中不含 G 的任何反圈. 如果 T 不连通,记 X 为它的一个分支的节点集. 因 G 是连通的,故 $\Phi_G(X) \neq \emptyset$,且 $\Phi_G(X) \subseteq E \setminus E(T)$. 这与假设相违,从而(1)⇒(1)'.

现在设条件(1),(2)成立. 设 $\Phi_G(X)$ 是 $E(\overline{T}+e)$ 中唯一的一个反圈,则由(1)知 $e\in\Phi_G(X)$,并且 $\Phi_G(X)\cap E(T)=\{e\}$. 于是 $T-e$ 至少有两个分支. 因为从(1)可推出(1)′,T 是连通的,故 $T-e$ 的分支数为 2. 所以 $T-e$ 恰好有两个分支,即(2)′成立.

再设(1)′,(2)′成立,证明(2)成立. 对于任一边 $e\in E(T)$,令 X 是 $T-e$ 的一个分支的节点集,则有 $\Phi_G(X)\subseteq E(\overline{T}+e)$. 于是 $E(\overline{T}+e)$ 中有 G 的反圈. 现在证明这样的反圈是唯一的. 设 Y 是 V 的任一个非空真子集,$Y\neq X, V\setminus X$. 不妨设 $X\cap Y\neq\emptyset$. 若 $X\setminus Y\neq\emptyset$,则 $X\cap Y$ 是 X 的非空正子集,$\Phi_{G[X]}(X\cap Y)\subseteq\Phi_G(Y)$. 因为 $T[X]$ 是连通的,故 $\Phi_{G[X]}(X\cap Y)\cap E(T)\neq\emptyset$. 所以存在边 $e'(\neq e)$,使得 $e'\in E(T)\cap\Phi_G(Y)$,故 $\Phi_G(Y)\not\subseteq E(\overline{T}+e)$. 若 $X\setminus Y=\emptyset$,类似可证 $\Phi_G(Y)\not\subseteq E(\overline{T}+e)$. 这样,$\Phi_G(X)$ 是 $E(\overline{T}+e)$ 中唯一的反圈.

§3.3 最小支撑树问题

给定连通图 $G=(V,E)$，$w(e)$ 是定义在 E 上的非负函数. 以后我们称 $w(e)$ 是 e 的**权**. 设 $T=(V,E(T))$ 为 G 的一个支撑树. 定义 T 的权为

$$w(T)=\sum_{e\in T}w(e).$$

最小支撑树问题就是求一个支撑树 T^*，使得 $w(T^*)$ 最小. 简称为最小树问题.

如果已经知道有 p 个城市，城市 i 与城市 j 之间直达交通线的造价是 $w_{ij}\geqslant 0$，那么建造联结这 p 个城市的、造价最小的网络交通问题就是在一个 p 阶图上求最小支撑树的问题.

关于最小支撑树，我们有以下的定理(这些结果可以利用定理 3-5 的证明结合最小树定义进行证明，我们将它留给读者).

定理 3-6 设 T^* 是 G 的支撑树，则下列结论等价：

(1) T^* 是 G 的最小支撑树；

(2) 对于 T^* 的任一边 e，e 是由 e 所决定的基本反圈 ν_e 中的最小权边；

(3) 对于 $\overline{T^*}$ 的任一边 $\bar{e}$，$\bar{e}$ 是由 $\bar{e}$ 所决定的基本反圈中的最大权边.

在以上结果基础上，我们提供关于计算图中最小树的几个算法.

反圈法(普里姆(Prim)，1957) 用反圈法求最小支撑树的基本算法是：

(1) 任取一个节点作为初始的 X^0；

(2) 在 $\Phi(X^{(k)})$ 选取边的原则是：从 $\Phi(X^{(k)})$ 中选一条权最小的边(如果有多条边权最小，则任选其中一条)；

(3) 若在某一步，$\Phi(X^{(k)})=\varnothing$，则 G 中没有支撑树；若在某一步，

$X^{(k)} = V$,则所有被选边生成的树是最小树.算法终止.

例1 用反圈法计算图 3-1(A)的最小支撑树.

解 先任取一个节点,比如说 v_2. 令 $X^{(0)} = \{v_2\}$, $\Phi(X^{(0)}) = \{v_2 v_1, v_2 v_3, v_2 v_4\}$,从中选一条权最小的边 $v_2 v_4$,于是 $X^{(1)} = \{v_2, v_4\}$. $\Phi(X^{(1)}) = \{v_2 v_1, v_2 v_3, v_4 v_5, v_4 v_6\}, v_2 v_3, v_4 v_5$ 都是 $\Phi(X^{(1)})$ 中的最小边,任取一边 $v_2 v_3$,则 $X^{(2)} = \{v_2, v_4, v_3\}$. 如此重复,最后可得到如图 3-1(B)所示的支撑树,它是最小树.

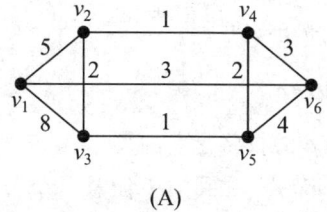 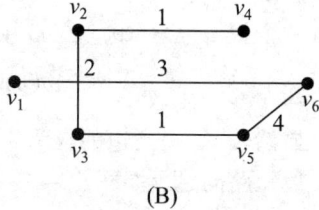

图 3-1

破圈法(罗森施蒂尔(Rosenstiehl),管梅谷) 设 $G^{(k)}$ 是 G 的连通支撑子图(开始时 $G^{(0)} = G$). 若 $G^{(k)}$ 中不含圈,则它是最小支撑树;若 $G^{(k)}$ 中有圈,设 C 是其中一个圈,则取 C 上的一条权最大的边 $e^{(k)}$,令 $G^{(k+1)} = G^{(k)} - e^{(k)}$. 重复上述过程.

避圈法(克鲁斯卡尔(Kruskal),1956) 设 $G^{(k)}$ 是 G 的无圈支撑子图(开始时 $G^{(0)} = (V, \emptyset)$). 若 $G^{(k)}$ 是连通的,则它是最小支撑树;若 $G^{(k)}$ 不连通,则取 $e^{(k)}$ 为这样的一条边,它的两个端点分别属于 $G^{(k)}$ 的两个不同的分支,并且权最小,令 $G^{(k+1)} = G^{(k)} + e^{(k)}$. 重复上述过程.

§3.4 与树有关的几个重要算法

除了前面所讲的计算最小树的几个算法以外,还有几个历史上颇为著名的算法与树有关,我们将逐一介绍.首先就是组合优化理论中的最短路算法,它是迪科斯彻(Dijkstra)的杰作,自 1959 年诞生以来,还没有什么算法超过它.

问题的提出:设 $G=(V,E)$ 是一个带权图(网络),每一条边 $e=v_iv_j$ 上有一个权 $w(e)=w_{ij}\geqslant 0$. G 中路 μ 的权定义为

$$w(\mu)=\sum_{e\in\mu}w(e).$$

显然,若每一条边的权为 1,那么路 μ 的权将是它的长.

最短路问题就是求出一条从给定的节点 v_1 到图中任意一个节点 v_j 的最短 (v_1-v_j) 路. 易见,如果 $\mu=(v_1-v_j)$ 是一条从 v_1 到 v_j 的最短路,则对于 μ 上任意一个节点 v_k,μ 上从 v_1 到 v_k 的一段 $v_1\overset{\mu}{-}v_k$ 是最短的 (v_1-v_k) 路.

迪科斯彻算法

第一步 初始时令 $X^{(0)}=\{v_1\}$,记 $\lambda_1=0$.

第二步 对于任一边 $v_iv_j\in\Phi(X^{(k)})(v_i\in X^{(k)},v_j\notin X^{(k)})$,计算 λ_i+w_{ij} 的值. 在 $\Phi(X^{(k)})$ 中选一边,设其为 $v_{i_0}v_{j_0}(v_{i_0}\in X^{(k)},v_{j_0}\notin X^{(k)})$,使得

$$\lambda_{i_0}+w_{i_0j_0}=\min_{v_iv_j\in\Phi(X^{(k)})}\{\lambda_i+w_{ij}\},$$

并且令 $\lambda_{j_0}=\lambda_{i_0}+w_{i_0j_0}$.

第三步 当出现下列情形之一时,停止.

(1) $v_j\in X^{(k)}$(于是 λ_j 是最短的 (v_1-v_j) 路的权);

(2) $v_j\notin X^{(k)}$,但是 $\Phi(X^{(k)})=\varnothing$(说明图中不含有 (v_1-v_j) 路).

第三讲 组合理论中的树结构

例1 在图 3-1(A)所示的带权网络图中计算从 v_1 到各个节点的最短路.

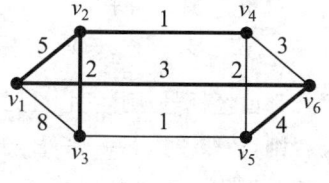

图 3-2

解 $X^{(0)} = \{v_1\}, \lambda_1 = 0, \Phi(X^{(0)}) = \{v_1v_2, v_1v_6, v_1v_3\}$. 计算与 v_1v_2 相应的值 $\lambda_1 + w_{12} = 5$; 与 v_1v_6 相应的值 $\lambda_1 + w_{16} = 3$; 与 v_1v_3 相应的值为 8. 故选 v_1v_6. 令 $\lambda_6 = 3, E_1^{(1)} = \{v_1v_6\}, X^{(1)} = \{v_1, v_6\}$. 再考虑 $\Phi(X^{(1)})$ 重复进行, 依此选边 $v_1v_6, v_1v_2, v_2v_4, v_2v_3, v_6v_5$, 然后停止. 图 3-2 中的粗边表示被选边, 所有粗边形成一个支撑树, 树中唯一的 $(v_1 - v_i)$ 路 $(i = 1, 2, 3, 4, 5, 6)$ 便是图中最短的 $(v_1 - v_i)$ 路.

> **点评** 迪科斯彻算法是一个真正意义上的快速算法. 用当今计算数学的术语讲, 它是一个有效算法. 用它可以计算网络系统中从任何一点到其他点之间的最短路程, 还可以解决一个网络系统中的短圈问题(即计算图中的最短圈).
>
> 在近来拓扑图论的快速发展中, 人们发现它在曲面拓扑学领域有更加广泛的用处. 例如, 结合托马森的三路理论(3-path-condition), 人们可以用它计算一个在曲面上带权嵌入图中的一些特殊意义下的最短圈, 如曲面上嵌入图的最短不可收缩圈, 最短不可分离圈, 最短单侧圈(即最短默比乌斯带)等等.

下面, 我们将进一步介绍关于树的另外两个十分有用的算法.

43

深探术算法(Deep-First-Search-Tree Algorithm)

第一步　任取节点 $v \in V$,标之以 $l(v)=0$,并且令 $l=m=0, V_p=\{v\}$;

第二步　如果 $l=-1$,则终止;否则,执行第三步;

第三步　设 $v \in V$,有标号 $l(v)=\max_{u \in V_p}\{l(u)\}$. 如果 E_v 中所有的端点都已经标号,则注明 v 已经用完,$V_p=V_p-\{v\}$,$l \Leftarrow l-1$,返回第二步;否则,任取一边 $e=vu \in E_v$,未记录,u 未标号,标 u 以 $l(u)=m+1$,并且记录下边 $e=vu$. 然后令 $V_p=V_p \cup \{u\}$,$m \Leftarrow m+1$,$l \Leftarrow l+1$,返回第三步.

注意：

(1) 这个算法的执行复杂度为 $O(n^2)$,因此是非常快速的算法. 用它可以导出图的可平面性判定的线性算法.

(2) 本算法不但在数据结构的搜索中有用,而且在图的嵌入理论,尤其是在大规模集成电路设计理论(VLSI)中均有很好的应用. 有兴趣的读者可以参见著名数学家吴文俊教授的著作《可剖形在欧氏空间中的实现问题》(科学出版社,1978),以及北京交通大学刘彦佩教授的著作《图的可嵌入性理论》(科学出版社,1995),那里有十分详尽的介绍.

广探术算法(Breadth-First-Search-Tree Algorithm)

第一步　任取节点 $v \in V$ 为根(root),并且标号 $0, l(v)=l=0$.

第二步　当所有标号为 l 的节点 u, E_u 中的端点皆已标号,则转第三步;否则,将所有 E_u 中未标号端点的边的端点标为 $l+1$,并且记录下所有这些边.$l \Leftarrow l+1$,返回第二步.

第三步　停止.

注意：

(1) 如果图 G 是一般意义下的图(边权为 1),则这个算法的执行提供了计算从一个节点到另外一个节点之间最短路的方法(即算法结果提供了从根到任何一个节点的最短路!),这是有别于迪科斯彻的最短路算法的另外一个快速算法.

(2) 近来理论研究表明,这个"老算法"在计算曲面上嵌入图的短圈时非常有用. 托马森在他的文章"Embeddings with no short noncontractible cycles"(J. of Combin. Theory Ser B. 1991)中对此有十分详尽的叙述. 在那里,他发展了一套所谓的"三路理论",用以计算曲面上嵌入图中的短圈.

例如,对于下面的图实行广探术与深探术搜索,所得到的结果为图 3-3 中的有向支撑树,如粗边所示.

注意:

(1) 读者在图 3-3 的深探术中可以发现一个十分有趣的性质:如果将一条非树边加

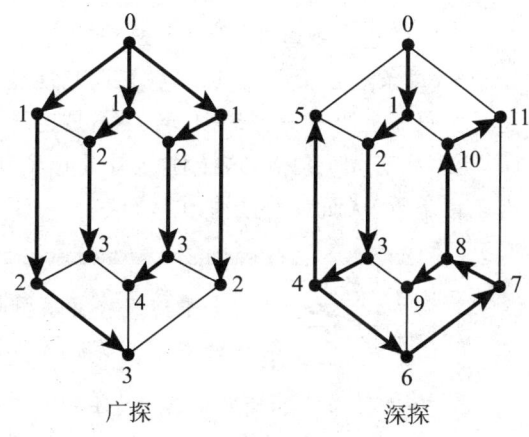

图 3-3

入到树中,所得到的唯一的基本圈是一个有向圈,其中每一条树上的边的指向是由小标号节点指向大标号节点.

(2) 图 3-3 的广探术结果中,每一个节点的标号恰好是根节点与相应节点之间的最短路的长度.

例 2 有 n 个城市,每个城市都可以通过一些中转城市与另一个城市通话. 证明:至少有 $n-1$ 条直通的电话线路,每条联结两个城市.

证明 作图 G:用 n 个顶点表示 n 个城市,若两个城市之间有直通电话,则在相应的顶点之间连一条边. 由题意知,图 G 是连通图,其中有支撑树,故 G 的边数一定 $\geq n-1$,从而至少有 $n-1$ 条直通的电话线路联结两个城市.

例 3 以一些圆(圆面)覆盖平面上给定的 $2n$ 个点. 证明:若每个圆至少覆盖 $n+1$ 个点,则任意两个点能由平面上的一条折线所联结,而这条线段整个地被一些圆所覆盖.

证明 以这 $2n$ 个点为顶点,若存在一个圆,它覆盖着两个点,则在这两个顶点之间连一条边,得到一个图 G. 由题意知,G 中每个顶点的度不小于 n,每条边之所以能画出,就表明它能整个地被一个圆所覆盖,于是我们只需证明 G 是连通图. 若 G 不是连通图,则存在一个连通分支 G_1,至多含有 n 个顶点,这样对 G_1 中每一个顶点 v,都有 $d(v) \leqslant n-1$,与题意矛盾. 从而 G 是连通图.

> **点评** 如果使用哈密顿图的概念,则上述解答中的图 G 一定满足奥勒(Ore)条件(即一个 n 节点的简单图 G 中,每一个节点的次至少是 $\dfrac{n}{2}$,则其中一定有一个长为 n 的圈),从而含有哈密顿圈. 沿着这个圈可以得到一条封闭的折线段满足要求.

例 4 $n(n>3)$ 名乒乓球选手进行若干场单打比赛后,任意两名选手已赛过的对手恰好都不完全相同. 证明:总可以从中去掉一名选手,而使余下的选手中,任意两名选手已赛过的对手仍都不完全相同.

(1987 年全国高中数学联赛第二试第 3 题)

证明 用 n 个节点 $v_1, v_2, \cdots, v_n$ 表示这 n 名选手. 如果命题不成立,即每一名选手都是不可去选手,则对选手 $v_k (1 \leqslant k \leqslant n)$,因为他不是可去选手,所以去掉 v_k 后,总可以找到一对选手 v_i 与 v_j,他们所赛过的选手相同(若有不止一对这样的选手,则任取其中的一对),这就说明 v_i 与 v_j 赛过的选手仅差 v_k,不妨设 v_i 与 v_k 未赛过. 在这样的一对节点 v_i 与 v_j 之间连一条边,并标上数字 k,这样就得到一个有 n 个节点、n 条边的图,并且这 n 条边上标有 n 个互不相同的数.

由于 n 个节点 n 条边的图中一定有圈,不妨设 $C=(v_1 v_2 \cdots v_k)$ 是其中一个圈. 沿着 C 前进时,每通过一条边就意味着比赛选手增加或减少一个人,并且增加或减少的人是互不相同的. 这样下去我们又可以回到 v_1,即与 v_1 比赛过的选手在增加或减少不同的选手后,最后的结果仍然与原来赛过的选手相同,这是不可能的.

> 这个题目在单墫教授早年的著作《有趣的图论》(上海教育出版社,1980)中使用过,在那里是以习题的方式出现的.它所要反映的是以下结论.

定理 3-7 如果一个 n 阶图 G 中没有两个基本节点的领域相同,则可以从中去掉一个节点,使得新图仍然保持有这个性质.

例 5 某居民区内有 1990 个居民,每天他们之中每个人都把昨天听到的消息告诉给他所有的熟人,而且任何消息都逐渐地被全区居民所知道. 证明:可以指定 180 个居民,使得同时向他们报道某一消息,那么至多经过 10 天,这一消息便为全区居民所知道.

证明 用节点表示这些居民,两个节点相邻就表示相应的居民是熟人,这样就得到了一个有 1990 个节点的图 G.

由题意知,图 G 是连通的,不妨设这个图是树 T_{1990}(否则用这个图的生成树来代替它). 在树 T_{1990} 中,取一条最长的链,设为
$$v_1^{(1)} v_2^{(1)} v_3^{(1)} \cdots v_{11}^{(1)} \cdots v_n^{(1)}.$$
取 $v_{11}^{(1)}$ 作为一个居民代表,并将边 $(v_{11}^{(1)}, v_{12}^{(1)})$ 去掉,这时 T_{1990} 被分成两棵树,前一棵树中,每个顶点 v 至 $v_{11}^{(1)}$ 的距离不大于 10(否则在树 T_{1990} 中,v 到 $v_n^{(1)}$ 是一条比 $v_1^{(1)}$ 到 $v_n^{(1)}$ 更长的链),于是代表 $v_{11}^{(1)}$ 所知道的消息,前一棵树的顶点所代表的人在 10 天之内都能知道.

对后一棵树,也有一条最长的链,设为
$$v_1^{(2)} v_2^{(2)} v_3^{(2)} \cdots v_{11}^{(2)} \cdots v_m^{(2)},$$
这里 $m \leqslant 1990 - 11 = 1979$. 同样地,取 $v_{11}^{(2)}$ 作为一个居民代表,并去掉边 $(v_{11}^{(2)}, v_{12}^{(2)})$,将这棵树再分为两棵树.

这样继续下去,当选好 $v_{11}^{(i)}$ ($i \leqslant 179$) 时,剩下的树的顶点数 $\leqslant 11$,这时代表总数为 $i + 1 \leqslant 180$. 陆续得出的代表是

$$v_{11}^{(1)}, v_{11}^{(2)}, \cdots, v_{11}^{(179)},$$

每个代表都可以把一个消息在 10 天之内告知他那个居民区中的居民.

最后剩下一棵树,至多有

$$1990 - 11 \times 179 = 21$$

个顶点,设

$$v_1 v_2 \cdots v_k$$

是它的一条最长链. 若 $k \geqslant 11$,则取 v_{11} 作为第 180 个居民代表 $v_{11}^{(180)}$;若 $k < 11$,则取 v_1 作为第 180 个居民代表 $v_{11}^{(180)}$. 这样选出的 180 个居民代表

$$v_{11}^{(1)}, v_{11}^{(2)}, \cdots, v_{11}^{(179)}, v_{11}^{(180)}$$

就是满足题目要求的 180 个居民.

点评 这个例题实际上是图论中所谓的"支配集问题". 我们说图 G 中节点子集合 $A \subseteq V$ 可以支配 G,是指对于 G 中任何节点 $x \in V \setminus A$,总存在节点 $y \in A$,使得 $xy \in E(G)$ 或 $x \in N(y)$. 如果定义图 G 中节点 x 的 k-领域为 $N_k(x) = \{y \in V(G) \mid d_G(x, y) \leqslant k\}$,则同样可以定义图的"$k$-支配集"为"$A \subseteq V$,使得对于任何节点 $y \in V \setminus A$,存在节点 $x \in A$,使得 $y \in N_k(x)$". 于是,例题所要表明的结论即"一个含有 1990 个节点的连通图 G 一定有节点数不超过 180 的 10-支配集." 这个结论是十分明显的. 另外,例题中使用 180 个节点来控制 1990 个节点,结果有些弱. 我们可以将这 180 个节点换成 100 个节点.

例 6 如果图 G 有一个支撑树 T,使得所有的基本圈(即任意 $e \in G \setminus E(T)$,$T + e$ 中唯一的圈)的长都是偶数. 证明:G 中每一个圈的长都是偶数,从而 G 是二部图.

证明 设 $e_1, e_2, \cdots, e_m (m = |E(G)| - |V(T)| + 1)$ 是所有 G 中的不在

T 中的边,而 $C_T(e_1), C_T(e_2), \cdots, C_T(e_m)$ 是 G 中所有的基本圈(其中 $C_T(e_i)$ 是 $T+e_i$ 中唯一的圈($1 \leqslant i \leqslant m$)). 首先我们定义一种 G 的边集之间的运算"$\oplus$"如下:

对于任意 $A, B \subseteq E(G)$,
$$A \oplus B = (A \backslash B) \cup (B \backslash A), \quad \varnothing \oplus A = A, \quad A \oplus A = \varnothing.$$

这个运算的实质是:将并集运算中出现偶数次的元素去掉. 于是有下列结论(我们将其中一些结论的证明留给读者).

结论 1 两个 E-子图(即每个节点的次是偶数的子图)的和还是 E-子图;

结论 2 如果一个 E-子图中有边,则它一定含有圈;

结论 3 两个 E-子图如果都不含有奇长圈,则它们的和也不会含有奇长圈;

结论 4 G 中任何一个圈都可以写成这些基本圈的和.

实际上,设 C 是 G 中任一个圈,则 C 中一定有边不在 T 中. 设 $E(C) \backslash E(T) = \{f_1, f_2, \cdots, f_s\}$. 我们考虑以下的和式:
$$C_T(f_1) \oplus C_T(f_2) \oplus \cdots \oplus C_T(f_s) \oplus C.$$

由结论 1,其结果还是 E-子图. 注意到这个子图中没有 C 中的边. 再由结论 2,它不会含有其他的边(否则,T 中将有圈,与树的定义相违),因而只能有
$$C_T(f_1) \oplus C_T(f_2) \oplus \cdots \oplus C_T(f_s) \oplus C = \varnothing,$$
即 $C = C_T(f_1) \oplus C_T(f_2) \oplus \cdots \oplus C_T(f_s)$. 这样,结论 3 直接导出了我们要证的结论.

> **点评** 这个例子的证明过程中所出现的一系列结论都是图的圈空间理论中的一些基本性质,能量很大. 之所以选用它,是想让读者了解基本圈方法在图论中的作用.
>
> 在此结论的基础上,我们可以直接设计快速算法,用以判别一个图是不是二部图或 2-色图.

例 7 某国有若干个城市,某些城市之间有道路相连,由每个城市连出 3 条道路. 证明:存在一个由道路形成的圈,它的长度不能被 3 整除.

证明 用节点代表城市,如果两个城市之间有道路相连,就用一条边联结这两个节点. 于是,得到一个图 G. 题目要证明的结论是:"一个 3-正则连通图中一定有一个圈,它的长不能被 3 整除."

假定存在这样的图,它的每个顶点的度数都大于 2,但该图中的任何一个圈长度都可被 3 整除,我们来考察具有这种性质的顶点数目最小的图 G. 显然,该图中存在着长度最小的圈 Z,该圈上的任意两个不相邻的顶点之间没有边相连. 又因每一顶点的度数都大于 2,所以圈 Z 上的每个顶点都有一边与圈外顶点相连. 设圈 Z 依次经过顶点 A_1, $A_2, \cdots, A_{3k}$,并假定存在联结顶点 A_m 和 A_n 的不包含圈 Z 上的边的路径 S,我们来分别考察由路径 S 和 Z 的"两半"所组成的圈 Z_1 和 Z_2. 由于这两个圈的长度都可被 3 整除,不难推知路径 S 的长度可被 3 整除. 特别地,对题目中所给出的圈,可知它的任何一个不在 Z 上的顶点 X,都不可能有边与 Z 的两个不同顶点分别相连,即由圈 Z 上的顶点所连出的不在圈上的边,应分别连向各不相同的顶点.

我们来作另一个图 G_1,把图 G 中圈 Z 上的所有顶点 $A_1, A_2, \cdots$, A_{3k} 合并为一个顶点 A,保留所有不在圈 Z 上的顶点及它们之间所连的边,且分别用边将 A 同原来与 Z 上的顶点有边相连的顶点逐一相连. 易知 A 的度数 $\geq 3k$,于是图 G_1 中的顶点数目少于图 G,而每个顶点的度数仍都大于 2. 按照前面所得的结论,图 G_1 中的任何一个圈的长度都可被 3 整除,我们便得出了矛盾:因为如前所言,图 G 是具有这种性质的顶点数目最小的图.

这样一来,在任何所有顶点的度数都大于 2 的图中,必定存在长度不能被 3 整除的圈,接下来只需把这一断言应用于我们的题目,并以城市作为顶点,以道路作为边即可.

 题目所要阐述的是一个更加广泛的结论,即下面的定理.

定理 3-8 如果一个连通图 G 中无悬挂点(次为 1 的节点),且每个节点的次至少为 3,则 G 中一定有圈的长不能被 3 整除.

下面我们给出一个更加快捷简单的解答.

假定 G 中每一个圈的长都可以被 3 整除,我们考虑 G 中一条最长路 $P(x,y)$. 由 $P(x,y)$ 的定义,$N(x) \subseteq V(P(x,y))$. 于是 G 中有圈 C,它含有一根弦 $xu \in E(G), x, u \in V(C)$(如图 3-4 所示). 这根弦将 C 分成两个圈 C_1, C_2,它们的唯一公共边是边 xu,且 $C = C_1 \oplus C_2$. 不难看出,这三个圈中一定有一个圈的长不能被 3 整除.

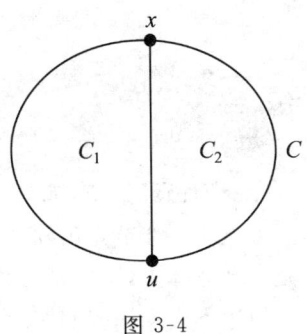

图 3-4

图论

§3.5 边不交支撑树问题

我们已经知道,如果一个图是连通的,其中一定有支撑树,使得我们可以从一个节点出发,沿着这个树到达任何一个节点.如果这个树被完全破坏掉了,图中是否存在其他支撑树供我们使用?这个问题涉及图的边不交支撑树问题.在这一方面,图特和纳什-威廉森为我们提供了下面的判别条件.

定理 3-9 一个(可以有重边的)图 G 中存在 k 个两两边不交的支撑树的充分必要条件是:将 G 的节点集合任意划分成 r 个集合,则至少存在 G 的 $k(r-1)$ 条边,使得它们的端点位于划分后的不同集合中.

注意:上述结果中的划分方式必须是任意可能的方式.这样看来,要想验证一个图是否满足这个条件就变得十分困难.但是,对于某些图类来讲,它还是十分有效的.例如,当面对一个 4-边连通图时,事情变得简单而有用.

定理 3-10 每一个 4-边连通(可以有重边)图都含有两个边不相交的支撑树.

这个结果在早年出现时,人们并不知道它的用处.随着图论的发展,人们不断发现,它不论在理论上还是在实际应用方面都十分有用.例如,在曲面拓扑学中,尤其是在界定一个图的可定向嵌入曲面的范围方面,人们用它已经证明:一个 4-边连通图可以 2-胞腔地嵌入在一个可定向曲面的最大亏格是 $\left\lceil \dfrac{\beta(G)}{2} \right\rceil$,即上可嵌入的,这里 $\beta(G) = |V(G)| - |E(G)| - 1$,在拓扑学上被称为 G 的贝蒂数.

第三讲 组合理论中的树结构

对于边不交的支撑树,我们给出一个应用.

例1 盖尔(David Gale)设计了一种游戏(Hassenfeld Bros 公司拥有其1960年的版权),它在市场上销售时被称为"搭桥".游戏双方都有一个位置点构成的矩形网格.游戏时,双方交替行动,游戏者在每一次行动中将自己的两个位置点用单位长度的桥联结起来.图3-5(A)给出了棋盘,游戏者1的位置是实心点,游戏者2的位置是空心点.游戏者1的目标是要用一条由桥构成的路径将棋盘左边的列连通到右边的列;游戏者2的目标是要用一条由桥构成的路径将棋盘顶部的行连通到底部的行.

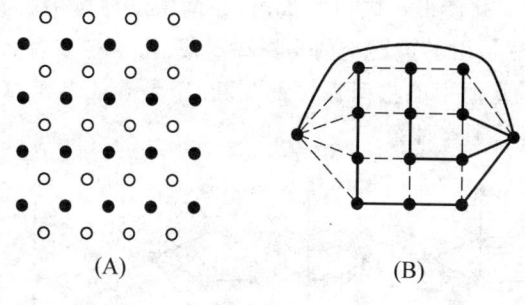

图 3-5

桥与桥之间不能交叉,因此每放入一座桥就堵住了另一个游戏者可能要采取的行动.由于从左到右的任意路径与从上到下的任意路径均要交叉,所以两个游戏者不可能同时取胜.另外还要注意:棋盘对于两个游戏者来讲都是对称的.

我们断言:游戏者2不可能有必胜的策略.否则,由于棋盘是对称的,游戏者1可以任意方式开始行动,然后照搬游戏者2的策略.即如果游戏者2的策略中用到了一座之前放置的桥,则进行一次随意的行动.在游戏者2取胜之前,游戏者1已经应用同样的策略取胜了.

如果游戏持续到不能进行,则必有某一个游戏者已经获胜.由于游

图论

戏者2没有必胜的策略,这就意味着游戏者1有必胜的策略.这里我们显式地给出一种能让游戏者1获胜的策略(更加一般地讲,这里的理论在"拟阵"的环境中也成立).

对于游戏者1,将其可能的联系方式组成一个图.位于同一端的位置点是等价的,所以我们将左右两列端点位置(黑点)收集作为单个顶点,在端点之间添加一条辅助边.图3-5(B)表明:这个图是两个边不交的支撑树的并.在此略去对于这两个支撑树进行技术描述上的细节.

将这两个支撑树放在一起,它们包含目标顶点之间不相交边的路径.由于辅助边实际上并不存在,因此假设这是由于游戏者2先采取行动而将这条边用掉了.游戏者2的每一次行动割断了该图中的某一边e,并且使得它不再可用,这就将其中一棵树割裂成两个分支.由于另外一棵树的一条边e'可以将这棵树重新联结起来,游戏者1选取这样的一条边e',这使得e'是割不断的.因为这实际上相当于将e'放在两棵支撑树中.删除e并使得e'成为二重边,在两棵支撑树中各有一个拷贝,得到的图仍然是由各边不交的支撑树组成.由于游戏者2不能割断一条二重边,因此他不能将两棵树都割断.于是游戏者1总可以进行防守.图3-6演示了这种策略.

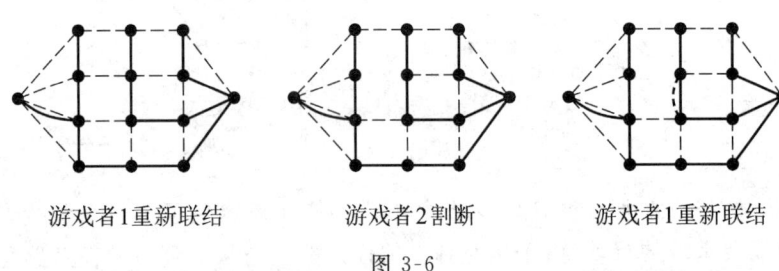

游戏者1重新联结　　　游戏者2割断　　　游戏者1重新联结

图 3-6

当游戏者1已经获胜或者当没有任何一条边可以被割断时,上述过程就终止了.在后一种情形,剩下的边都是二重边,并且构成一棵由游戏者搭建的桥组成的支撑树.因此,无论是哪一种情况,游戏者1都构建了一条联结这些特殊顶点的路径.

下面是边不交支撑树在数学竞赛中的应用,从中我们可以看出图论知识在竞赛理论中的重要性.

第三讲　组合理论中的树结构

例 2　已知一个凸多面体的每一个面都是三角形.试证明：可以将它的棱都涂上红蓝两色之一，使得从多面体的任何一个顶点走到任何另一个顶点，可以只沿着红棱走，也可以只沿着蓝棱走.

(1987 年第 21 届全苏数学奥林匹克竞赛)

证明　**方法一**　设 A 为多面体的一个顶点，由它引出 n 条棱 AA_j，$j=1,2,\cdots,n$. 把 AA_1 涂成蓝色，其余的棱涂成红色，把非封闭的折线 $A_1A_2\cdots A_n$ 涂成蓝色，A_1A_n 涂成红色. 容易证明：这 $n+1$ 个点间的涂色符合题目要求.

下面我们逐步把涂色扩展出去，即依次给与已经涂色的部分相邻的侧面上尚未涂色的棱涂上不同颜色. 如果这个侧面只有一条棱已经涂色，则给另外两条未涂色的棱涂上不同颜色. 如果已经涂色的棱有两条，则第三条棱可以任意涂一种颜色. 这样下去，直到涂完为止. 易见，这样的涂色满足题目要求.

方法二　下面我们从命题人的角度出发考虑这个问题. 如果将多面体视为一个图在平面上的嵌入，则这个结论表明：每一个平面三角剖分图中含有两个边不交的支撑树(这里明显排除了 K_3). 关于平面三角剖分图，我们首先有以下结论.

结论 1　每一个平面三角剖分图至少是 3-连通(从而是 3-边连通)图.

结论 2　每一个平面三角剖分图都是局部连通图(即对于每一个顶点 x，由 $N(x)$ 所诱导出的子图是连通图).

如果图有三条边形成割集，则图一定有一个面不是三角形，从而图只能是 4-边连通的. 根据图特和纳什-威廉森的定理 3-9，图有两个边不交的支撑树.

注意：如果我们考虑一个可以三角剖分某个曲面 $\sum$ 的简单图 G，那么使用本例的方法依然可以证明 G 具有两个边不相交的支撑树.

§3.6 树在代数结构方面的应用

在代数,尤其是一般变换群中,结构理论方面的一个基本问题是:

给定一组元素的集合 A,它要满足什么条件时,可以生成整个群 G? 又,这个集合是否最小?

在本节中我们从树的结构方面来回答这个问题. 由群理论中的凯莱(Cayley)定理,我们将问题归结为有限集合上的置换群问题.

对于 $X=\{x_1,x_2,\cdots,x_n\}$ 上的一个置换 f,我们可以按照如下方式定义一个有向图 G_f:它的节点集合是 X,对于 $x,y \in X$,当且仅当 $y=f(x)$ 时,有从 x 指向 y 的弧联结它们. 显然, G_f 是一些互不相交的有向圈的并. 另外,对于由 X 上的对换组成的一个集合 $T=\{t_1,t_2,\cdots,t_k\}$,定义 (X,T) 为以 X 为节点集合、T 为边集合的无向图.

例1 已知 $X=\{a,b,c,d\}$, $T=\{t_1,t_2,t_3\}$, $t_1=[ab]$, $t_2=[bc]$, $t_3=[bd]$. 求 $f=t_1t_2t_3$, $g=t_3t_2t_1$, gt_1, t_1g.

解 已知条件如图 3-7(A); $f=t_1t_2t_3=[ab][bc][bd]=(abdc)$, 如图

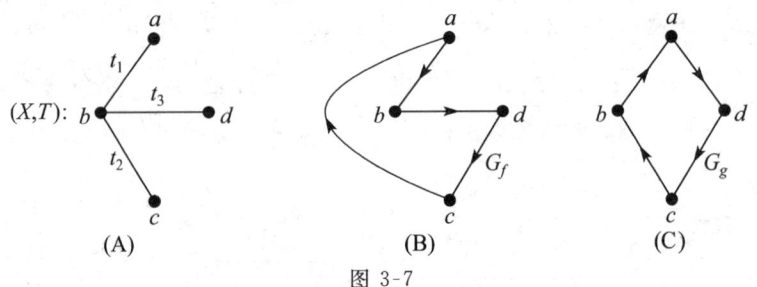

图 3-7

3-7(B); $g = t_3 t_2 t_1 = [bc][bd][ab] = (adcb)$, 如图 3-7(C); $gt_1 = (a)(bdc)$, 如图 3-8(A); $t_1 g = (adc)(b)$, 如图 3-8(B).

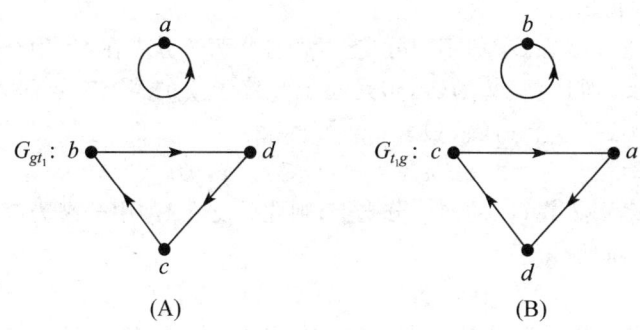

图 3-8

定理 3-11 设 T 是 $n-1$ 个对换组成的集合,则 T 生成对称群 S_n 的充分必要条件是:(X, T) 是树.

证明: 设 (X, T) 是树. 如果 a, b 是 T 的两个不同节点, 则 T 中有唯一的一条联结 a, b 的路 $[aX_1], [X_1 X_2], \cdots, [X_k b]$. 由于
$$[ab] = [X_k b][X_{k-1} X_k] \cdots [X_2 X_3][X_1 X_2][aX_1][X_1 X_2] \cdots$$
$$[X_{k-1} X_k][X_k b],$$

所以每一个对换 $[ab]$ 可以表示成为 T 中对换的积, 从而 S_n 中的每一个置换也可以表示成为 T 中对换的积.

反过来, 如果 (X, T) 不是树, 则它至少有两个连通分支 σ_1, σ_2. 我们取 $a \in \sigma_1, b \in \sigma_2$, 则对换 $[ab]$ 显然不是 T 中元素的积.

整个定理证明过程表明:

一个群 G 中, 一些对换的集合 A 可以生成 G 的充分必要条件是: A 中元素可以决定一个 X 上的连通支撑图, 它的节点集合恰好是 X.

我们可以沿着这样的思路来进一步研究一般意义下的置换集合 A 在什么条件下可以生成整个群 G. 下面这个结果阐述了对换作用于一般置换时,相应的图也在变化.

定理 3-12 设 f 是 X 上的一个置换,且 $g=f\cdot[ab]$,则图 G_g 可以通过将图 G_f 中的弧 $(a,f(a))$ 和 $(b,f(b))$ 分别换成 $(a,f(b))$ 与 $(b,f(a))$ 而得出.

1. 若 a,b 在 G_f 的不同分支上,则将这两个分支在 G_g 中合并成为一个分支. 而且,如令 $\mu_f(x,y)$ 是起于 x 终于 y 的路上节点的集合(如 x 和 y 不连通,令 $\mu_f(x,y)=\varnothing$),则
$$z\in\mu_f(x,y)\Rightarrow z\in\mu_g(x,y).$$

2. 若 a,b 在 G_f 的同一分支上,则此分支在 G_g 中分裂为两个不相交的圈. 而且
$$\mu_g(x,y)\neq\varnothing\wedge z\in\mu_f(x,y)\Rightarrow z\in\mu_g(x,y).$$

结果的前半部分是显然的. 当 a,b 在 G_f 的不同分支上时,
$$g=f[ab]=[a,fa,f^2a,\cdots][b,fb,f^2b,\cdots]h[ab]$$
$$=[a,fb,f^2b,\cdots,b,fa,f^2a,\cdots]h.$$

当 a,b 在 G_f 的同一个分支上时,
$$g=f[ab]=[a,fa,f^2a,\cdots][b,fb,f^2b,\cdots]h[ab].$$

定理 3-13 (Denes) 设 $T=\{t_1,t_2,\cdots,t_{n-1}\}$ 为 $n-1$ 个在 X 上的对换,则 $f=t_1t_2\cdots t_{n-1}$ 是长度为 n 的置换的充分必要条件是:(X,T) 是树.

证明: (1) 设 (X,T) 是树,依次考察下列各图 G_{g_i}:
$$g_1=t_1,g_2=g_1t_2,g_3=g_2t_3,\cdots,g_{n-1}=g_{n-2}t_{n-1}=f.$$
由前面的分析知,这些图 G_{g_i} 的连通分支数 $p(G_{g_i})$ 分别是:
$$p(G_{g_1})=n-1,$$
$$p(G_{g_2})=p(G_{g_1})-1=n-2,$$
$$p(G_{g_3})=p(G_{g_2})-1=n-3,$$
$$\cdots$$
$$p(G_f)=p(G_{g_{n-2}})-1=1.$$
因此,G_f 连通,从而是一个圈,即 f 是一个长为 n 的循环置换.

(2) 设 (X,T) 不是树,则它至少有两个连通分支 X_1 与 X_2. 取 $a\in X_1,b\in X_2$,则 a,b 不在 G_{g_1} 的同一个分支内部. 如果 a,b 在 G_{g_i} 中的不同分支,而这两个分支又分别包含在 X_1 与 X_2 中,由于 t_{i+1} 所对换的两个点同在 X_1 或同在 X_2,由定理 3-12 知,a,b 仍然位于 $G_{g_{i+1}}$ 的不同分

 组合理论中的树结构

支内,这说明 G_f 不连通.因此,f 不是长为 n 的循环置换.

推论 3-14　如果 f 是一个长为 n 的循环置换,那么将 f 写成 $n-1$ 个对换的积的方法数 $A(f)=n^{n-2}$.

习题 3

1. 证明:在连通图中,或者有一个悬挂点,或者可以去掉一条边使图仍然保持连通.

2. 用 $\tau(G)$ 表示图 G 中支撑树的数目,设 $e \in E(G)$. 证明:
$$\tau(G) = \tau(G-e) + \tau(G \cdot e),$$
这里 $G \cdot e$ 表示在 G 中将边收缩后得到的图.

3. 利用上题的结果,计算 $K_4 - e$ 中支撑树的个数.

4. 运用最短路算法或广探术算法,设计一个算法用以计算图中的最短圈.

5. 设 G_1, G_2 分别是不含奇长圈的图. 证明: $G_1 \oplus G_2$ 中也不含奇长圈.

6. 证明: $\tau(K_p) = p^{p-2}$ (凯莱公式,1889).

7. 设 T_1, T_2 是图 G 中的两个支撑树. 如果 $|E(T_1) \oplus E(T_2)| = 2$,则用边联结 T_1 与 T_2,且称从 T_1 到 T_2 有一次基本变换. 如此这般下去,我们可以得到一个新的树图 $T(G)$. 证明:连通图 G 的树图 $T(G)$ 也是连通图.

8. 平面上有 $n(n \geqslant 3)$ 条线段,其中任意 3 条都有公共端点. 证明:这 n 条线段有一个公共端点.

9. 设 P_1, P_2, P_3 是联结节点 x 与 y 的 3 条内部不相交的路, $C_{ij} = P_i \cup P_j (1 \leqslant i < j \leqslant 3)$ 是 3 个圈. 证明:

(1) 如果这 3 个圈中有 2 个是偶长圈,则第三个也是偶长圈;

(2) 这 3 个圈中至少有 1 个是偶长圈.

10. 证明:连通图 G 如果不是二部图,则对于任何一个支撑树 T,一定有一个基本圈不是偶长圈.

11. 将一个图 $G = (V, E)$ 画在平面 S_0 上,使得边与边之间没有交叉,这样的表示法叫 G 的一个平面嵌入. 此时 G 被称为平面图, $S_0 - G$ 的每一个连通分支被称为 G 的一个面. 证明:一个 2 -连通平面图,当且仅当存在一个平面嵌入使得它的所有面的边界都是偶长圈时,它是二部的.

第四讲 图的子图问题

所谓子图问题,就是判定在何种条件下,给定图中是否含有特定结构的图.这是图论研究中的一个重要方面,几乎所有的图论研究结果都与此问题相关.例如:在什么条件下一个图成为二部图?现在已经知道,当图中含有的圈均是偶长圈时,一个图是二部的.又如:一个图在什么条件下不含有三角形?有几个三角形?一个图在什么条件下含有一个哈密顿圈?这些问题都涉及图的特定子图的存在性.本讲我们将讨论稠密图中子图的结构.

定理 4-1 一个简单的 n 阶图 G 如果不含有三角形,则 $|E(G)| \leqslant \left[\dfrac{n^2}{4}\right]$.

证明:方法一 设 v_1 是 G 中具有最大度数的顶点,$d(v_1)=d$,又设与 v_1 相邻的 d 个顶点为

$$v_n, v_{n-1}, \cdots, v_{n-d+1}.$$

由于 G 不含三角形,所以 $v_n, v_{n-1}, \cdots, v_{n-d+1}$ 中任意两点都不相邻,故 G 的边数满足

$$E(G) \leqslant d(v_1)+d(v_2)+\cdots+d(v_{n-d})$$
$$\leqslant (n-d) \cdot d \leqslant \left(\dfrac{n-d+d}{2}\right)^2$$
$$= \dfrac{n^2}{4}.$$

因为边数为整数,所以 $E(G) \leqslant \left[\dfrac{n^2}{4}\right]$.

方法二 设 G 是一个 n 阶不包含三角形的图,那么对 $xy \in E(G)$,有 $N(x) \cap N(y) = \varnothing$.由 $|N(x) \cup N(y)| = |N(x)| + |N(y)| -$

$|N(x) \cap N(y)|$,得 $d(x)+d(y) \leqslant n$. 将所有的 $xy \in E(G)$ 对上述不等式求和,可知每个 $d(x)$ 被算了 $d(x)$ 次,所以有 $\sum_{x \in v(G)} d(x)^2 \leqslant nE(G)$. 再由柯西不等式,$(2E(G))^2 = \left(\sum_{x \in G} d(x)\right)^2 \leqslant n\left(\sum_{x \in G} d(x)^2\right)$, 即 $E(G) \leqslant \frac{n^2}{4}$.

这个边界是最好的,$K_{[\frac{n}{2}][\frac{n}{2}]}$ 是唯一无三角形的边数最多的 n 阶图. 由此产生的一个问题是:如果 G 的边数超过 $\left[\frac{n^2}{4}\right]$,会有什么结构?

定理 4-2 设图 G 有 $2n(n \geqslant 2)$ 个顶点,n^2+1 条边,则 G 中一定有两个具有公共边的三角形.

证明:用数学归纳法.

当 $n=2$ 时,G 有 4 个顶点,5 条边. 作完全图 K_4,K_4 有 $C_4^2 = 6$ 条边,容易验证不论在 K_4 中去掉哪条边,总有两个具有公共边的三角形,即命题在 $n=2$ 时成立.

假设命题在 $n=k(k \geqslant 2)$ 时成立. 设 G 有 $2(k+1)$ 个顶点 $v_1, v_2, \cdots, v_{2k+2}$,$(k+1)^2+1 = k^2+2k+2$ 条边. 因为

$$\left[\frac{(2k+2)^2}{4}\right] = [k^2+2k+1] < k^2+2k+2,$$

根据定理 4-1,G 中一定有一个三角形,不妨设是 $\triangle v_1 v_2 v_3$,且 $d(v_1) \leqslant d(v_2) \leqslant d(v_3)$.

如果 $v_4, v_5, \cdots, v_{2k+2}$ 中有一点与 v_1, v_2, v_3 中的两个点都相邻,那么就得到了两个有公共边的三角形.

如果 $v_4, v_5, \cdots, v_{2k+2}$ 中的每一点,至多只和 v_1, v_2, v_3 中的一个点相邻,则由顶点集 $\{v_4, v_5, \cdots, v_{2k+2}\}$ 引向顶点集 $\{v_1, v_2, v_3\}$ 的边数不超过

$$(2k+2)-3 = 2k-1,$$

那么由 $\{v_1, v_2\}$ 引向 $\{v_4, v_5, \cdots, v_{2k+2}\}$ 的边数 $\leqslant \frac{2}{3}(2k-1)$. 从 G 中去掉顶点 v_1, v_2 及与它们相邻的边,得到图 G',G' 的顶点个数是 $2k$,且边的数目

$$e' \geqslant k^2 + 2k + 2 - 3 - \frac{2}{3}(2k-1)$$

$$= k^2 + \frac{2}{3}k - \frac{1}{3} \geqslant k^2 + 1 \text{（因为 } k \geqslant 2\text{）}.$$

由归纳假设，G' 中有两个有公共边的三角形，这两个有公共边的三角形也是 G 中的三角形. 命题得证.

现代的研究结果表明：如果一个 n 阶简单图 G 的边数超过 $\left[\frac{n^2}{4}\right]$，其中会有非常多的三角形. 另外，这个结果可以被推广到更加一般的子图范围内. 如果我们用 $t_{r-1}(n)$ 表示 n 阶土伦（Turan）图 $T_{r-1}(n)$ 的边数，则有下列结果：一个 n 阶简单图 G，如果它的边数为 $t_{r-1}(n)+1$，那么 G 几乎含有一个完全子图 K_{r+1}.

定理 4-3 一个简单 n 阶图 G 如果含有 $t_{r-1}(n)+1$ 条边，那么它含有一个 $K_{r+1}-e$，其中 e 是 K_{r+1} 中的一条边.

证明： 我们要用到后面介绍的土伦定理和归纳法. 对于 $n=r+1$，$G=K_{r+1}-e$，假定结果对于阶数小于 $n(\geqslant r+2)$ 的图成立. 我们考虑一个满足条件的 n 阶图 G，以及其中的一个最小次节点 x. 容易看出：$d(x) \leqslant \delta(T_{r-1}(n))$，于是有 $E(G-x) \geqslant t_{r-1}(n)+1$. 由归纳假设，$G-x$ 中含有一个 $K_{r+1}-e$，结论对于 G 也成立. 证毕.

十分令人吃惊的是，当一个图中的边数充分多时，就会出现非常多的特定子图. 下面这个结果取材于博洛巴什（B. Bollobas）的名著《极图理论》(*Extremal Graph Theory*). 我们在这里将其全盘介绍给读者（包括整个证明过程）.

定理 4-4 设 G 是一个 n 阶简单图，具有的边数 $m=t_2(n)+l$，$0 < l \leqslant \frac{n}{4}$，则 G 中至少含有 $l\left\lfloor\frac{n}{2}\right\rfloor$ 个三角形.

证明： 为了便于叙述，我们不妨假定图 G 的阶数 n 为偶数. 令 $V(G)=\{1,2,\cdots,n\}$，K 是 $V(G)$ 所决定的 n 阶完全图. 对于每个节点 $i \in V(G)$，令

$$V_i = N_G(i), W_i = V(G) - V_i, d_i = d_G(x) = |V_i|,$$

令 $t^{(k)}$ 是 K 中恰好含有 $\overline{G}$ 的 k 条边的三角形个数，于是 $t^{(0)}=k_3(G)$ 恰好

就是 G 中三角形的数目. 记 $\lambda_i = |[V_i, W_i]|$ 为 $\overline{G}$ 中横跨于 V_i 和 W_i 之间的边数. 对于 G 的每一条边 ij, 令 t_{ij}^k 为 K 中含有 ij 且含有 $\overline{G}$ 的 k 条边的三角形个数, 则有下面的一组关系成立:

$$\sum_1^n \lambda_i = 2t^{(2)}, \tag{1}$$

$$\sum_{ij \in E(G)} t_{ij}^{(0)} = 3t^{(0)}, \tag{2}$$

$$\sum_{ij \in E(G)} t_{ij}^{(2)} = 3t^{(2)}, \tag{3}$$

任取 $ij \in E(G) \Rightarrow n = d_i + d_j - t_{ij}^{(0)} + t_{ij}^{(2)}$.

注意到 $\sum_{ij \in E(G)} (d_i + d_j) = \sum_1^n d_i^2$, 我们有

$$mn = \sum_1^n d_i^2 - 3t^{(0)} + t^{(2)}. \tag{4}$$

令 $p_i = d_i - \dfrac{n}{2}$, 有

$$\begin{aligned}
\sum_1^n d_i^2 &= \sum_1^n p_i^2 + n \sum_1^n p_i + \dfrac{n^3}{4} \\
&= \sum_1^n p_i^2 + 2n\left(m - \dfrac{n^2}{4}\right) + \dfrac{n^3}{4} \\
&= \sum_1^n p_i^2 + 2l \times n + \dfrac{n^3}{4}.
\end{aligned}$$

结合式(1)和(4)不难看出,

$$3t^{(0)} = \sum_1^n \left(p_i^2 + \dfrac{\lambda_i}{2}\right) + l \times n,$$

从这个关系式可以知道, 只要

$$\sum_1^n \left(p_i^2 + \dfrac{\lambda_i}{2}\right) \geqslant l \times \dfrac{n}{2},$$

定理就会成立. 因此, 我们只需要考虑有某一个节点 i, 使得

$$p_i^2 + \dfrac{\lambda_i}{2} < \dfrac{l}{2}, \tag{5}$$

G 中一共有

$$\dfrac{n^2}{2} + l - \left(\dfrac{n^2}{2} - p_i^2 - \lambda_i\right) = l + p_i^2 + \lambda_i$$

条边使得它们的两个端点同时位于 V_i 或 W_i，而每一条这样的边位于 G 中至少

$$\frac{n}{2} - |p_i| - \lambda_i \geq \frac{n}{2} - p_i^2 - \lambda_i$$

个三角形上，其中第三个节点属于另外一个类（如果边有节点在 $V_i(W_i)$ 内，则三角形的第三个顶点位于 $W_i(V_i)$ 中）。因此，由式(5)可知：

$$t_3(G) > (l + p_i^2 + \lambda_i)\left(\frac{n}{2} - p_i^2 - \lambda_i\right)$$

$$= l \times \frac{n}{2} + (p_i^2 + \lambda_i)\left(\frac{n}{2} - l - p_i^2 - \lambda_i\right)$$

$$\geq l \times \frac{n}{2} + (p_i^2 + \lambda_i)\left(\frac{n}{2} - 2l\right) > l \times \frac{n}{2}.$$

我们自然要问：对于 n 阶非二部图，它的边数又作何要求呢？

定理 4-5 不含三角形的 n 阶非二部图的最大边数为 $\left\lfloor \frac{(n-1)^2}{4} \right\rfloor + 1$.

证明：一个图是二部图的充要条件是它不含奇圈，而图 G 是无三角形的非二部图，所以它必定含有奇圈。设其最小的一个奇圈为 C，它的顶点依次为 $v_1 v_2 v_3 \cdots v_{2k} v_{2k+1}$，$k \geq 2$. 记 $U = \{v_1, v_3, \cdots v_{2k-1}\}$，$W = \{v_2, v_4, \cdots v_{2k}\}$，$U'$，$W'$ 分别为 U，W 的邻点（除掉 v_{2k+1}）. 我们发现必有 $U' \cap W' = \varnothing$，否则会出现更小的奇圈，矛盾。不妨设 $V(G) - V(C) = U' \cup W'$，则 v_{2k+1} 只与 v_1, v_{2k} 两个顶点相连，否则同样会出现更小的奇圈。因此我们得到两类顶点 $U \cup W'$，$W \cup U'$，它们构成二部图，最大的边数为 $\left\lfloor \frac{(n-1)^2}{4} \right\rfloor$. 并上点 v_{2k+1}，加上 $v_1 v_{2k+1}$，$v_{2k+1} v_{2k}$ 两条边，再去掉 $v_1 v_{2k}$ 这条边，所以最大边数 $= \left\lfloor \frac{(n-1)^2}{4} \right\rfloor - 1 + 2 = \left\lfloor \frac{(n-1)^2}{4} \right\rfloor + 1$.

那么，对于包含 m 条边的 n 阶图，至少包含多少个三角形呢？

定理 4-6 若 n 阶图 G 包含 m 条边，则它至少含 $\left\lfloor \frac{1}{3}\left(\frac{4m^2}{n} - mn\right) \right\rfloor$ 个三角形.

证明：**方法一** 对于 $xy \in E(G)$，我们计算以 xy 为一条边的三角

形个数,有
$$|N(x) \cap N(y)| = |N(x)| + |N(y)| - |N(x) \cup N(y)|$$
$$\geq d(x) + d(y) - n.$$

对所有的 $xy \in E(G)$ 对上式求和. 由于三角形有三条边,这样每条边计算了 3 次. 三角形的个数为
$$t \geq \left\lfloor \frac{1}{3}\left(\sum_{x \in G} d(x)^2 - mn\right) \right\rfloor \geq \left\lfloor \frac{1}{3}\left(\frac{4m^2}{n} - mn\right) \right\rfloor (\text{柯西不等式}).$$

上述证明不是唯一的,在博洛巴什的名著《极图理论》中提供了另外一个完全不同的证明. 它表面上看好像有一些困难,实际上为这样的问题提供了一般方法.

方法二 设 $(d_i)_1^n$ 和 $(n-1-d_i)_1^n$ 分别是一个 n 阶图 G 和它的补图 $\overline{G}$ 的节点次序列,我们来计算从一个节点发出的两条边形成的"角"的个数. 于是,在 G 和它的补图 $\overline{G}$ 中各自有 $\sum_1^n C_{d_i}^2$ 和 $\sum_1^n C_{n-1-d_i}^2$ 个"角". 另一方面,对于 G 和它的补图 $\overline{G}$ 中三角形的个数 $t_3(G)$ 和 $t_3(\overline{G})$,每一个三角形中的边被计算了 3 次,K_n 中一共有 C_n^3 个三角形. 考虑到去掉重复计算的边数,我们有
$$\sum_1^n C_{d_i}^2 + \sum_1^n C_{n-1-d_i}^2 = 3t_3(G) + 3t_3(\overline{G}) + C_n^3 - t_3(G) - t_3(\overline{G}).$$

记 e 和 $\overline{e}$ 分别为 G 和它的补图 $\overline{G}$ 的边数,则有
$$t_3(G) + t_3(\overline{G}) = C_n^3 - (n-2)e + \sum_1^n C_{d_i}^2$$
$$= C_n^3 - (n-2)\overline{e} + \sum_1^n C_{n-1-d_i}^2.$$

由于
$$3t_3(\overline{G}) \leq \sum_1^n C_{n-1-d_i}^2, e + \overline{e} = C_n^2,$$
我们有
$$t_3(G) \leq C_n^3 - (n-2)\overline{e} + nC_{2\overline{e}/n}^2 = \frac{e}{3n}(4e - n^2).$$

注意:这个证明过程中实际上含有一个推论,即一个 n 阶简单图和它的

补图一共有 $\frac{1}{24}n(n-1)(n-5)$ 个三角形.

根据定理 4-1,我们知道对于边数 $\leqslant \left\lfloor \frac{n^2}{4} \right\rfloor$ 的一类图中不一定含有三角形,但若这类图中已含有一个三角形,那么它至少会包含多少个三角形呢?

引理 4-7 n 阶简单图 $G(n\geqslant 3)$ 含有 $\left\lfloor \frac{n^2}{4} \right\rfloor + t$ 条边,满足 $t\geqslant 1, t \in \mathbf{Z}, \left\lfloor \frac{n^2}{4} \right\rfloor + t \leqslant C_n^2$,那么图 G 至少含有 t 个三角形.

证明: 由定理 4-6,图 G 中至少含有 $l = \left\lfloor \frac{1}{3}\left(\frac{4m^2}{n} - mn\right) \right\rfloor$ 个三角形,这里 $m = \left\lfloor \frac{n^2}{4} \right\rfloor + t$.

(1) 若 $n = 2k(k\geqslant 2)$,则 $l = \left\lfloor \frac{4t(k^2+t)}{3n} \right\rfloor \geqslant \left\lfloor \frac{4k^2 t}{3n} \right\rfloor = \left\lfloor \frac{4kt}{6} \right\rfloor \geqslant t$.

(2) 若 $n = 2k-1(k\geqslant 2)$,$k=2$ 时显然成立,下设 $k\geqslant 3$,则
$$l = \left\lfloor \frac{(4t-1)(k^2-k+t)}{3(2k-1)} \right\rfloor \geqslant \left\lfloor \frac{(4t-1)(k^2-k)}{3(2k-1)} \right\rfloor \geqslant \frac{(4t-1)(2k-1)}{12}$$
$$\geqslant \frac{3t(2k-1)}{12} \geqslant t.$$

定理 4-8 如果含有 $\left\lfloor \frac{n^2}{4} \right\rfloor - l$ 条边的 n 阶图 G 中包含一个三角形,那么它至少包含 $\left\lfloor \frac{n}{2} \right\rfloor - l - 1$ 个三角形.

证明: 设 xyz 为一个三角形,$G' = G - \{x, y, z\}$. 我们考察 G' 中的三角形,以及以 xy, yz, xz 为边的三角形个数之和 t. 若 G' 中的边数 $\leqslant \left\lfloor \frac{(n-3)^2}{4} \right\rfloor$,则由定理 4-1,可通过构造使之不含三角形;若其边数为 $\left\lfloor \frac{(n-3)^2}{4} \right\rfloor + k$,则由引理 4-7,图中至少含有 k 个三角形.

对于由顶点 x, y, z 引出的边数,若小于 $n-3$,则可构造出不以 xy, yz, xz 为一边的三角形(除 xyz 外);若其边数为 $n-3+k$,则至少

含 k 个三角形. 基于以上结论, 我们有
$$E(G)=3+(n-3)+\left\lfloor\frac{(n-3)^2}{4}\right\rfloor+t-1.$$

下证 $t=\left\lfloor\frac{n}{2}\right\rfloor-l-1$, 即证 $\left\lfloor\frac{n^2}{4}\right\rfloor=n+\left\lfloor\frac{n^2-6n+9}{4}\right\rfloor+\left\lfloor\frac{n}{2}\right\rfloor-2.$

当 $n=2k$ 时, 左式$=k^2=$右式; 当 $n=2k+1$ 时, 左式$=k^2+k=$右式.

以上都是图中的完全子图问题. 历史上, 在这方面最为著名的结果属于土伦定理. 为方便起见, 先介绍一个常用的术语. 设 G, H 是两个图. 如果 G 中存在一个子图 $G'\cong H$, 则称 G 含有 H, 否则称 G 不含有 H.

设 $n=mk+r(k\geqslant 1, 0\leqslant r\leqslant m)$, 我们以 $T_m(n)$ 记完全 m 部图 $K_{n_1,n_2,\cdots,n_m}$, 这里 $n_1=n_2=\cdots=n_r=k+1, n_{r+1}=n_{r+2}=\cdots=n_m=k$, 令 $e_m(n)$ 表示 $T_m(n)$ 的边数. 如图 4-1 所示的是 $T_3(5), e_3(5)=8$. $e_m(n)$ 的计算公式如下, 其证明留作习题.

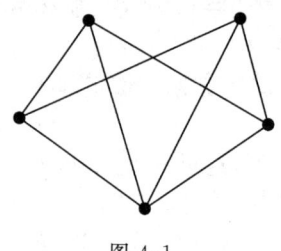

图 4-1

$$e_m(n)=C_{n-k}^2+(m-1)C_{n-k}^2, \text{其中 } k=\left[\frac{n}{m}\right].$$

若 $G=(V_1, V_2, \cdots, V_m; E)$ 是任一 n 阶 m 部图, 令 $p_i=|V_i|$ ($\sum_{i=1}^m p_i=n$), 可以验证 G 的边数 $\leqslant e_m(n)$, 并且当等号成立时必有 G 与 $T_m(n)$ 同构(证明留作习题). 换句话说, $T_m(n)$ 是包含边数最多的 n 阶 m 部图, 并且是唯一这样的图.

显然任意一个 m 部图不含 K_{m+1}. 土伦进一步证明了 $T_m(n)$ 是边数最多的、不含 T_{m+1} 的 n 阶图, 并且是唯一这样的图.

定理 4-9 设 n 阶图 G 不含 K_{m+1}, 则 G 的边数 $E(G)\leqslant e_m(n)$, 当且仅当 G 和 $T_m(n)$ 同构时等号成立.

现在我们介绍爱尔特希(Erdos, 1970)的一个更强的结果, 由这个结果可以推出土伦的结果.

定理 4-10 设 $G=(V, E)$ 是不含 K_{m+1} 的 p 阶图, $V=\{v_1, v_2, \cdots, v_p\}$, 则存在 p 阶 m 部图 G', 使得 $V(G')=V$, 且对于每一个 i ($1\leqslant i \leqslant$

p),有 $d_G(v_i) \leqslant d_{G'}(v_i)$,等式成立时有 $G \cong G'$.

证明:对 m 进行归纳.当 $m=1$ 时,G 是 p 阶完全不连通图,不含边,结论显然成立.设 G 是不含 K_{m+1} 的 p 阶图($m \geqslant 1$),设节点 v_1 使得
$$d_G(v_1) = \Delta(G), \quad N_G(v_1) = \{v_2, v_3, \cdots, v_{\Delta+1}\}.$$

令 $H = G(N_G(v_1))$,显然图 H 不含 K_m.按照归纳假设,存在以 $N_G(v_1)$ 为节点集的 $m-1$ 部图 H',使得对于每一个 $i(2 \leqslant i \leqslant \Delta(G) + 1)$,$d_H(v_i) \leqslant d_{H'}(v_i)$.令 H'' 是以 $V \setminus N_G(v_1)$ 为节点集的完全不连通图.记 $G' = H' + H''$,G' 是一个 m 部图.当 $v_i \in N_G(v_1)$ 时,由于 $d_H(v_i) \leqslant d_{H'}(v_i)$,故 $d_G(v_i) \leqslant d_H(v_i) + p - \Delta(G) \leqslant d_{H'}(v_i) + p - \Delta(G) = d_{G'}(v_i)$.

当 $v_i \notin N_G(v_1)$ 时,因为 $d_{G'}(v_i) = \Delta(G)$,也有 $d_G(v_i) \leqslant d_{G'}(v_i)$,这就证明了第一个结论.

现在设对于每一个 i,$d_G(v_i) = d_{G'}(v_i)$,则当 $v_i \in N_G(v_1)$ 时,$d_H(v_i) = d_{H'}(v_i)$.由归纳假设,$H \cong H'$,并且因 $d_G(v_i) = d_{G'}(v_i)$,故 v_i 与 $V \setminus N_G(v_1)$ 中的节点在 G 中都是相邻的.对于 $v_i \notin N_G(v_1)$,因为 $d_G(v_i) = d_{G'}(v_i) = \Delta(G)$,故 $G(V \setminus N_G(v_1))$ 是完全不连通图,所以 $G \cong G'$.证毕.

注意:如果考虑一个图的补图,则土伦定理有其对偶形式,有的学者也称其为土伦定理(结论如下,读者可以自己用数学归纳法进行证明).

定理 4 - 11 对于自然数 γ 和 $k(2 \leqslant k \leqslant \gamma)$,独立数小于 k 的具有最少边数的 γ 阶图 $G(\gamma, k) = (V, E)$ 均有下列形式:
$$G(\gamma, k) = rK_{t+1} + (k-1-r)K_t,$$
其中 $\gamma = t(k-1) + r, 0 \leqslant r \leqslant k-2$.

例 1 S 为 m 个正整数对 $(a, b)(1 \leqslant a, b \leqslant n, a \neq b)$ 所组成的集合((a, b) 与 (b, a) 被认为是相同的).证明:至少有 $\dfrac{4m}{3n}\left(m - \dfrac{n^2}{4}\right)$ 个三元数组 (a, b, c),使 $(a, b), (a, c)$ 及 (b, c) 都属于 S.

(1989 年亚太地区数学奥林匹克竞赛)

图论

证明 作图 G：用点 v_i 表示数 i，点 v_j 表示数 j，$i, j = 1, 2, \cdots, n$. 当且仅当 $(i, j) \in S$ 时，点 v_i 与点 v_j 相邻，于是图 G 有 n 个顶点，m 条边. 要证明的问题就是：G 中至少有 $\frac{4m}{3n}\left(m - \frac{n^2}{4}\right)$ 个三角形.

令顶点 v_i 的度为 d_i，G 中边的集合为 E，设 $(v_i, v_j) \in E$，则它的两个端点 v_i, v_j 向其余 $n - 2$ 个顶点共引出 $d_i + d_j - 2$ 条边，故至少有 $d_i + d_j - n$ 对分别由 v_i, v_j 引向同一顶点的边，它们与边 (v_i, v_j) 构成三角形. 因此 G 中至少有 $d_i + d_j - n$ 个三角形包含边 (v_i, v_j). 又因为 G 中每个三角形被计算了 3 次，故 G 中至少有

$$k = \frac{1}{3} \sum_{(v_i, v_j) \in E} (d_i + d_j - n)$$

个三角形. 由于顶点 v_i 的度 d_i 在上述和式中出现 d_i 次，边的条数为 m，故

$$k = \frac{1}{3}\left(\sum_{i=1}^{n} d_i^2 - mn\right). \tag{6}$$

因为 $\sum_{i=1}^{n} d_i = 2m$，对式 (6) 用柯西不等式，得

$$k \geqslant \frac{1}{3}\left(\frac{1}{n}\left(\sum_{i=1}^{n} d_i\right)^2 - mn\right) = \frac{1}{3}\left(\frac{4m^2}{n} - mn\right) = \frac{4m}{3n}\left(m - \frac{n^2}{4}\right).$$

点评 本题是根据图论中的问题："设 G 是有 m 条边的 n 阶图，则 G 中的三角形个数一定不小于 $\frac{4m}{3n}\left(m - \frac{n^2}{4}\right)$" 改编而成的，其实就是我们前面得到的定理 4-5. 从证明问题的技巧方面看，本题有一定的难度. 因此，我们应该注意到，数学竞赛的命题人完全有可能从理论的深度出发，有的甚至就是将近代数学中图论专业的深刻而又困难的结果作为竞赛试题. 这一点我们在后面可以陆续看到.

例2 设 $A_1, A_2, A_3, A_4, A_5, A_6$ 是平面上的 6 点,其中任意三点不共线.

(1) 如果这些点之间任意连 13 条线段,证明:必存在 4 点,它们每两点之间都有线段相连;

(2) 如果这些点之间只有 12 条线段,请你画一个图形,说明结论 (1) 不成立(不必用文字说明);

(3) 结论(1)能否加强为:必存在 4 个 4 阶完全图?给出反例或证明.

解 把题目转化成图论语言就是:图 G 有 6 个顶点,13 条边,证明 G 中含有 K_4.可以从土伦定理轻易地推出 G 中有 K_4,这样就得到了结论(1).

结论(2)可以根据土伦图的构造直接得到.构造完全三部图 $K_{2,2,2}$,如图 4-2 所示.从 $K_{2,2,2}$ 中任取 4 点,总有两点属于同一部分,而这两点是不相邻的,因此任取 4 点均不构成 K_4.

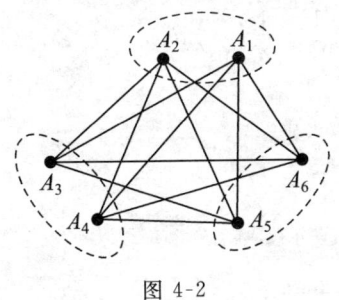

图 4-2

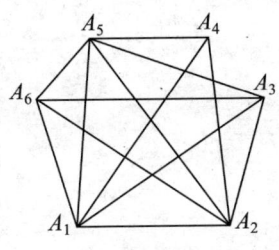

图 4-3

如果我们考虑 6 阶完全图 K_6,从中任意去掉两条边,得到目前的图 G(如图 4-3).从直观上看,G 的边非常密集,它与 K_6 几乎相差无几,应该具有相当好的性质.我们将结论(3)成立的证明留给读者.

例3 在有 8 个顶点的简单图中,没有四边形(即由 4 点 A, B, C, D 和 4 条边 AB, BC, CD, DA 组成)的图的边数最大值是多少?

(1992 年中国数学奥林匹克竞赛)

解 这又是一类子图问题,我们可以将其上升为一般的形式如下:

定理 4-12 一个 n 阶简单图 G 如果不含 4-圈，其边数不会超过 $\frac{1}{4}n(1+\sqrt{4n-3})$.

如果上述结果正确，则所求最大理论值应该是 11，而且图 4-4 给出了一个极图. 我们直接证明上述结果.

设 $V=\{v_1,v_2,\cdots,v_n\}$ 是图 G 的顶点集，对于任意的顶点 $v_i\in V$，与 v_i 相邻的顶点对 $\{x,y\}$ 有 $C_{d(v_i)}^2$ 个. 由于图 G 中没有四边形，所以当 v_i 在 V 中变化时，所有的顶点对 $\{x,y\}$ 都是互不相同的，否则点对 $\{x,y\}$ 分别在 $C_{d(v_i)}^2$ 和 $C_{d(v_j)}^2$ 中被计算，那么 v_i,x,v_j,y 就组成一个四边形. 所以

$$\sum_{i=1}^n C_{d(v_i)}^2 \leqslant C_n^2,$$

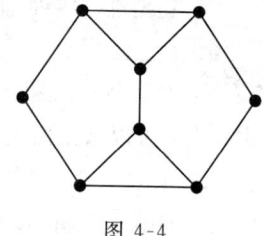

图 4-4

由柯西不等式，有

$$\sum_{i=1}^n C_{d(v_i)}^2 = \frac{1}{2}\sum_{i=1}^n d^2(v_i)-e \geqslant \frac{1}{2}\cdot\frac{1}{n}\Big(\sum_{i=1}^n d(v_i)\Big)^2-e$$
$$=\frac{2}{n}e^2-e,$$

所以
$$\frac{2}{n}e^2-e \leqslant C_n^2,$$

$$e^2-\frac{n}{2}e-\frac{1}{4}n^2(n-1)\leqslant 0,$$

解得
$$e\leqslant\frac{n}{4}(1+\sqrt{4n-3}).$$

> **点评** 本题的原始解答十分困难且难以阅读. 根源在于：当 n 的数值具体到一个特殊值的时候，我们反而不容易看到问题的实质. 一旦将其一般化，反而会使证明变得漂亮，而且适用性更广.

例 4 由 n 个点和这些点之间的 l 条线段组成一个空间图形，其中 $n=q^2+q+1, l\geqslant\frac{1}{2}q(q+1)^2+1, q\geqslant 2, q\in\mathbf{N}$. 已知此图中任意四点不

共面,每点至少有一条连线段,且存在一点至少有 $q+2$ 条连线段.证明:图中必存在一个空间四边形(即由 4 点 A,B,C,D 和 4 条连线段 AB,BC,CD,DA 组成的图形).

(2003 年中国高中数学联赛)

证明 本题条件中任意四点不共面实际是为了保证无三点共线.故从图论角度看,只需证明图中存在四边形即可.解答本题可以援引例 3 思路,但直接应用不可行.

考虑将与 $d(v_1) \geq q+2$ 的点 v_1 相连的 $d(v_1)$ 个点去掉,剩下的点对有 $C_{n-d(v_1)}^2$ 个.没有四边形时,$C_{n-d(v_1)}^2 \geq \sum_{i=2}^{n} C_{d(v_i)-1}^2$.同样,$\sum_{i=2}^{n}(d(v_i)-1) = 2l-n+1-d(v_1)$.综合柯西不等式得

$$\frac{(n-d(v_1))(n-d(v_1)-1)}{2}$$

$$\geq \frac{1}{2}\left(\sum_{i=2}^{n}(n-d(v_i))^2 - \sum_{i=2}^{n}(n-d(v_i))\right)$$

$$\geq \frac{1}{2}\left(\frac{1}{n-1}(2l-n+1-d(v_1))^2 - (2l-n+1-d(v_1))\right),$$

即
$$(n-1)(n-d(v_1))(n-d(v_1)-1)$$
$$\geq (2l-n+1-d(v_1))(2l-2n+2-d(v_1))$$
$$\geq (q^3+q^2-d(v_1)+2)(q^3-q+2-d(v_1))$$
$$=(nq-q+2-d(v_1))(nq-q-n+3-d(v_1)),$$

这与 $(q+1)(n-d(v_1)) < nq-q+2-d(v_1)$ 及 $q(n-d(v_1)-1) \leq nq-q-n+3-d(v_1)$ 矛盾.

所以图中必有四边形.

> **点评** 如果直接运用定理 4-10,我们不会得到所需结果,因为定理 4-10 的上界大了一点.虽然已经知道这个上界是最好可能,但是如果将自然数 n 的结构加强一点,那么(本例表明)这个上界是完全可以改进的.下面这个例子同样如此.

 图论

例5 有3所中学,每一所有 n 个学生,每个学生都认识其他两所中学的 $n+1$ 个学生. 证明:可以从每一所中学中各选1个学生,使得这3个学生相互认识.

证明 将学生用节点表示. 如果两个学生认识,就在相应的节点之间连一条边,于是得到一个三部图 $G=(X,Y,Z,E)$,其中 X,Y,Z 分别代表3所中学的学生集合,而 E 则是学生之间的认识关系代表的边集. $E[X,Y]$, $E[Y,Z]$ 和 $E[Z,X]$ 中的边分别用红色边、蓝色边和黄色边表示. 每个节点的次数都是 $n+1$,这 $n+1$ 条边分成两种颜色,其中同一种颜色的边数被称为这个节点的一种同色数.

在所得图中取节点 x 的同色数最大,为 m. 不妨设 $x\in X$. 自 x 引出 m 条红色边 xy_i, $1\leqslant i\leqslant m$,且有一条黄色边 xz. 由 m 的最大性,自 z 引出的黄色边数目 $\leqslant m$,从而 z 引出的蓝色边数目 $\geqslant n+1-m$. 因为 $m+(n+1-m)>n$,所以 $y_1, y_2, \cdots, y_m$ 中必有一个节点 y_k 与 z 相连. 这样,x, y_k, z 就是3个相互认识的学生.

点评 这个例子不能直接运用土伦定理或其他相关结果,因为图的边数没有那么多. 但是所得图是一个 $(n+1)$-正则三部图,这个特性可以导致三角形的存在. 另外,证明中采用了一种最大化的思维方式,使得证明过程变得直截了当. 这是典型的图论方法,没有受过专门训练的学生是很难掌握的,值得注意.

例6 空间中有9个点,其中任意4个点不共面. 在这9点之间连线,要求不产生四面体. 最多有几个三角形?

(1994年中国国家队测试题)

解 将9个点分成3组:$\{A_1, A_2, A_3\}$,$\{A_4, A_5, A_6\}$,$\{A_7, A_8, A_9\}$. 在

第四讲 图的子图问题

每一个组内部不连边,将每一个组内的每个点向组外的每一个点连线,得到完全三部图 $K_{3,3,3}$,其中刚好有 27 个三角形. 下面证明 27 是最好的结果,即如果连线得到的图中有 28 个三角形,则其中一定有四面体.

我们已经知道的一个事实是:一个简单的 n 阶图如果没有三角形,则其边数不超过 $\left\lfloor \dfrac{n^2}{4} \right\rfloor$. 利用这个结果,用反证法证明.

设图 G 有 28 个三角形,而且不含四面体. 取点 A_1 为最大次节点. 从形式上看,28 个三角形共有 84 个节点,故由抽屉原理知,必有一个节点 A_2 是至少 10 个三角形的公共顶点. 若 A_2 至多引出 6 条边,则这些边的至多另外 6 个端点至少有 10 条边. A_6 的邻域中的节点将要引出一个三角形,于是我们得到一个四面体. 矛盾表明:从 A_2 至少要引出 7 条边,点 A_1 也是如此.

情形 1 点 A_1 引出 8 条边.

由于没有四面体,余下的 8 个点构成的子图中不能有三角形. 于是由前面结果知道,这 8 个节点之间至多有 16 条边,从而图中至多有 6 个三角形,矛盾.

情形 2 点 A_1 引出 7 条边.

这 7 条边的另外 7 个端点构成的子图中没有三角形. 其间至多有 12 条边,于是图中至多有 24 个三角形,矛盾.

以上矛盾表明:27 个三角形是最好的结果.

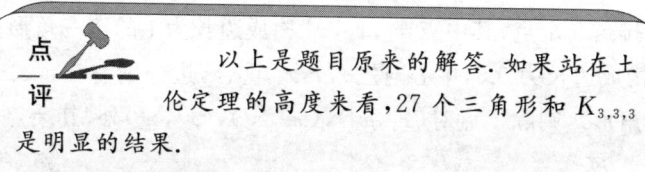

以上是题目原来的解答. 如果站在土伦定理的高度来看,27 个三角形和 $K_{3,3,3}$ 是明显的结果.

作为土伦定理的应用,下面再举一个几何图论(Geometrical Graph Theory)的例子.

例 7 平面点集 S 中任意两点距离的最大值记为 d. 如果 d 是一个有限数,称 d 是点集 S 的直径. 设 $S=\{x_1,x_2,\cdots,x_n\}$ 是由 n 个点组成的直径为 1 的点集,n 个点确定了 C_n^2 个点对的距离. 对于 0 和 1 之间的数 d,可以提出这样的问题:在直径为 1 的点集 $S=\{x_1,x_2,\cdots,x_n\}$ 中,有多少点对,其距离大于 d? 这里我们仅讨论 $d=\frac{\sqrt{2}}{2}$ 这一特殊情形.

解 先看 $n=6$ 的情形. 这时 $S=\{x_1,x_2,x_3,x_4,x_5,x_6\}$,把它们放在一个正六边形的顶点上,使点对 $(x_1,x_4),(x_2,x_5),(x_3,x_6)$ 的距离为 1,如图 4-5 所示. S 的直径为 1,易知点对 $(x_1,x_3),(x_2,x_4),(x_3,x_5)$,$(x_4,x_6),(x_5,x_1),(x_6,x_2)$ 的距离皆为 $\frac{\sqrt{3}}{2}$.

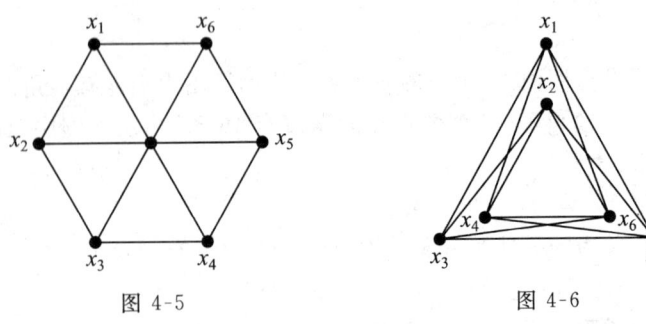

图 4-5   图 4-6

但是这并非是在 6 个点上所能得到的最好答案. 如果按图 4-6 所示来安排这 6 个点(其中点 x_1,x_3,x_5 构成边长为 1 的正三角形,点 x_2,x_4,x_6 构成边长为 0.8,中心与 $\triangle x_1x_3x_5$ 重合,边分别与 $\triangle x_1x_3x_5$ 平行的正三角形),则除了点对 $(x_1,x_2),(x_3,x_4),(x_5,x_6)$ 外,其余点对的距离均大于 $\frac{\sqrt{2}}{2}$,因此我们有 $C_6^2-3=12$ 个点对,其距离大于 $\frac{\sqrt{2}}{2}$. 事实上,这是我们所能得到的最好答案. 对于一般情形,这个问题的解由下面的定理给出.

定理 4-13 设 $S=\{x_1,x_2,\cdots,x_n\}$ 是平面上直径为 1 的点集,则距离大于 $\frac{\sqrt{2}}{2}$ 的点对的最大可能数目是 $\left[\frac{n^2}{3}\right]$,并且对每个 n,存在直径为

1 的一个点集 $\{x_1, x_2, \cdots, x_n\}$,它恰好有 $\left[\dfrac{n^2}{3}\right]$ 个点对,其距离大于 $\dfrac{\sqrt{2}}{2}$.

证明 作图 G:n 个顶点表示这 n 个点,当且仅当两个顶点之间的距离大于 $\dfrac{\sqrt{2}}{2}$ 时,两顶点相邻. 我们先证明 G 不包含 K_4.

对于平面上任意 4 个点,它们的凸包只有 3 种情况:线段、三角形、四边形,如图 4-7 所示. 显然在每一种情况下都有一个不小于 $90°$ 的 $\angle x_i x_j x_k$,这 3 点两两之间的距离不可能都大于 $\dfrac{\sqrt{2}}{2}$ 且小于等于 1. 因为若 $d(x_i, x_j)$(此处用 $d(x, y)$ 表示 x 和 y 之间的距离)和 $d(x_i, x_k)$ 都大于 $\dfrac{\sqrt{2}}{2}$,且 $\angle x_i x_j x_k \geqslant 90°$,则

$$d(x_i, x_k) \geqslant \sqrt{d^2(x_i, x_j) + d^2(x_j, x_k)} > 1.$$

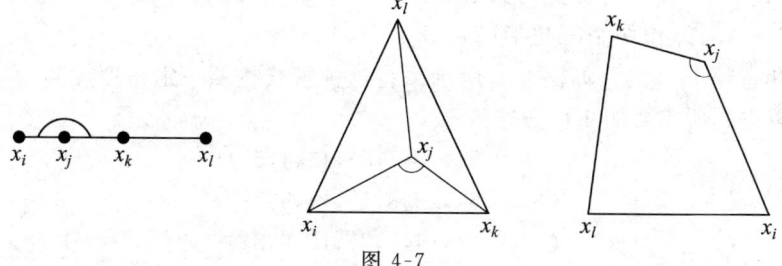

图 4-7

由于点集 S 的直径为 1,故 G 中的任意 4 个点中,至少有一对点不相邻,即 G 中不含 K_4.

我们可以构造一个直径为 1 的点集 $\{x_1, x_2, \cdots, x_n\}$,其中恰有 $\left[\dfrac{n^2}{3}\right]$ 个点对,其距离大于 $\dfrac{\sqrt{2}}{2}$. 作法如下:选择 r,使 $0 < r < \dfrac{1}{4}\left(1 - \dfrac{\sqrt{2}}{2}\right)$,并画出三个半径为 r 的圆,它们的中心两两相距 $1 - 2r$. 如图 4-8 所示,把 x_1,

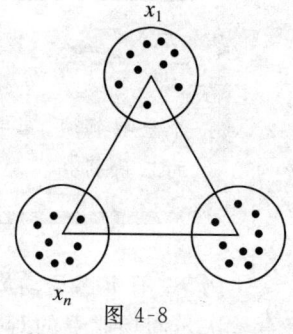

图 4-8

$x_2,\cdots,x_{\left[\frac{n}{3}\right]}$ 放在一个圆内,$x_{\left[\frac{n}{3}\right]+1},\cdots,x_{\left[\frac{2n}{3}\right]}$ 放在另一个圆内,$x_{\left[\frac{2n}{3}\right]+1},\cdots,x_n$ 放在第三个圆内,并且使得 x_1 与 x_n 的距离为 1. 显然该点集的直径为 1,当且仅当 x_i 和 x_j 分属两个不同的圆时,$d(x_i,x_j)>\frac{\sqrt{2}}{2}$,所以恰好存在 $\left[\frac{n^2}{3}\right]$ 个点对 (x_i,x_j),使得 $d(x_i,x_j)>\frac{\sqrt{2}}{2}$.

例8 某宿舍有 9 位女学生. 每天黄昏,她们 3 人一组分成 3 组在校园里面散步. 问:能否给出一种安排,使得她们在 4 天中每两个同学都恰好有一次在同一个 3 人小组中一起散步?

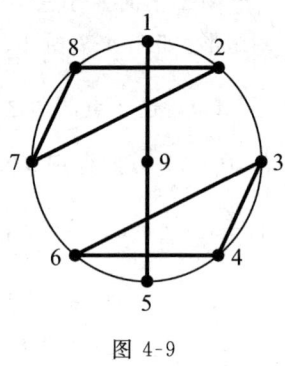

图 4-9

解 这是 K_9 的 $3K_3$ 分解问题.

利用旋转圆盘法. 画一个圆盘,并且将它 8 等分,8 个等分点与圆心分别标上 1,2,3,$\cdots$,8,9. 作两个三角形 (2,7,8),(3,4,6) 和直径 1—9—5(如图 4-9 所示). 将这种模式按照一定角度旋转后可以得到所需要的 4 种安排:

$$(\{1,9,5\},\{2,7,8\},\{3,4,6\});$$
$$(\{2,9,6\},\{3,8,1\},\{4,5,7\});$$
$$(\{3,9,7\},\{4,1,2\},\{5,6,8\});$$
$$(\{4,9,8\},\{5,2,3\},\{6,7,1\}).$$

点评 将一个完全图按照它的 3-圈进行完全分解是图论和组合设计理论方面的一个重要领域,其中包括它对于完全图在可定向曲面上的三角剖分嵌入问题.

例9 有 n 名运动员参加双打比赛. 比赛规定:每两名运动员恰好有一次是同场比赛的对手. 问:n 应该满足什么条件,才可以排出满足上述规定的比赛?

(1993 年全俄罗斯数学奥林匹克竞赛)

解 我们先来观察一下,看看什么样的自然数满足比赛规定.考虑运动员 A. A 与其余 $n-1$ 名选手都恰好有一次是场上对手,而每一次比赛中,A 有 2 名对手,所以 A 的对手必然是一对对的,故 $n-1$ 是偶数.考虑除 A 以外的 $n-1$ 名选手,这 $n-1$ 名选手中,每两个人都恰好有一次是场上对手.让这 $n-1$ 名选手每二人结为一对(对手),共有 $C_{n-1}^2 = \frac{1}{2}(n-1)(n-2)$ 对(每一对中的两人是某一场的对手).另一方面,每一场比赛有 4 个人参加,比如甲、乙二人与丙、丁二人进行双打比赛,在这场比赛中,共有 4 对"对手":甲与丙、甲与丁、乙与丙、乙与丁.因此,这 $n-1$ 名选手结成的"对子"数目 $\frac{1}{2}(n-1)(n-2)$ 是 4 的倍数,即有 $\frac{1}{2}(n-1)(n-2) = 4k$. 因为 $n-1$ 是偶数,所以 $n-2$ 是奇数,由上式知道 $n-1$ 是 8 的倍数.所以 $n = 8m+1$.

下面用旋转圆盘法给出 $n=8m+1$ 名运动员的一种满足题目要求的双打比赛程序表.

设 $m=1$,有 9 名运动员参加双打比赛.画一个圆,并将其 9 等分,在 9 个等分点上分别标上 $1,2,\cdots,9$. 再联结 4 条弦,如图 4-10 所示.图中的 4 条弦表示一场双打比赛,以 1,2 号运动员为一方,以 3,5 号运动员为另一方,表为 $(1,2;3,5)$. 固定 9 个数字,让圆周及 4 条弦一起绕圆心依顺时针方向旋转 $\frac{1}{9} \cdot 2\pi, \frac{2}{9} \cdot 2\pi, \frac{3}{9} \cdot 2\pi, \cdots, \frac{8}{9} \cdot 2\pi$, 得到另外 8 场比赛安排.于是这 9 场双打比赛为:

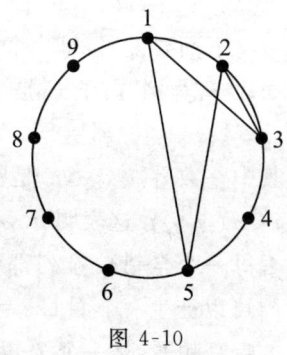

图 4-10

$(1,2;3,5);(2,3;4,6);(3,4;5,7);$
$(4,5;6,8);(5,6;7,9);(6,7;8,1);$
$(7,8;9,2);(8,9;1,3);(9,1;2,4).$

图论

 这个问题实际上涉及完全图按照 4-圈进行完全分解的问题.

下面介绍一个 2-因子分解问题.

定理 4-14 彼得森(Petersen) 图 G 可以 2-因子分解的充分必要条件是:存在某个正偶数 r,使得 G 是 r-正则的.

证明 我们只要证明:如果 G 是 r-正则图,那么它可以实行 2-因子分解. 设 $r=2k$. 注意到此时图 G 一定是欧拉图,因而有欧拉环游 C(可以沿着 C 的方向去遍历图 G 的所有边).

在 C 的基础之上可以建立一个新图 H 如下:

设 $V(G)=\{v_1, v_2, \cdots, v_n\}$, $V(H)=(U, W, E(H))$,其中
$$U=\{u_1, u_2, \cdots, u_n\}, W=\{w_1, w_2, \cdots, w_n\},$$
当且仅当在环游 C 中 v_j 紧随 v_i 之后($1 \leqslant i, j \leqslant n$)时,节点 u_i 和 w_j 在 H 中邻接. 由于 G 的任何一个节点在 C 中恰好出现 k 次,因此图 H 为 k-正则二部图,因而可以实行 1-因子分解. 故可以假定 H 可以分解成 k 个 1-因子的并:
$$E(H)=F_1'+F_2'+\cdots+F_k'.$$

下面要说明:每一个 1-因子 F_i' 均对应于 G 的一个 2-因子 F_i. 不妨以 F_1' 为例. 由于 F_1' 是 H 的一个完美对集,记
$$F_1'=\{(u_1, w_{i_1}), (u_2, w_{i_2}), \cdots, (u_n, w_{i_n})\},$$
其中整数 $i_1, i_2, \cdots, i_n$ 是整数 $1, 2, \cdots, n$ 的一个排列,且对于任意 $j(1 \leqslant j \leqslant n)$,$i_j \neq j$. 这表明:$i_1, i_2, \cdots, i_n$ 是 $1, 2, \cdots, n$ 的全错位排列.(思考:是否每一个全错位排列都可以引出一个 H 的 1-因子?)假设 $i_t=1$,则 F_1' 可以产生一个圈 $C^{(1)}=(v_1, v_{i_1}, \cdots, v_t, v_1)$. 若 $C^{(1)}$ 长为 n,则 $C^{(1)}$ 是 G 的哈密顿圈,是一个 2-因子;若 $C^{(1)}$ 的长小于 n,则存在 H 的某个节点 v_l,使得 v_l 不在 $C^{(1)}$ 上. 假设 $i_s=l$,此时可产生另外一个圈 $C^{(2)}=(v_l, v_{i_l}, \cdots, v_{i_s})$. 继续上面的操作,我们可以获得一簇节点不交的圈,它们恰好形成一个 2-因子 F_1. 按照上述方法,由 H 的 1-因子分解 $E(H)$

$=F_1'+F_2'+\cdots+F_k'$ 可以得到 G 的 2-因子分解 $E(G)=F_1+F_2+\cdots+F_k$. 证毕.

下面举例说明这个构造过程. 考虑 4-正则图 $G=K_{2,2,2}$ (如图 4-11(A)所示). 不难发现其中一个欧拉环游是:

$$C=v_1,v_2,v_3,v_1,v_4,v_5,v_6,v_4,v_2,v_5,v_3,v_6,v_1.$$

由 $V(G)=\{v_1,v_2,\cdots,v_6\}$,构造二部图 H(如图 4-11(B)所示),其部集为 $U=\{u_1,u_2,\cdots,u_6\}$ 和 $W=\{w_1,w_2,\cdots,w_6\}$. 因为 (v_1,v_2),(v_2,v_3) 是 C 上的边,所以 (u_1,w_2),(u_2,w_3) 是 H 上的边. H 的一个可能的 1-因子分解 F_1',F_2' 如图 4-11(C) 所示,对应于 G 的 2-因子分解如图 4-11(D)所示.

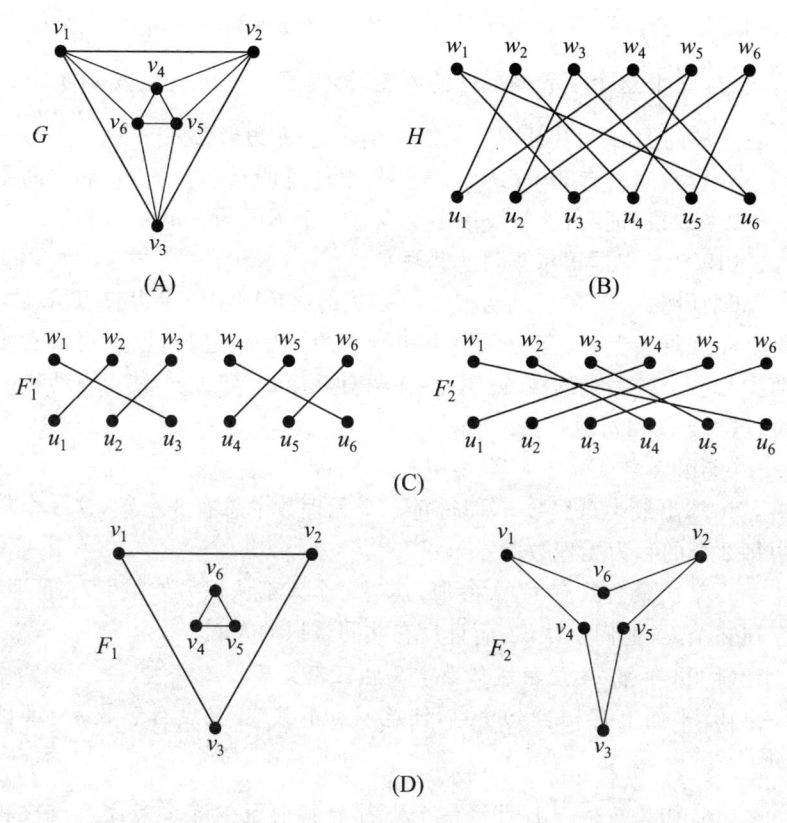

图 4-11

习题 4

1. 作一个不含三角形的有 20 个节点、100 条边的简单图.

2. 证明:如果简单图 G 有 $2n+1$ 个节点、n^2+n+1 条边,则 G 中一定有三角形.

3. 设图 G 有 $n(n>5)$ 个节点.证明:G 和 G 的补图 $\overline{G}$ 中总共含有至少 $\frac{1}{24}n(n-1)(n-5)$ 个三角形.

4. 证明:若一个 $n(n\geqslant 6)$ 阶简单图 G 和其补图 $\overline{G}$ 中所含三角形数目的下界为 t_n,则当 $n=2m$ 时,$t_{2m}=2C_m^3$;当 $n=2m+1$ 时,$t_{2m+1}=C_m^3+C_{m+1}^3-\left[\dfrac{m}{2}\right]$.这个下界是最好的可能(即对于每一个自然数 $n(n\geqslant 6)$,存在这样的图 G 和其补图 $\overline{G}$,一共含有 t_n 个三角形).

5. 设空间中有 $2n(n\geqslant 2)$ 个点,其中任意四点不共面,它们之间有 n^2+1 条线段.证明:这些线段中至少有 n 个不同的三角形.

(1989 年中国国家集训队试题)

6. 证明:一个有 10 个节点、40 条边的简单图中一定含有 $K_{3,3}$.

7. 在舞会上,没有一个男生和所有的女生跳过舞,但是每个女生至少与一个男生跳过舞.证明:存在两对舞伴 bg 和 $b'g'$,使得 b 没和 g' 跳过舞,g 没和 b' 跳过舞.

(美国大学生数学竞赛)

8. 求出最小自然数 n,使得每 n 个无理数中总有 3 个数,这 3 个数中每 2 个的和为无理数.

9. 某次聚会共有 17 人参加,其中每个人都认识另外 4 个人.证明:存在 2 个人,他们不认识,而且没有共同认识的人.

(1992 年第 24 届独联体数学奥林匹克竞赛)

10. 平面上有 $n(\geqslant 4)$ 个点,任意三点不共线.又设自然数 $k<n$.证明:

(1) 如果 $k>\dfrac{1}{2}n$,且每一个点都与其他至少 k 个点用直线段相

连,则必有某 3 条直线段可以形成三角形;

(2) 如果 $k \leqslant \frac{1}{2}n$,则可以让每一个点都至少与其他 k 个点用直线段相连,但任何 3 个点都不形成三角形.

(1967—1968 年波兰数学奥林匹克竞赛)

11. 平面上有 $n(\geqslant 3)$ 个点,任意三点不共线.证明:可以以这 n 个点为顶点,连成一个边不交的简单 n 边形.

(1966 年普特南数学竞赛)

12. 平面上有 $n(\geqslant 5)$ 个点,或是红色点,或是蓝色点,而且任意 3 个同色点不共线.证明:存在一个三点同色三角形,它有一边不含另外一种颜色的点.

(1988 年加拿大数学奥林匹克竞赛)

13. 在一条环形公路上有 n 个汽车站,每一站都有若干汽油,n 个站的总存油量可供一辆汽车在环形公路上行驶一圈.现在有一辆原来没有汽油的汽车,要在环形公路上按照规定方向跑一圈.它从某一站出发,带上这个站所有的汽油,如果能够走到下一站,则将该站的汽油全部带上.证明:必定有一站,汽车从该站出发,可以环绕一周而不会因缺油而中途停车.

(1964 年北京市数学奥林匹克竞赛)

第五讲 对集问题

§5.1 一般图中的对集问题

给定一个图 $G=(V,E)$，一个边的子集 $M\subseteq E$，如果 M 中任何两边都不相邻，则称 M 为 G 的一个**对集**. 如果记 **M** 是 G 中所有对集的全体，一个对集 $M_0 \in \mathbf{M}$ 使得 $|M_0|$ 最大，则称 M_0 是一个**最大对集**. 对于任何一个对集 M，由它所导出的 G 的子图记为 $G_M=(V_M,M)$. 所有节点 $v \in V_M \cap V$ 被称为**饱和节点**或**饱和点**；否则，为**非饱和节点**或**非饱和点**. 如果一个对集 M 使得 $V_M=V$，则称其是一个**完美对集**或 **1-因子**. 之所以叫 1-因子，是因为 G_M 中每一个节点在 G_M 中的次为 1. 依此类推，我们可以定义由一些边集所定义的 k-因子.

图的对集理论中，很重要的一个理论方法就是所谓的**交错路理论**. 它也是图的边着色理论中的一个重要方法. 图 G 的一个对集 M 中的边记为粗边，$\overline{M}=E-M$ 中的边记为细边. G 中一条由 M 和 $\overline{M}$ 中的边交错出现所产生的路被称为 G 中的一条**交错路**. 实际上有用的正是交错路. 例如，图 5-1(A) 中的对集不是最大对集，其中 $v_1 v_2 v_3 v_4 v_5 v_6$ 是一条交错路；图 5-1(B) 中是一个最大对集；图 5-1(C) 中是一个完美对集.

引理 5-1 图 G 中两个对集 M_1 和 M_2 的对称差 $M_1 \oplus M_2$ 所决定的子图 $G'=(V,(M_1-M_2)\cup(M_2-M_1))$ 的每一个连通分支，要么是孤立节点，要么是长为偶数的交错圈，要么是一个交错路.

设 M 是图 G 中一个对集，μ 是 G 中一个关于 M 的交错路，如果 μ 的两个端点都是不饱和点，则 μ 是**可扩**的.

定理 5-2 当且仅当图 G 中不存在关于对集 M 的可扩交错路

第五讲 对集问题

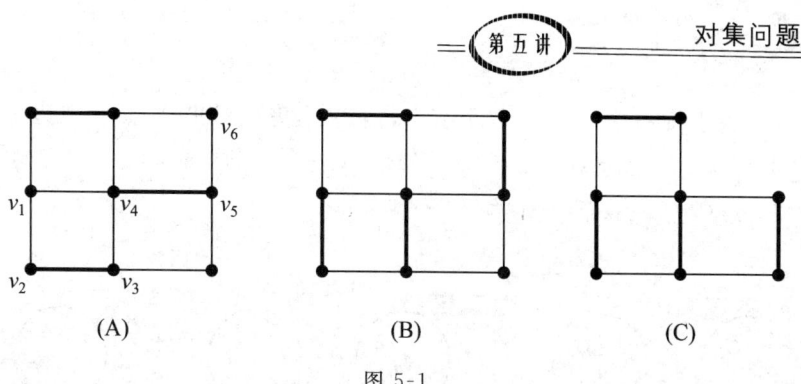

图 5-1

时,图 G 中的对集 M 是最大的.

证明:如果 M 是最大的对集,显然是不可扩的.反过来,设 G 中没有关于 M 的可扩交错路,而 M 不是最大对集,则有另外一个比 M 大的对集 M_1.我们考虑由这两个对集的对称差决定的子图,其中必有关于 M 的可扩交错路(否则 $|M| \geqslant |M_1|$),证毕.

由上述结果的证明过程不难得出以下定理.

定理 5-3 一个图的任何两个最大对集 M 和 M' 之间存在一个变换系列:$M = M_1, M_2, \cdots, M_k = M'$,使得其中每一个集合 M_i 都是最大对集,而且 $|M_i \oplus M_{i+1}| = 2$.

在计算数学方面,求一个图的最大对集是十分困难的.但是这并不表示我们在理论上无法对其进行研究.在这一方面,图特最先给出了一个刻画条件.

定理 5-4(图特定理) 图 $G = (V, E)$ 有一个完美对集的充要条件是:对于每一个节点子集 $S \subset V$,都有:
$$od(G - S) \leqslant |S|,$$
这里 $od(A)$ 表示由 A 导出的 G 的子图的含有奇数个节点的分支数目.

注意:(1) 如果按照这个结果去设计,不大可能得到好的算法.

(2) 图特定理的证明已经有许多,历史上甚至以能够发现新的简短证明而产生的竞赛为荣.

下面我们提供的是著名数学家洛瓦兹(Lovasz)给出的证明,从中可以看出大数学家对于数学结构的直观洞察力.

证明:先证必要性.假设 $G = (V, E)$ 有一个完美对集 M,令 $S \subset V$,且 $G_1 = (V_1, E_1), \cdots, G_n = (V_n, E_n), n = od(G - S)$ 为 G 的所有奇连通

85

分支. 由于每一个 G_i 有奇数个节点, 而 M 是完美对集, 必然存在边 $e_i = u_iv_i, u_i \in V_i, v_i \in S (1 \leq i \leq n)$, 如图 5-2 所示. 从而有: $od(G-S) = n = |\{v_1, v_2, \cdots, v_n\}| \leq |S|$.

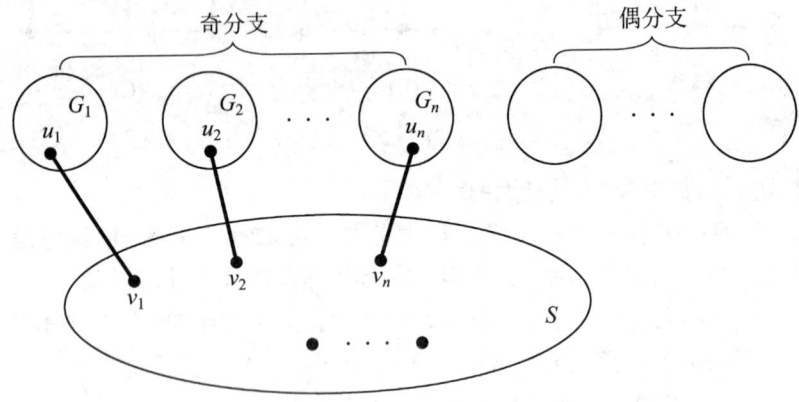

图 5-2

再证充分性. 假设 G 满足定理条件, 而无完美对集, 则 G 是某一个最大反例 $G^* = (V^*, E^*)$ 的支称子图. 因此,

$$od(G^* - S) \leq od(G-S) \leq |S|.$$

特别是当 $S = \emptyset$ 时, 有 $|V^*| = |V| \equiv 0 \pmod 2$.

令 $U = \{v | 任取 v \in V, d_{G^*}(v) = |V| - 1\}$. 显然, $U \neq V$.

我们断言: $G^* - U$ 的每一个分支都是完全图. 否则, 在 $G^* - U$ 的某一个分支中必然有 3 个节点 u, v, w, 使得 $uv \in E^*, vw \in E^*$, 但是 $uw \notin E^*$. 同时存在 $x \notin U$, 使得 $xv \notin E^*$ (由于 $v \notin E^*, d(v) < |V| - 1$), 如图 5-3 所示.

由于 G^* 的最大性, $G^* + uw, G^* + xv$ 都分别有完美对集 M_1, M_2. 注意: 此时必有 $uw \in M_1, xv \in M_2$. 记 $H = (V_H, E_H) = (V_{1,2}, M_{1,2})$, 其

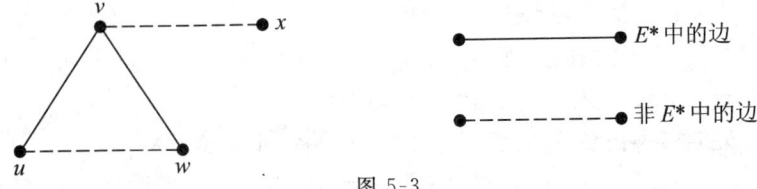

图 5-3

中 $M_{1,2}=M_1\oplus M_2=(M_1-M_2)\bigcup(M_2-M_1)$. 由引理 5-1, $v\in V_H$, $d_H(v)=2$,从而有
$$H=Z_1+Z_2+\cdots+Z_k, V(Z_i)\bigcap V(Z_j)=\emptyset, 1\leqslant i\neq j\leqslant k,$$
其中每一个 $Z_i(1\leqslant i\leqslant k)$ 都是偶长交错圈,M_1 与 M_2 的边交错出现.

因此,分两种情况讨论.

情况 1 uw,xv 都在 H 的不同分支内(如图 5-4(A)所示).

不妨设 $uw\in Z_1, xv\in Z_2$. 由于 $uw\in M_1, xv\in M_2$,则
$$M'=M_2\bigcap Z_1+\sum_{i=2}^{k}(M_1\bigcap Z_i),$$
为 G^* 上一个完美对集.

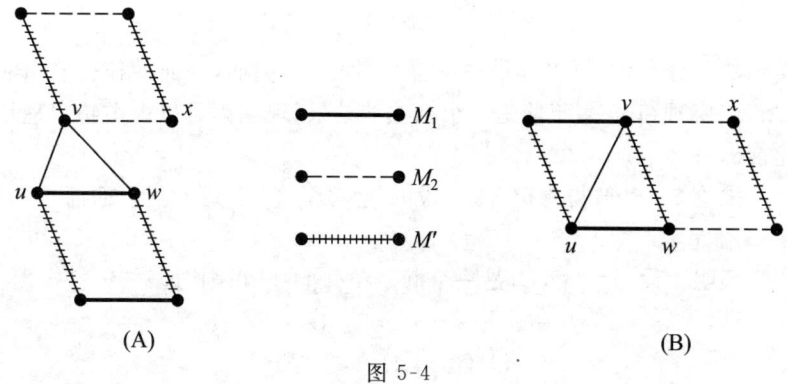

图 5-4

情况 2 uw,xv 都在 H 的同一分支内(如图 5-4(B)所示).

不妨设 $uw,xv\in Z_1$. 由于 u,w 的对称性,可以设在 Z_1 上依 v,x,w,u 回到 v 的次序出现. 此时有
$$M'=uw+Z_1(v,x,w)\bigcap M_1+Z_1(w,u,v)\bigcap M_2+\sum_{i=2}^{k}Z_i\bigcap M_1,$$
为 G^* 的一个完美对集.

此二情况均导致与 G^* 的假设相违.

由于 G^*-U 的每一个分支都是完全图,$G^*[U]$ 也是完全图,在图 G^* 上必然有如图 5-5 所示的完美对集存在. 这就又导致与 G^* 的假设相违.

虽然图特定理的应用要涉及大量的计算,但是对于某些特定的图

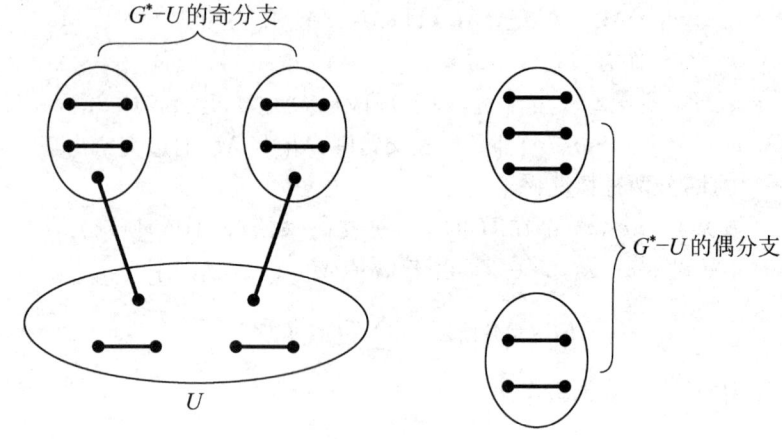

图 5-5

类仍然十分有效,可以提供一些强大的信息.例如,下面的彼得森(Petersen)定理,100 多年前是一个独立的结果,现在则可以由图特定理快速推出.

推论 5-5(彼得森定理) 设 G 是一个 3-正则无割边的简单图,则 G 有完美对集.

证明:设 $G=(V,E)$ 是一个满足条件的 3-正则图,$S \subset V$ 且
$$G-S=G_1+G_2+\cdots+G_k, G_i=(V_i,E_i),$$
$$|V_i| \equiv 1 (\bmod\ 2), 1 \leqslant i \leqslant d \leqslant k.$$

令 $m_i=|E[V_i,S]|, 1 \leqslant i \leqslant d$,其中 $[V_i,S]$ 为 G 中反圈 $[V_i, \overline{V_i}]$,$1 \leqslant i \leqslant d$.由 G 的 3-正则性,
$$\sum_{v \in V_i} d(v)=3|V_i|, 1 \leqslant i \leqslant d, \sum_{v \in S} d(v)=3|S|.$$

因此,由握手定理得
$$m_i=\sum_{v \in V_i} d(v)-2|E_i|=3|V_i|-2|E_i| \equiv 1(\bmod\ 2), 1 \leqslant i \leqslant d.$$

又,G 中无割边,自然有 $m_i \geqslant 3, 1 \leqslant i \leqslant d$,从而
$$od(G-S)=d \leqslant \frac{1}{3} \sum_{i=1}^{d} m_i \leqslant \frac{1}{3} \sum_{v \in S} d(v)=|S|.$$

由图特定理知结论成立.

彼得森定理有许多推广,其中一个就是下面的推论.

推论 5-6 如果一个简单 3-正则图的所有割边都位于一条路上,那么它一定有 1-因子.

推论 5-7 设 G 是 $(k-1)$-边连通的 k-正则图,并且 k 是偶数,则 G 有完美对集.

关于 3-正则图的 1-因子分解问题,实际上就是这类图的边色数问题. 在这个方面,有许多著名数学家都对其中的问题有过深入研究. 获得过沃尔夫奖的洛瓦兹早在 1972 年就提出过以下猜想.

猜想 一个 n 阶无割边的 3-正则图 G 如果有 1-因子,那么它一定有指数多个 1-因子(即存在常数 c,使得 G 中至少有 e^{cn} 个不同的 1-因子).

关于这个问题的最新进展是由西摩(P. Seymour)等人于 2008 年得到的. 他们证明了这个猜想对于一个平面嵌入图来讲是成立的. 为了让读者对这个问题的正确性有一个直接的了解,下面我们看一个例子.

例 1 设 G 是一个 $2m$ 阶循环图 $C(2m,m)$,$V(G)=\{1,2,\cdots,2m\}$,$C=(1,2,\cdots,2m)$ 为一个圈. 将每一对对径点 i 与 $i+m$ ($1 \leqslant i \leqslant m$) 用一条边 $(i,i+m)$ 连起来,就得到了 G. 证明: G 有指数多个 1-因子.

证明 为了表述方便,不妨设 $m \equiv 0 \pmod 2$. 首先,我们观察到一个事实: G 中 1-因子数等于它的 2-因子数,因而将问题转化成为计算图中的结构. 设 M 为 G 的一个 1-因子,则 $G-M$ 的每一个分支都是偶长圈. 如果 $G-M$ 中的分支数越多,那么我们就有可能发现更多的 1-因子. 因此,我们关注图中最多的边不交的 4-圈: $(i,i+1,i+1+m,i+m)$,如图 5-6 所示. 每一个 4-圈上面有两个小的对集,因而有两个构造对集方式. 一共有 m 个 4-圈,故有 $2^m = 2^{\frac{n}{4}}$ 种构造对集方式. 因此,图中至少有指数

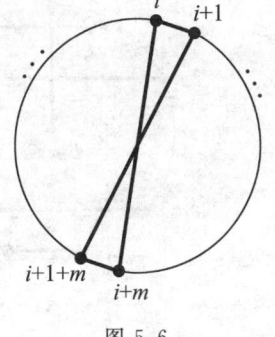

图 5-6

多个1-因子.

法国拓扑学家伯格(C. Berge)将图特的结果进行了推广,得到下面的定理.

定理5-8(伯格定理) 图 G 的最大对集中的边数为 $\frac{1}{2}(|V(G)|-d)$,其中 $d=\max\limits_{S\subset V}\{od(G-S)-|S|\}$.

例2 有 n 名选手参加象棋循环赛,每两名选手之间都要进行比赛,但是每一名选手每天至多参加一场比赛.试列出一种需要比赛天数最少的比赛程序表.

(1978年罗马尼亚数学奥林匹克竞赛)

解 这是完全图 K_n 上的1-因子分解问题.关于它的1-因子分解,要根据 n 是否为偶数进行讨论.

情况1 $n=2m+2$.此时有一个数学模型可以借鉴.将数字1和 $2m+2$ 分别放在零点和圆盘的中心位置上(如图5-7(A)所示),然后按照这个标准的模式,将图中的1-因子 $M_1=\{(1,2m+2),(2,2m+1),\cdots,(m+1,m+2)\}$ 按照平面顺时针方向转动一个正 $2m+1$ 边形的中心角度,就得到另外一个1-因子 M_2,如此下去,可以得到 $n-1$ 个边不交的1-因子:$M_1,M_2,\cdots,M_{n-1}$.每一个1-因子中有 $\frac{1}{2}n$ 场比赛,可以在 $n-1$ 天内完成所有比赛.

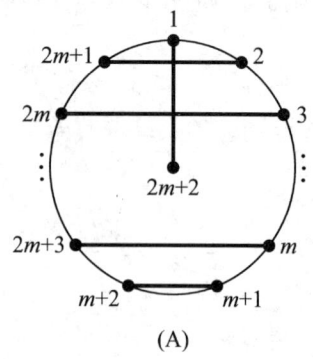
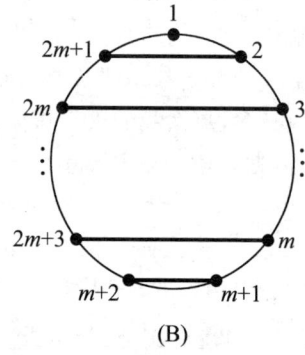

图 5-7

情况 2 $n=2m+1$. 此时 K_n 没有 1-因子,因此每天都有一位选手要轮空. 将图 5-7(A)的模型稍微修改一下,抹去中心点 $2m+2$ 及相关联的边,得到图 5-7(B). 然后按照一定角度旋转,可以得到 $n-1$ 个边不交的最大对集 $M_1, M_2, \cdots, M_{n-1}$. 容易看出,这是最优的安排方案.

> **点评** 这个圆盘转动模式可以被用来解决完全图的哈密顿圈分解和哈密顿路分解. 特定时可以用它来解决更难的子图分解问题,例如后面要提到的施泰纳(Steiner)三元系设计问题.

§5.2 二部图中的对集问题

虽然一般图上的最大对集问题非常难,但是对于二部图来讲,这却是相对比较完善而容易的.实际应用当中,许多问题是与这一类图有关系的.

关于二部图,我们有以下的识别定理.

定理 5-9 当且仅当图 G 中无奇长圈时,图 G 是二部的.

定理 5-10 当且仅当图 $G=(V,E)$ 是两色图(即 G 的节点集合可以划分成两个部分 $V=V_1+V_2$,使得每一个 V_i 是独立集)时,图 G 是二部的.

注意:上述两个结果虽然刻画了二部图,但是从实际计算的角度出发却无法导致快速算法的产生(因为它们都要实行指数多次的运算后才可以得出结论).因此,没有能找到好的特征.下面我们将提供一个特征,可以快速识别一个图是否为二部的.其中要用到支撑树与基本圈的概念.

一个连通图 G 中的一个支撑树 T 加入另外一条非树边 e 后,$T+e$ 中的唯一圈 $C_T(e)$ 被称为 G 的关于 T 的一个**基本圈**(有时也简称为 G 的基本圈).

定理 5-11 当且仅当有一个支撑树 T,使得图 G 的所有基本圈都是偶长圈时,图 G 是二部的.

注意:根据上述定理我们可以设计出计算复杂度为 $O(|V|^3)$ 的算法.

任给一个图 $G=(V,E)$,G 的一个节点子集 $R\subset V$ 被称为**横交集**.如果对于每一个条边 $e\in E$ 总有一个端点在 R 中,记 **R** 是 G 中所有横交集的全体,而 **M** 是所有对集的全体,则有以下定理.

定理 5-12 对于任何一个二部图 $G=(X,Y,E)$,总有 $\max\limits_{M\in \mathbf{M}}|M|=\min\limits_{R\in \mathbf{R}}|R|$.

注意:这是一个"上确界=下确界"的结果. 以后我们还将看到许多这种类型的结果. 另外,凡是这种结果的证明都是比较困难的.

证明: 首先建立一个辅助图 $G'=(V',E')$ 如下:
$$V'=\{s\}+X+Y+\{t\},$$
$$E'=E+E_s+E_t,$$
其中 $E_s=\{sx|$任取 $x\in X\}$, $E_t=\{ty|$任取 $y\in Y\}$.

可以看出: $G=(X,Y,E)$ 上的对集与 $G'=(V',E')$ 上连 s 与 t 的不相交的路形成一一对应. 同时 G' 上 s,t 的分离点集与 $G=(X,Y,E)$ 上的横交集形成一一对应. 从而由门格定理,
$$\max\limits_{M\in \mathbf{M}}|M|=\max\limits_{}|P(s,t)|=\min\limits_{S(s,t)}|S(s,t)|=\min\limits_{R\in \mathbf{R}}|R|,$$
其中 $P(s,t)$ 为 G' 上联结 s 与 t 的不交路的集合, $S(s,t)$ 取遍 G' 中分离 s 与 t 的分离集合.

推论 5-13 设 $G=(X,Y,E)$ 是一个二部图,则 $\max\limits_{M\in \mathbf{M}}|M|=\min\limits_{A\subset X}\{|X-A|-|N_G(A)|\}$.

证明: 只要注意,对于任意 $A\subset X$, $(X-A)+N_G(A)$ 是 G 中一个横截集. 于是, $\min\limits_{R\in \mathbf{R}}|R|\leqslant \min\limits_{A\subset X}\{|X-A|-|N_G(A)|\}$.

另一方面,对于任何一个横交集 $R\in \mathbf{R}$, 记 $R_X=R\cap X$, $R_Y=R\cap Y$, 则 $R=R_X+R_Y$. 取 $A=X-R_X$, 必有 $N_G(A)\subseteq R_Y$, 从而 $|N_G(A)|\leqslant |R_Y|$. 于是, $\min\limits_{R\in \mathbf{R}}|R|\geqslant \min\limits_{A\subset X}\{|X-A|-|N_G(A)|\}$. 命题得证.

定理 5-14(霍尔(Hall)定理) 当且仅当对于任何 $A\subseteq X$ 都有 $|N_G(A)|\geqslant |A|$ 时,在二部图 $G=(X,Y,E)$ 上存在一个对集 M 饱和所有 X 中的节点.

证明: 根据推论 5-13, 存在 $M\in \mathbf{M}$, 使得 X 中每一个节点都被饱和的充分必要条件是:
$$|X|=\max\limits_{M\in \mathbf{M}}|M|$$
$$=\min\limits_{A\subset X}\{|X-A|+|N_G(A)|\}$$
$$=\min\limits_{A\subset X}\{|X|-|A|+|N_G(A)|\},$$

即 $0 = \min\limits_{A \subseteq X}\{|N_G(A)| - |A|\}$.

注意:(1) 霍尔定理是组合学历史上最为著名和深刻的结果之一,虽然它的出现已经有将近 70 年的历史,但直到如今它仍然被人们加以运用,从而得到一系列鲜为人知的重要结果.

(2) 从它的证明过程可以发现,霍尔定理可以从门格定理推出.

(3) 这个定理至少还有其他两种等价的形式,尤其是在组合集合理论中的相异代表系理论(SDR 理论)和组合矩阵理论(Combinatorial Matrix Theory)中都有它的形式出现.

例 1 将一个 8×8 的棋盘右上角和左下角各剪去一个小正方形. 问:这个残缺的棋盘能否被 31 个 1×2 的多米诺骨牌所覆盖?

解 虽然美国 IBM 公司的数学家戈莫里(Gomory)早在 1962 年就给出了解答,我们在这里使用图论方法给出另外一个解. 如果将每一个小正方形看成一个节点,当且仅当两个小正方形之间有一条公共边时这两个节点有边相连,于是得到一个二部图 $G^* = (X, Y, E)$. 问题即判断 G^* 中是否有完美对集. 容易看出 $|X| \neq |Y|$,从而 G^* 中没有完美对集.

点评 棋盘的覆盖问题往往就是二部图上的路覆盖问题(即用特定长度的路去覆盖给定图中的所有节点),这是目前图论所研究的重要课题之一.

例 2 设有 n 个 X 队和 n 个 Y 队进行循环比赛,其中每个 X 队都恰好与 k 个 Y 队进行比赛;每个 Y 队恰好与 k 个 X 队进行比赛. 问:一共要安排多少场比赛?

解 这是一个二部图上的 1-因子分解问题,即将一个二部图的边集分解成为若干个边不相交的完美对集问题.

令 $G=(V_X,V_Y,E)$ 是一个二部图,其中 V_X,V_Y 分别是所有 X 队和 Y 队的集合.两个队进行一场比赛,就在它们之间连一条边,于是得到 G 的边集 E.条件表明:G 是一个 k-正则二部图.我们只要证明 G 满足霍尔定理条件即可.

任取 $A\subseteq V_X$,从 A 发出的边都进入到 $N_G(A)$ 中,而从 $N_G(A)$ 发出的边除了一部分进入到 A 中,还可能有一部分进入到 $X-A$ 中.于是有 $|N_G(A)|\geq|A|$.由霍尔定理,G 有一个完美对集 M_1.考虑图 $G-M_1$,它是 $(k-1)$-正则二部图.反复上述过程,我们最终得到一个完美对集系列:$M_1,M_2,\cdots,M_k$,使得 $E(G)=M_1+M_2+\cdots+M_k$.因此,一共要安排 kn 场比赛.

> **点评** 这个证明过程实际上表明:(1)一个正则二部图一定有完美对集;(2)一个 k-正则二部图可以进行 k-边着色.

例 3 某地区网球俱乐部的 20 名成员举行了 14 场单打比赛,每人至少上场一次.证明:必有 6 场比赛,共中 12 名参赛者各不相同.

(1989 年美国数学奥林匹克竞赛)

证明 这是计算图中最大对集的问题.用 20 个顶点 $v_1,v_2,\cdots,v_{20}$ 代表 20 名成员,两名选手比赛过,则在相应的顶点之间连一条边,得图 G. 图 G 中有 14 条边,设备顶点的度为 $d_i, i=1,2,\cdots,20$.由题意知 $d_i\geq 1$.根据握手定理,

$$d_1+d_2+\cdots+d_{20}=2\times 14=28.$$

在每个顶点 v_i 处抹去 d_i-1 条边.由于一条边可能同时被其两端点抹去,所以抹去的边数不超过

$$(d_1-1)+(d_2-1)+\cdots+(d_{20}-1)=28-20=8,$$

故抹去了这些边后所得的图 G' 中至少还有 $14-8=6$ 条边,并且 G' 中每个顶点的度至多是 1,从而这 6 条边所相邻的 12 个顶点是各不相同的,即这 6 条边所对应的 6 场比赛的参赛者各不相同.

> **点评** 这是原始的解答,有些让人费解. 我们如果将其看成最大对集问题,那么问题就变得十分简单而直观了. 下面我们从图论的角度出发,给出另外一个解答.
>
> 用反证法. 假定 G 中最大对集中的边数不超过 5. 取一个最大对集 M,则 M 中的节点刚好形成 G 中一个横截集(即图 G 中任何一条边均有一个节点被 M 中的边所包含). 于是,M 以外至少有 $20-2|M|$ 个节点,这些节点每一个都要发出一条边. 而 $20-2|M|+|M|\geqslant 15$,与 G 有 14 条边的事实相违.

例 4 设二部图 G 中节点次数的最大值是 r. 证明:可以将它的边进行着色,每一条边染这 r 种颜色中的一种,使得同一个节点引出的边颜色不同.

证明 如果 G 是 r-正则图,则由霍尔定理知结论成立. 否则,G 不是正则图. 我们可以将 G 扩展成为一个 r-正则二部图 G'(即 G 是 G' 的子图)如下:增加一些节点,使得 G 的两部分 X,Y 的节点数相同,然后在两部分之间尽可能地连边,直到再连一条边则最大次数就超过 r 为止. 这样得到的图一定是 r-正则图. 理由如下:因为没有 $x\in X$ 的次数小于 r,则总边数 $<r|X|=r|Y|$,从而必有 $y\in Y$ 的次数小于 r. 于是可以连边 xy 而不破坏 r 的最大性. 根据上面所讲,可以对 G' 的边进行 r 着色,使得每一种颜色的边恰好是一个完美对集. 在此结构下,G 的边也相应地被染上了 r 种颜色,使得每一种颜色的边形成一个对集.

> **点评** 这个例子表明：如果一个二部图的最大次为 Δ，则其中一定有对集饱和所有最大次节点. 这个对集可以是最大的.
>
> 应用这个性质，我们可以完成对下面两个类似问题的证明（只要利用棋盘所决定的平面图的几何对偶图是一个最大次为 4 而最小次为 2 的二部图这个特性就可）.
>
> (1) 证明：一个 $m \times n$ 棋盘可以被 1×2 骨牌完全覆盖的充分必要条件是：m 与 n 中有一个是偶数.
>
> (2) 设 mn 为偶数. 证明：在 $m \times n$ 棋盘中去掉两个格子，使得剩下的残缺棋盘可以用 1×2 骨牌完全覆盖的充分必要条件是：去掉的那两个格子一奇一偶（即它们分别属于这个棋盘所决定的平面图的几何对偶图中的不同部集）.

例 5 设 $M=(S_1,S_2,\cdots,S_m)$ 是集合 S 的非空子集形成的系统. 如果存在序列 $a_1,a_2,\cdots,a_m \in S$，使得 $a_i \in S_i(1 \leqslant i \leqslant m)$，且 $i \neq j$ 时有 $a_i \neq a_j$，则称 $(a_1,a_2,\cdots,a_m)$ 为 M 的一个相异代表系（SDR）. 证明：一个集合系统 M 有 SDR 的充分必要条件是：对于任意的自然数 k，$1 \leqslant k \leqslant m$，$M$ 中的任意 k 个集合 $S_{i_1},S_{i_2},\cdots,S_{i_k}$ 满足

$$\Big| \bigcup_{j=1}^{k} S_{i_j} \Big| \geqslant k.$$

证明 令 $Y=\{S_1,S_2,\cdots,S_m\}$，$X=\bigcup_{i=1}^{m} S_i$. 对于任意 $x \in X$，如果 $x \in S_i$ $(1 \leqslant i \leqslant m)$，则在 x 与 S_i 之间连一条边，于是得到一个二部图 $G=(X,Y,E)$. 原集合系统 M 有 SDR 就相当于当前的图 G 有对集饱和所有 X 中的节点. 自然地，二部图形式的霍尔条件就变成目前这个条件了.

> **点评** 这个不等式被称为集合论形式的霍尔条件. 它还有矩阵形式的柯尼希（König）条件（见习题）.

例6 将下列左侧的 3×5 拉丁长方扩张成右侧的 5 阶拉丁方.

$$\begin{bmatrix} 3 & 1 & 2 & 5 & 4 \\ 4 & 5 & 3 & 2 & 1 \\ 1 & 3 & 5 & 4 & 2 \end{bmatrix} \quad \begin{bmatrix} 3 & 1 & 2 & 5 & 4 \\ 4 & 5 & 3 & 2 & 1 \\ 1 & 3 & 5 & 4 & 2 \\ 2 & 4 & 1 & 3 & 5 \\ 5 & 2 & 4 & 1 & 3 \end{bmatrix}$$

解 令 $S=\{1,2,3,4,5\}$,而 $A_i(1\leqslant i\leqslant 5)$ 是第 i 列中 S 未出现元素的集合. 则有

$A_1=\{2,5\}, A_2=\{2,4\}, A_3=\{1,4\}, A_4=\{1,3\}, A_5=\{3,5\}.$

容易验证:集合系统 (A_1,A_2,A_3,A_4,A_5) 满足霍尔条件,从而有 SDR(2,4,1,3,5). 将其加入矩阵作为第四行,然后将余下的元素按照次序排好后加入矩阵作为最后一行,即得到右侧所示结构.

点评 这个题目初看起来有点"小儿科",有些像填数游戏. 可是一旦矩阵的阶数变得很大,则要使用 SDR 理论才有效. 这样的解法具有一般性. 在拉丁方理论中,将一个长拉丁方扩张成拉丁方的方法数是巨大的. 详细内容可以参考美国数学家赖瑟著《组合矩阵论》(李乔译,科学出版社出版).

例7 (16 棋子问题)国际象棋棋盘有 64 个格子,从中选 16 个格子,使得每行每列含其中的两个格子. 把 8 个黑子和 8 个白子放在这 16 个格子上,是否可以使得每行有一黑一白,同时每列也有一黑一白两个棋子呢?

解 答案是肯定的. 以棋盘的每行为一个节点,组成 X 集;以每列为一个节点,组成 Y 集. 当且仅当行与列的公共格子是选定的 16 个格子之一时,在此二节点之间连一条边,此边用对应的那个"选定的格子"来标志. 于是得到一个二部图 $G=(X,Y,E)$,它的每一个节点的度为 2. 由霍尔定理,G 中有边不交完美对集 M_1 和 M_2. 分别将 M_1 和 M_2 中的 8 条边对应的格子放上白子和黑子,这样每一行每一列都恰好有一黑一

白两个棋子.

> **点评** 这是运用霍尔定理和 1-因子分解方法的成功范例. 这种将一个棋盘问题转化为一个二部图上对集问题的方法是数学竞赛中常用的. 对于较小阶数的棋盘, 我们可以借用直觉推理得到结论. 可是当阶数较大时, 就必须引入二部图上的对集方法来处理了.

例 8 有一个街区如图 5-8 所示, 其中所有街道都是直线段. 为控制巷战, 我军最少应该在哪些街口修筑碉堡, 才可控制所有的街道?

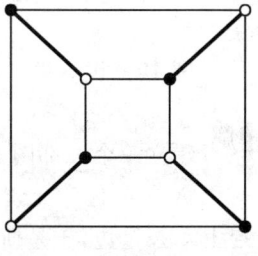

图 5-8

解 以每一个街口为节点, 每一条边为边构成一个 3-正则二部图 $G=(V,E)$. 由彼得森定理, 有 1-因子 M(如图 5-8 中粗边所示). 按照 M 的节点分类: X,Y 分别由黑色和白色节点组成. 任选 X 中节点或 Y 中节点所代表的街口即为所求.

> **点评** 这个题目实际上涉及图论中一个很深刻的问题: "点支配集问题". 对一个连通图 $G=(V,E)$ 的一个节点集合 $A\subseteq V$, 如果 G 的每一个节点 x 要么在 A 中, 要么存在节点 $y\in A$ 使得 $xy\in E$, 则 A 称为一个节点支配集. 容易看到, 在一个图中, 有两类节点集合必然是支配集合: (1) 最大独立集(即最大阶数的节点子集 $A\subseteq V$, 使得由 A 导出的 G 的子图 $G[A]$ 中没有边); (2) 最大对集的节点组成的集合. 解决本题所用到的是由最大对集的一部分节点组成的支配节点集合. 这种方法值得注意.

图论

例9 (龟兔混合接力比赛)一只龟与一只兔为一对,进行100米接力比赛,每只兔认识10只龟,每只龟认识10只兔,龟兔们都希望和自己认识者搭挡组队.能否使20位运动员都如愿?如果能,若限制每一对龟兔只能合作一次,这种比赛最多可以进行几轮?是否每一对龟兔都合作过?

解 以龟组成 X 集合,以兔组成 Y 集合.一只龟与一只兔如果认识,则在它们之间连一条边.于是得到一个10-正则二部图 $G=(X,Y,E)$.根据霍尔定理,G 有完美对集分解 $E=M_1+M_2+\cdots+M_{10}$. 可以进行10轮比赛,使每一对龟兔都合作过.

例10 设 $S=\{1,2,\cdots,n\}$,计算 S 的所有子集的元素之和.

解 建立一个二部图 $G=(X,Y,E)$ 如下:$X=S,Y=P(S)$(S 的幂集).对于 X 中的任意元素 k,如果 Y 中有元素 A 含有 k,则在 k 和 A 之间连上 k 条重边.于是所求 S 的所有子集的元素之和恰好就是 G 的边数 $|E(G)|$. 因此有

$$|E(G)|=\sum_{y\in Y}d(y)=\sum_{x\in X}d(x)=\sum_{1\leqslant k\leqslant n}k2^{n-1}=2^{n-1}C_{n+1}^2.$$

点评 这是黄冈中学的一道竞赛题目,原来的解答是考虑每一个数 k 在子集元素求和过程中所出现的频率.这里使用二部图方法给出了新的解答,读者从中不难得到一些启发,来考虑某些类似的计数问题.例如,计算 S 中所有奇阶子集的元素之和的总和等等.

下面我们考虑霍尔的SDR理论在代数方面的一个应用.首先我们

引入一个概念 SCR. 设 $(S_1, S_2, \cdots, S_m)$ 与 $(T_1, T_2, \cdots, T_m)$ 是集合 S 的两个子集系统. 如果存在 $a_1, a_2, \cdots, a_m \in S$, 使得对于每一个 $i (1 \leq i \leq m)$, 都有 $a_i \in S_i \cap T_i$, 我们就称 $(a_1, a_2, \cdots, a_m)$ 是 $(S_1, S_2, \cdots, S_m)$ 与 $(T_1, T_2, \cdots, T_m)$ 的一个公共代表系(System of Common Representative), 简称为 SCR. 下面这个结果提供了一个充分必要条件, 用以判别两个集合系统是否存在 SCR.

定理 5-15 设有 X 的两个划分 $X = A_1 + A_2 + \cdots + A_m = B_1 + B_2 + \cdots + B_n$, 则集合系统 $(A_1, A_2, \cdots, A_m)$ 与 $(B_1, B_2, \cdots, B_n)$ 有 SCR 的充分必要条件是: $m = n$, 且对于任意自然数 $r \leq m$, $(A_1, A_2, \cdots, A_m)$ 中任意 r 个集合的并至多含有 $(B_1, B_2, \cdots, B_n)$ 中的 r 个集合.

证明: 必要性显而易见, 下面证明充分性.

设 $(A_1, A_2, \cdots, A_m)$ 中任意 r 个集合的并至多含有 $(B_1, B_2, \cdots, B_n)$ 中的 r 个集合. 记
$$S_i = \{j \mid A_j \cap B_i \neq \varnothing\}, 1 \leq i \leq m,$$
则 $(S_1, S_2, \cdots, S_m)$ 为一个集合系统. 如果它没有 SDR, 由霍尔定理, 存在 k, 使得有某 k 个 S_i, 不妨设为 $S_1, S_2, \cdots, S_k$, 使得 $|\bigcup_{i=1}^{k} S_i| \leq k - 1$. 这表明: $(B_1, B_2, \cdots, B_k)$ 被包含在至多 $k-1$ 个 A_i 内部, 矛盾. 于是, $(S_1, S_2, \cdots, S_m)$ 有 SDR. 记其中一个为 $(x_1, x_2, \cdots, x_m)$, 则有

$x_1 \in S_1 \Rightarrow x_1 \in \{j \mid A_j \cap B_1 \neq \varnothing\} \Rightarrow A_{x_1} \cap B_1 \neq \varnothing$,

$x_2 \in S_2 \Rightarrow x_2 \in \{j \mid A_j \cap B_2 \neq \varnothing\} \Rightarrow A_{x_2} \cap B_2 \neq \varnothing$,

$\cdots$

$x_k \in S_k \Rightarrow x_k \in \{j \mid A_j \cap B_k \neq \varnothing\} \Rightarrow A_{x_k} \cap B_k \neq \varnothing$,

$\cdots$

容易知道, 这两个系统有 SCR.

通过简单的计算, 可以得出下面的推论.

推论 5-16 设 $S = \sum_{i=1}^{m} A_i = \sum_{i=1}^{m} B_i$ 是 S 的两个划分, 而且 $|A_k| = |B_k| = r (1 \leq k \leq m)$, 则这两个划分有 SCR.

下面这个例子其实是群论中的一个基本结果, 在那里需要很困难的证明. 现在用组合方法可以直接得到.

设 H 是有限群 G 的一个子群. 如果 G 有两个陪集分解
$$G = x_1H + x_2H + \cdots + x_mH = Hy_1 + Hy_2 + \cdots + Hy_m,$$
则存在 G 中元素 $z_1, z_2, \cdots, z_m$, 使得
$$G = z_1H + z_2H + \cdots + z_mH = Hz_1 + Hz_2 + \cdots + Hz_m.$$

例 11 有两张同样的纸,每一张都被分成面积相等的 n 个小块. 把它们叠在一起. 证明:可以用 n 个钉子将它们钉在墙上,使得将两张纸片都按照小块的分解线剪开后,没有小纸片掉下来.

证明 将纸片视为一个点集 S, 则划分小块是对 S 进行划分,
$$S = A_1 + A_2 + \cdots + A_m = B_1 + B_2 + \cdots + B_m.$$
由于 $|A_i| = |B_i| = r (1 \leqslant i \leqslant m)$, 由推论 5-16, S 的这两个划分有 SCR. 将这个 SCR 中的元素当作钉子, 它们可以满足要求.

点评 这个题目是 SCR 理论的一个极好的应用. 这样的竞赛题如果不借用 SCR 理论是很难完成证明的.

下面我们再介绍一个在实分析中的应用. 众所周知, 康托尔-伯恩斯坦(Cantor-Bernstein)定理是实变函数中的一个基本定理. 多少年来, 关于它的证明十分困难而且难懂. 柯尼希(D. König)在他的鼓舞人心的专著《有限图和无限图理论》(*Theorie der endlichen und unendlichen Graphen*, Leipzig 1936, Chelsea 1950)中观察到, 如果使用图论的语言陈述这个定理, 那么一切就变得十分简单而平凡了.

例 12(康托尔-伯恩斯坦等价定理) 设 A, B 是两个集合(无论有限与否), $f: A \to B$ 和 $g: B \to A$ 是一一映射, 则存在一个从 A 到 B 的双射 h.

证明 我们考虑二部图 $G=(A,B,E)$,其中 $E=\{(x,f(x))|x\in A\}\cup \{(y,g(y))|y\in B\}$,则 G 的每一个节点的次介于 1 和 2 之间.另外,它的每一个连通分支都是圈和路.同时,一个为有限路的分支只能是一条边,而其他分支由交错路组成.于是,G 本身有一个 1-因子(饱和所有节点的对集),这就证明了 h 的存在性.

> **点评** 在上述证明当中,每当选择 1-因子时,我们总是在选取形如 $(x,f(x))$ 或 $(y,g(y))$ 的边,因此不需要选择公理.其次,人们在用这个方法证明问题时,一般总是先考虑使用霍尔-柯尼希定理,这样就会遇到关于无限(可能不可数)集合或二部图的霍尔-柯尼希条件是否成立的问题,使问题变得更加困难重重.

例 13 设 $A=(a_{ij})_{m\times n}$ 是一个规模为 $m\times n$ 的整数矩阵,其中第 k 行上的元素全部是自然数 $k(k=1,2,\cdots,m)$.现在将 A 中元素以任意的方式重新放置在它的 $m\times n$ 个位置上.证明:可以从每一行中取出一个自然数,使得这些自然数恰好形成一个 $1,2,\cdots,m$ 的全排列.

证明 我们利用霍尔定理来解决这个问题.

设第 k 行上所有不同元素形成的集合为 $S_k(k=1,2,\cdots,m)$,则原问题等价于证明集合系统 $(S_1,S_2,\cdots,S_m)$ 有 SDR(即有相异代表元素系).只要验证它们满足霍尔条件即可.

假设有某 k 个集合,不妨设是 $S_1,S_2,\cdots,S_k$,它们的并 $\bigcup_{i=1}^{k}S_i$ 中至多有 $k-1$ 个元素,于是有一个元素至少要出现 $n+1$ 次,而这是完全不可能的(因为从 A 的构造来看,每一个元素至多出现 n 次).这样我们就证明了对于任意 k 个集合 $S_{i_1},S_{i_2},\cdots,S_{i_k}$,满足条件

$$\left|\bigcup_{j=1}^{k} S_{i_j}\right| \geq k.$$

根据霍尔定理,集合系统 $(S_1, S_2, \cdots, S_m)$ 有 SDR(即有相异代表元素系). 证毕.

习题 5

1. 某车间有机器若干台和工人若干个.已知每个工人都恰好会操作 k 台机器,而且每台机器都恰好有 k 个工人会操作.证明:车间主任总可以做适当的安排,使得每个工人都恰好到一台他会操作的机器上工作,而且每一台机器也刚好有一个人来操作.

2. 图 G 的一个支撑子图 H 中的每一个节点的度都是 k 时,我们称其为 G 的一个 k-因子.证明:一个 k-正则二部图一定可以进行 1-因子分解.

3. 证明:每一个 $2k$-正则图都有 2-因子分解(彼得森).

4. 根据上题构造一个 2-因子分解.

5. 矩阵的一行一列称为一条线.证明:包含一个 (0,1) 矩阵的所有元素 1 的线的最小条数等于这样的元素 1 的最大个数,这些元素 1 中的任意两个都不在同一条线上.

6. 证明:对于一个简单二部图 $G=(X,Y,E)$,如果 $|X|=|Y|=n$,且边数 $|E|>(k-1)n$,则 G 中一定有边数至少是 k 的对集.

7. 证明:一个树至多有一个完美对集.

8. 计算 $K_{n,n}$ 和 K_{2n} 中完美对集的数目.

9. 设 $S=\{1,2,\cdots,n\}$,而 $A_i=S-\{i\}(1\leqslant i\leqslant n)$.证明:集合系统 $M=(A_1,A_2,\cdots,A_n)$ 有 SDR,并计算其 SDR 的数目.

10. 设 3-正则图 G 的所有割边都位于一条路上.证明:G 有 1-因子(彼得森).

11. 设 $A=(a_{ij})_{m\times n}$ 为一个 $m\times n$ 阶 (0,1) 矩阵.证明:A 中处于不同行不同列上的(即独立的)1 的最大数目等于用来覆盖 A 中所有非零元所需直线条的最小数目(柯尼希定理).

12. 设 $S=\{1,2,\cdots,n\}$,$A_i=S-\{i\}(1\leqslant i\leqslant n)$.证明:集合系统 $(A_1,A_2,\cdots,A_n)$ 有 SDR,并计算它的 SDR 个数.

13. 设 $X=\{1,2,\cdots,n\}$,$X_i=X-\{i,i+1\}(1\leqslant i\leqslant n-1)$,$X_n=X-\{1,n\}$.计算集合系统 $(X_1,X_2,\cdots,X_n)$ 的 SDR 个数.

14. 在一次男士和女士参加的晚会上，有人发现，对于其中任何一组男士，他们认识的晚会上的女士总数不少于这群男士的人数. 证明：晚会主持人能够做出如下安排，使得每一位男士都能够邀请到他所认识的一位女士结成舞伴，参加晚会的全体男士与他们的舞伴在同一轮舞曲中翩翩起舞.

(1978 年罗马尼亚数学奥林匹克竞赛)

第六讲 图中的遍历性问题

无论在理论上还是在实际生活当中,总有一些问题是与遍历性有关的.例如:旅行团在对一个地区的城市网络进行访问时,总是想采取一种方式将每一个城市不重复地访问到.这就是历史上有名的哈密顿问题,它所关心的是网络系统中的节点访问.另一类有名的问题是所谓的欧拉(又称为封闭的一笔画)问题,它所关心的是不重复地访问网络系统中的所有边.这些都是比较老的数学问题.随着现代图论的飞速发展,又有一些重大的与遍历性有关的理论问题不断涌现出来.例如,由加拿大滑铁卢大学 C&O 系著名图论学家图特(被称为图论领域内的牛顿)提出来的双圈覆盖猜想.

双圈覆盖猜想 每一个 2-连通的简单图 G 都有一个圈的集合 C,使得 G 中的每一条边都恰好包含于 C 的两个圈中(这样的 C 被称为 G 的一个双圈覆盖 CDC(Cycle Double Cover)).

这也是一类遍历性问题,它所关心的是覆盖图中每一条边的 CDC 存在性.这个巨大的问题是当前图论领域内的核心问题之一,它的每一个研究进展都极大地推动着现代图论的发展.目前的许多结果向人们昭示:它是成立的.关心它的读者可以阅读张存铨(C-Q Zhang,美国西弗吉尼亚大学数学系教授)撰写的专著《整数流与双圈覆盖》(*Integer Flows and Cycle Double Cover*, Marcel Dekker, 1996),其中全面而详细地综述了这方面的进展.

§6.1 欧拉图问题

欧拉问题起源于著名的哥尼斯堡七桥问题. 普莱格尔(Pregel)河横贯哥尼斯堡城(如图 6-1 左所示). 问题是：一个旅行者能否通过每一座桥一次且仅一次？欧拉的智慧在于将问题的数学模型建立起来，如图 6-1 右所示. 于是，得到下面的定理.

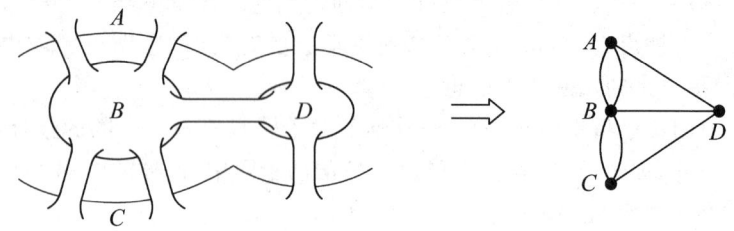

图 6-1

定理 6-1 当且仅当一个连通图的每个节点的次是偶数时，这个图是 E-图.

这里的 E-图是指存在一个遍历所有边一次的方式的图，有时也称其为欧拉图.

推论 6-2 如果图 G 恰好有 $2k$ 个奇次(度)节点，那么 $E(G)$ 可以分解成 k 个无公共边回路的并(即所谓的 k-笔画).

由此可见，判断一个图是否为 E-图并不困难. 一个实际问题是，如果一个图是 E-图，怎样找到其中的欧拉回路呢？弗罗莱(Fleury)在 1921 年提供了一个有效方法.

弗罗莱算法

第一步 $\mu_0 = (v_{i_0})$，这里 v_{i_0} 是任何一个节点，$G_0 = G$；

第二步 设 $\mu_k = (v_{i_0}, e_{i_1}, v_{i_1}, \cdots, e_{i_k}, v_{i_k})$ 是第 k 步得到的简单回路

（无公共边的回路）, $G_k = G[E \setminus E(\mu_k)]$. 在 G_k 中选一条与 v_{i_k} 关联的边 $e_{i_{k+1}} = v_{i_k} v_{i_{k+1}}$, 使得 $e_{i_{k+1}}$ 不是 G_k 的割边或者有 $d_{G_k}(v_{i_k}) = 1$, 此时依然取 $e_{i_{k+1}} = v_{i_k} v_{i_{k+1}}$. 反复执行第二步直到不能执行为止.

下面我们对弗罗莱算法的结构进行分析.

(1) 如果 $v_{i_0} = v_{i_k}$, 则 G_k 中无奇次节点, 从而无割边.

(2) 如果 $v_{i_0} \neq v_{i_k}$, 则 G_k 中恰好有两个奇次节点 v_{i_0} 与 v_{i_k}, 且 $d_{G_k}(v_{i_k}) \geq 1$. 如果 $d_{G_k}(v_{i_k}) = 1$, 则有边可取; 否则, $d_{G_k}(v_{i_k}) \geq 3$, 在 G_k 中与 v_{i_k} 关联的边中必有一条边不是 G_k 的割边(不然, $G_k - v_{i_k}$ 中有一个分支恰好有一个奇次节点). 这表明: G 中总有边可取! 因此, 无边可取的必要条件是: $v_{i_0} = v_{i_k}$.

(3) 设在第 n 步, $e_{i_{n+1}}$ 无法选到（即无边可取）, 此时必有 $\mu_n = (v_{i_0}, e_{i_1}, v_{i_1}, \cdots, e_{i_k}, v_{i_n})$, 且 $v_{i_0} = v_{i_n}, d_{G_n}(v_{i_0}) = 0$. 如果 $E(\mu_n) \neq E(G)$, 则记 $X = \{v \mid d_n(v) > 0\}$, 于是有 $X \neq \emptyset$, $v_{i_0} \notin X$. 因为 G 是连通图, 反圈 $E(X, \overline{X}) \neq \emptyset$. 设 m 是 μ_n 中使得 $v_{i_m} \in X$, $v_{i_{m+1}} \notin X$ 的最大整数, $e_{i_{m+1}} = v_{i_m} v_{i_{m+1}}$. 由 m 的最大性, $e_{i_{m+1}}$ 是 G_m 的割边. 因为 $v_{i_m} \in X$, $d_{G_n}(v_{i_m}) \geq 1$, 从而 $d_{G_n}(v_{i_m}) \geq 3$. 所以在 G_m 中选取边 $e_{i_{m+1}}$ 是与取边原则相违背的. 这就完成了对弗罗莱算法的证明.

(4) 我们不难看出, 弗罗莱算法执行的每一步得到了两个子图 μ_m 与 G_m, 它们都是连通子图, 而且将图 G 的边集合 $E(G)$ 进行了逐步的圈分解:

$$E(G) = \sum_{i=1}^{m} E(C^{(i)}),$$

其中每个圈 $C^{(i)}$ 具有性质 $G \setminus \{E(C^{(1)}) \cup E(C^{(2)}) \cup \cdots \cup E(C^{(i)})\}$, 是连通子图.

显然, $C_n (n \geq 3)$ 是欧拉图. 当且仅当 n 是奇数时, 完全图 K_n 是欧拉图; 当且仅当 s 与 t 都是偶数时, 完全二部图 $K_{s,t}$ 是欧拉图; 当且仅当 n 是偶数时, n-立方体图 Q_n 是欧拉图. 一个值得注意的事实是: Q_n 是 Q_{n-1} 与 K_2 的笛卡儿积.

例1 寻找笛卡儿积图 $G \times H$ 成为欧拉图的充分必要条件.

解 我们可以认为 $G\times H$ 是通过 H 的一个拷贝 H_v 代替 G 的每一个节点 v 所得到的图. 设 x 是 $G\times H$ 的一个节点,则对于 G 的某一个节点 v,有 $x\in H_v$. 所以 x 不仅邻接它在 H_v 中的节点,而且对于 v 在 G 中的每一个相邻的节点 u,x 也与 H_u 中的一个节点邻接. 于是有:

$$d_{G\times H}(x)=d_{H_v}(x)+d_G(v),$$

因此,当且仅当 $d_{H_v}(x)\equiv d_G(v)\pmod 2$ 时,$d_{G\times H}(x)\equiv 0\pmod 2$. 如果 $d_{H_v}(x)$ 是偶数,则对于 G 的每一个节点 v,$d_G(v)$ 都是偶数;同样地,如果 $d_{H_v}(x)$ 是奇数,则对于 G 的每一个节点 v,$d_G(v)$ 都是奇数. 于是有下面的定理.

定理 6-3 笛卡儿积图 $G\times H$ 成为欧拉图的充分必要条件是:G 与 H 都是欧拉图,或 G 与 H 的每一个节点的度(次)都是奇数.

例 2 证明:当且仅当一个简单 2-边连通平面嵌入图 G 是欧拉图时,该图可以 2-面染色.

证明 如果图 G 可以 2-面染色,则对于它的每一个节点 x,与它相关联的边形成偶数个角域,从而 x 的次为偶数. 反之,如果 G 是一个欧拉图,我们考虑它的平面对偶图 G^*. 它的每一个面圈都是偶长圈,从而 G^* 是二部图,于是可以正常地 2-节点染色. 即 G 可以正常地 2-面染色.

点评 在证明过程中我们实际上使用了图的圈空间理论,即如果图 G 的圈空间中有一组偶长圈形成的基,那么 G 一定是二部图. 另外,一个平面图 G 的面圈集合是其圈空间中的一组生成元. 这种使用图的空间理论来解决组合问题的方法值得注意,在实际应用当中十分有效. 例如,我们用这种方法可以解决下面的棋盘组合问题.

例 3 证明:如果去掉一个 $2n\times 2n$ 棋盘上处于对角位置上的两个 1×1 方格,那么无法用 1×2 的矩形去覆盖剩下的所有格子.

证明 考虑由这个棋盘决定的图的几何对偶图. 容易看出,它是二部图,其中两个所说的 1×1 方格对应于这个二部图的同一个部集. 将其中一个部集中去掉两个节点后的图不再是平衡二部图,因此不可能有 1-因子.

例 4 凸 n 边形及 $n-3$ 条在形内不相交的对角线组成的图形称为一个剖分图. 求证:当且仅当 $3\mid n$ 时,存在一个剖分图是可以一笔画的圈(即可以从一个顶点出发,经过图中各线段恰一次,最后回到出发点).

(第 5 届全国中学生数学冬令营)

证明 先用数学归纳法证明充分性.

当 $n=3$ 时,命题显然成立.

设对任意凸 $3k$ 边形,存在一个剖分图是可以一笔画的圈. 对一个凸 $3(k+1)=3k+3$ 边形 $A_1A_2A_3\cdots A_{3k+3}$,联结 A_4A_{3k+3}. 由于 $A_4A_5\cdots A_{3k+3}$ 是凸 $3k$ 边形,根据归纳假设,$A_4A_5\cdots A_{3k+3}$ 存在一个剖分图是可以一笔画的圈. 作此剖分图,并联结 A_2A_4,A_2A_{3k+3},便得到一个凸 $3k+3$ 边形 $A_1A_2A_3\cdots A_{3k+3}$ 的剖分图. 因 $A_4A_5\cdots A_{3k+3}$ 的剖分图是一个圈,故从 A_{3k+3} 出发,经过这个剖分图中的每一条边恰一次后可回到 A_{3k+3},再经 $A_{3k+3}A_1$,A_1A_2,A_2A_3,A_3A_4,A_4A_2,A_2A_{3k+3} 后,又回到 A_{3k+3}. 这就证明了凸 $3k+3$ 边形 $A_1A_2A_3\cdots A_{3k+3}$ 也存在一个剖分图是可以一笔画的圈,如图 6-2(A)所示. 于是充分性得证.

再证必要性. 因为一个凸 n 边形存在剖分图是可以一笔画的圈,所以它的每个顶点都是偶顶点. 显然凸四边形和凸五边形不存在每个顶点都是偶顶点的剖分图,从而当 $3\leqslant n<6$ 时,如果凸 n 边形存在每个顶点都是偶顶点的剖分图,则 $n=3$.

设当 $3\leqslant n<3k(k>2)$ 时,如果凸 n 边形存在每个顶点都是偶顶点的部分图,则 $3\mid n$. 现考虑 $3k\leqslant n<3(k+1)$ 的情况. 设凸 n 边形

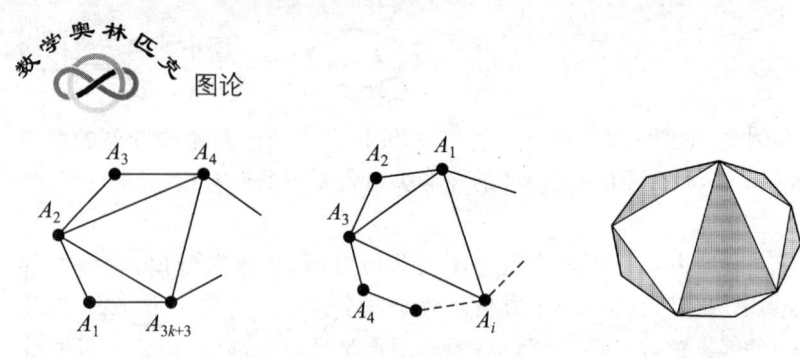

图 6-2

$A_1A_2\cdots A_n$ 有一个每个顶点都是偶顶点的剖分图,易知任意凸 $n(n>3)$ 边形的任何剖分,都把此凸 n 边形分割成没有公共内部的 $n-2$ 个三角形,而且这些三角形中至少有两个以这个凸 n 边形两条相邻边为两边,因此不妨设 A_1A_3 是凸 n 边形 $A_1A_2\cdots A_n$ 剖分图中的一条对角线(如图 6-2(B)所示).于是有 A_1A_i 和 A_3A_i,使得剖分图每个顶点都是偶顶点.$i\neq 4$,否则 A_3 是奇顶点;同样 $i\neq n$,否则 A_1 为奇顶点,因此 $4<i<n$.由 $A_1A_2\cdots A_n$ 的这个剖分图分别给出凸 $i-2$ 边形 $A_3A_4\cdots A_i$ 和凸 $n-i+2$ 边形 $A_1A_2\cdots A_n$ 的剖分图,而且这两个剖分图所对应的凸多边形的每个顶点都是偶顶点.因此,根据归纳假设知
$$3|(i-2),\ 3|(n-i+2),$$
所以 $3|n$,必要性得证.

> **点评** (1) 必要性也可用涂色方法来证.对凸 n 边形的一个剖分图,可以对其中的三角形涂上两种颜色,使得有公共边的两个三角形涂有不同的颜色.这可以这样进行:有顺序地引出对角线,每条对角线将多边形的内部划分为两部分,其中一部分保持原来的颜色,而另一部分改变颜色,这个过程一直进行到所需的对角线全部引出,便得到所需的涂色(如图 6-2(C)所示).
>
> 因为凸 n 边形有剖分图是可以一笔画的图,故每个顶点都是偶顶点,这样在每个顶点处的三角形个数是奇数.于是在上述涂色下,多边形的所有边属于同色的

三角形,不妨设为黑色的. 用 m 表示白色三角形的边数,显然 $3 \mid m$. 每个白三角形的边同时也是黑三角形的边,而多边形的所有边是黑三角形的边,故黑三角形的边数为 $m+n$. 由 $3 \mid (m+n)$,便得 $3 \mid n$.

(2) 下面我们就这个问题给出另一个极为简单的证明(这是问题的自然形成方式与解答).

因为当且仅当这个图的每一个节点的次都是偶数时它是欧拉图,所以它可以 2-面染色. 不妨设可以用 0 和 1 两种颜色对其面进行 2-面染色,且唯一的非三角面使用的是 0 色. 于是形内与它有公共边的三角形使用的都是 1 色. 故在进行对角线联结时,与外部面有公共边的三角形一定是按照每隔一个节点连一条对角线的方式,即如果多边形顶点的次序是 $1,2,\cdots,n$,那么 $(i,i+2)$ 一定是图的边 $(1 \leqslant i \leqslant n, i \equiv 1 \pmod 2)$,而且这些边一定形成图的一个圈. 这个条件决定了 $n \equiv 0 \pmod 3$.

例 5 设 $n > 3$,考虑在同一圆周上的 $2n-1$ 个互不相同的点所成的集合 E,将 E 中一部分点染成黑色,其余的点不染色. 如果至少有一对黑色,以它们为端点的两条弧中有一条的内部(不包含端点)恰含 E 中 n 个点,则称这种染色方式为"好的". 如果将 E 中 k 个点染黑的每一种染色方式都是好的,求 k 的最小值.

(第 31 届国际数学奥林匹克竞赛)

解 将 E 中的点按逆时针方向依次用顶点 $v_1, v_2, \cdots, v_{2n-1}$ 表示,并在顶点 v_i 与 $v_{i+(n+1)}$ 之间连一条边,$i = 1,2,\cdots,2n-1$(约定 $v_{j+2(n-1)k} = v_j, k \in \mathbf{Z}$),这样便得到一个图 G. G 中每个顶点的度为 2(即与两个点相邻),并且 v_i 与 v_{i+3} 与同一个点相邻. 由于 G 中的每个点都是偶顶点,

所以 G 是由一个或几个圈所组成的.

(1) 当 $3 \mid (2n-1)$ 时,图 G 由 3 个圈组成,每个圈的顶点集为

$$\left\{v_i \mid i=3k, k=1,2\cdots,\frac{2n-1}{3}\right\},$$

$$\left\{v_i \mid i=3k+1, k=0,1\cdots,\frac{2n-4}{3}\right\},$$

$$\left\{v_i \mid i=3k+2, k=0,1\cdots,\frac{2n-4}{3}\right\}.$$

由于每个圈上的顶点都是 $\frac{2n-1}{3}$,故每个圈上至多可以取出 $\frac{1}{2}\left(\frac{2n-1}{3}-1\right)+\frac{n-2}{3}$ 个点,两两互不相邻 $\left(\text{注意}\frac{2n-1}{3}\text{是奇数}\right)$. 总共可以取出 $n-2$ 个点互不相邻,由抽屉原则,至少要染黑 $n-1$ 个点,才能保证至少有一对黑点相邻.

(2) 当 $3 \nmid (2n-1)$ 时,$v_1, v_2, \cdots, v_{2n-1}$ 中的每一个点都可以表为 v_{3k} 的形式,因此图 G 是一个长为 $(2n-1)$ 的圈. 在这个圈上可以取出 $n-1$ 个互不相邻的点,而且至多可以取出 $n-1$ 个互不相邻的点,因而至少要染黑 n 个点,才能保证至少有一对黑点相邻.

综上所述,当 $3 \nmid (2n-1)$ 时,k 的最小值为 n;当 $3 \mid (2n-1)$ 时,k 的最小值为 $n-1$.

例 6 能否在圆周上排列 2^n 个数码 0 或 1,使得任意连续的 n 个数码组成的 0-1 序列彼此不同?

解 答案是肯定的. 以 2^{n-1} 个 $(n-1)$ 位二元码作为一个图的节点,规定当且仅当 v_i 的后 $(n-2)$ 位与 v_j 的前 $(n-2)$ 位相同时联结一条从 v_i 到 v_j 的有向边. 记 $v_i = ac_1c_2\cdots c_{n-2}$,$v_j = c_1c_2\cdots c_{n-2}b$,于是这一条边就对应于 n 位二元码 $ac_1c_2\cdots c_{n-2}b$. 这

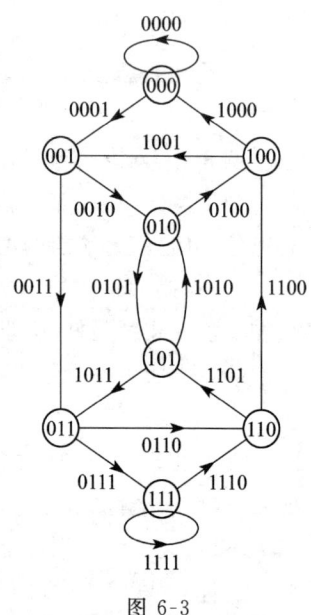

图 6-3

样,只要图中有一个有向欧拉闭迹,问题就可以解决.这个图是 4 -正则图,其中任意一条欧拉闭迹均满足要求.每一个这样的欧拉闭迹定义为一个长为 $N=2^n$ 的 n -级完备圈.图 6-3 中给出了 $n=4$ 时的一个解.

上例所给出的正面答案就是下面的定理.

定理 6-4(德布鲁因(De Bruijn)定理) 对于每一个自然数 n,存在一个长为 $N=2^n$ 的(0-1)圆形字符串,使得其中任意两个长为 n 的子字符串都不相同.

例 6 中的图就是图论中十分有名的德布鲁因图,这是荷兰数学家德布鲁因(N. G. De Bruijn)在 1946 年发表的文章中所研究的问题.实际上,他当时要处理下面两个问题:

(1) 存在性问题:对于每一个自然数 n,是否存在例 5 中所讲的结构;

(2) 计数问题:求出德布鲁因图中有向欧拉闭迹(即所有 n -级完备圈)的数目.

德布鲁因在他早年的论文中完全解决了这两个问题.自从他的论文发表几十年以来,德布鲁因图成为应用十分广泛的一种组合结构,它在计算机的磁鼓设计、大型计算机系统的拓扑结构设计、非线性移位寄存器的分析与综合、数值计算乃至分子生物学等各种领域的研究中都有所作为,扮演了一个重要角色.

德布鲁因图有以下一些简单性质.

(1) G_n 有 2^{n-1} 个节点和 2^n 条有向边,每一个节点的出次与入次均为 2(因此也有人称其为 2 -图);

(2) G_n 是强连通图(从任何一个节点到其他任何一个节点有有向路);

(3) G_n 有很好的递归结构. G_n 的边实际上就是 G_{n+1} 的节点,G_n 中的弧 $a_1 a_2 \cdots a_{n-1} a_n$ 的终点是另外一条弧 $b_1 b_2 \cdots b_{n-1} b_n$ 的起点的充要条件是 $a_2 \cdots a_{n-1} a_n = b_1 b_2 \cdots b_{n-1}$,即 G_{n+1} 中有起点是 $a_1 a_2 \cdots a_{n-1} a_n$、终点是 $b_1 b_2 \cdots b_{n-1} b_n$ 的弧.图论上称 G_{n+1} 是 G_n 的**有向线图**,记为 $G_{n+1}=$

$L(G_n)$. 因此,有 $G_{n+1} = L^n(G_1)$.

由于(2)是(1)的特殊情况,我们只要解决(2)就可. 实际上,我们有下面的古德(I. J. Good)定理,从中可以很快推出德布鲁因的结果.

定理 6-5(古德,1946) 设 G 是一个连通的有向图. 如果 G 的每一个节点处的出次与入次相同,那么 G 中一定有一个有向欧拉闭迹 W, 使得 W 中的每一条有向边服从 G 的原来定向.

证明: 我们考虑 G 中一个最大有向迹 $P = A_1, A_2, \cdots, A_m$. 联结节点 p_1 与 p_{m+1}, 使得其中没有弧是相同的. 如果 $p_{m+1} \neq p_1$, 我们沿着 P 行走时,每一次出入 p_{m+1} 必须保持一进一出的规则. 但是,此时 P 中进入 p_{m+1} 的边多于离开 p_{m+1} 的边. 由我们的假设,必然有一个 P 以外的边 A_{m+1} 从 p_{m+1} 出去,这与我们对 P 的定义相违. 因此 $p_{m+1} = p_1$, 即 P 是一个闭迹. 如果 P 上有一个节点 q, 使得有一条弧 B_1 与 P 有公共节点 q. 不妨设 B_1 是从 $q = p_1 = p_{m+1}$ 发出的弧,于是 $P' = A_1, A_2, \cdots, A_m, B_1$ 是一个包含 P 且长于 P 的迹,与我们定义 P 的方式相违. 因此, P 是包含所有节点的迹. 由于 G 的连通性, P 一定包含所有的边.

定理 6-6 如果一个有向图中每个节点的出次和入次都是 2, 则称其为 2-图. 如果一个 2-图 G 含有 m 个节点,并且恰好有 M 个完备圈(有向欧拉闭迹), 那么 G 的双图 G^* 恰好有 $2^{m-1}M$ 个完备圈.

注意: 一个 2-图 G 的双图 G^* 定义如下:

(1) G 的每一条弧 B_0 对应于 G^* 的一个节点 b_0;

(2) 如果 B_1 是 G 的一条弧,它的起点是另一条弧 B_0 的终点,那么 G^* 中有一条弧 U_{01} 从 b_0 指向 b_1;

(3) G^* 的节点与边全部由(1)和(2)所决定.

读者不难看出, G^* 也是一个 2-图, 它的节点数恰好是 G 的两倍(恰好是 G 的边数). 进一步,按照德布鲁因原来的说法, G_{n+1} 恰好是 G_n 的双图. 这一点我们可以从下列关系看出. 对于 G_{n+1} 的一个节点 $b_1 b_2 \cdots b_n b_{n+1}$, 我们有 G_n 中的节点

$$(b_1 b_2 \cdots b_{n-1}) = x_1, (b_2 \cdots b_{n-1} b_n) = x_2, (b_3 b_4 \cdots b_n b_{n+1}) = x_3.$$

注意到 G_n 的弧 $= G_{n+1}$ 的节点,我们有

$$(b_1 b_2 \cdots b_{n-1} b_n) = B_0 = b_0, (b_2 b_3 \cdots b_n b_{n+1}) = B_1 = b_1,$$

以及 G_{n+1} 中的弧

$(b_1 b_2 b_3 \cdots b_n b_{n+1}) = U_{01}$.

推论 6-7(德布鲁因) 对于每一个自然数 n,恰好有 2^{2^n-1-n} 个 n-级完备圈(有向欧拉闭迹).

(定理 6-6 的)**证明**：我们使用德布鲁因的记号,用 $|G|$ 表示 G 中的完备圈数目. 对 m 的大小进行归纳证明.

如果 $m=1$, G 恰好有一个节点和两个环, G^* 恰好有 $2^{1-1}=1$ 个完备圈.

对于 $m-1$ 个节点,我们先讨论这样一种 2-图 G,其中每一个节点 p_i 上都有一个环 A_i 及弧 $B_i : p_i \rightarrow p_{i+1}$. 这样, G^* 有 $2m$ 个节点 a_i, b_i, $i=1,2,\cdots,m$, 以及弧 $U_i : a_i \rightarrow a_i$, $V_i : a_i \rightarrow b_i$, $W_i : b_i \rightarrow a_{i+1}$ 和 $X_i : b_i \rightarrow b_{i+1}$. 在 G^* 的任何一个完备圈中, U_i 的前继是 W_{i-1}, 而后继是 V_i. 但是, W_{i-1}, U_i, V_i 是一条从 b_{i-1} 到 b_i 的迹,而 X_{i-1} 是从 b_{i-1} 到 b_i 的弧. 因此, G^* 的任何一个完备圈中必须包含一条穿过 $b_1, b_2, \cdots, b_m$ 两次的(子)迹. 由于从 b_{i-1} 到 b_i 的(子)迹有两种选择,我们可以得到 2^{m-1} 个不同的完备圈.

现在我们考虑图 G 有一个节点 x 上没有环的情况. 设 P, Q 与 R, S 分别是进入 x 和离开 x 的两条弧,于是有

$$G$$
$$P: a \rightarrow x, Q: b \rightarrow x;$$
$$R: x \rightarrow c, S: x \rightarrow d.$$

这里, P, Q, R, S 是两两不同的弧,而 a, b, c, d 可以相同.

现在,我们有两种方式可以从 G 导出一个 2-图,要么令 $P=R, Q=S$;要么令 $P=S, Q=R$. 我们称这样得到的两个图为 G_1 与 G_2. 每一个 G 中的完备圈,根据 x 被访问的方式,对应于 G_1 或 G_2 中的一个完备圈(但不同时是两个图中的完备圈). 于是有 $|G|=|G_1|+|G_2|$:

$$G_1 \qquad\qquad G_2$$
$$P=R: a \rightarrow c; \quad P=S: a \rightarrow d;$$
$$Q=S: b \rightarrow d; \quad Q=R: b \rightarrow c.$$

注意到 G_1 与 G_2 各自有 $m-1$ 个节点,由归纳假设,

$$|G_1^*|=2^{m-2}|G_1|, \ |G_2^*|=2^{m-2}|G_2|.$$

我们下面要证明：$|G^*|=2|G_1^*|+2|G_2^*|$. 设 p,q,r,s 是 G^* 的 4 个节点，它们分别对应于 G 中的弧 P,Q,R,S. 于是我们有 G^*,G_1^*,G_2^* 的下列关系：

$$\begin{array}{cccc} & G^*, & G_1^*, & G_2^* \\ X_1: & p\to r, & p=r, & p=s; \\ X_2: & p\to s, & q=s, & q=r; \\ X_3: & q\to r; \\ X_4: & q\to s. \end{array}$$

这里，G_1^* 与 G_2^* 分别是从 G^* 中去掉 X_1,X_2,X_3,X_4，然后将 p,q 分别与 r,s 粘合后得到的. G^* 中的一个完备圈要使用 4 个 X-弧，而这要用到从 $\{r,s\}$ 到 $\{p,q\}$ 的 4 个有向路. 它们有 3 种情形：

$$\begin{array}{cccc} & \text{情形 1} & \text{情形 2} & \text{情形 3} \\ C_1: & r\to p & D_1: r\to p & E_1: r\to q \\ C_2: & r\to q & D_2: r\to p & E_2: r\to q \\ C_3: & s\to p & D_3: s\to q & E_3: s\to p \\ C_4: & s\to q & D_4: s\to q & E_4: s\to p \end{array}$$

对情形 1，我们有 G^* 中的 4 个完备圈：

$$X_1,C_1,X_2,C_4,X_3,C_2,X_4,C_3;$$
$$X_1,C_2,X_3,C_1,X_2,C_4,X_4,C_3;$$
$$X_1,C_2,X_4,C_3,X_2,C_4,X_3,C_1;$$
$$X_1,C_2,X_4,C_4,X_3,C_1,X_2,C_3.$$

我们使用 C-路来形成 G_1^* 与 G_2^* 中的完备圈：

$$G_1^*:C_1,C_2,C_4,C_3;$$
$$G_2^*:C_1,C_3,C_4,C_2.$$

使用情形 2 中的路我们可以得到 G^* 中的 4 个完备圈：

$$X_1,D_1,X_2,D_3,X_4,D_4,X_3,D_2;$$
$$X_1,D_1,X_2,D_4,X_4,D_3,X_3,D_2;$$
$$X_1,D_2,X_2,D_3,X_4,D_4,X_3,D_1;$$
$$X_1,D_2,X_2,D_4,X_4,D_3,X_3,D_1.$$

这些路并不形成 G_1^* 中的连通迹，但却形成了 G_2^* 中的 2 个完备圈：
$$G_2^* : (D_1 D_3 D_2 D_4) ; (D_1 D_4 D_2 D_3).$$

类似地,情形 3 给出的 G^* 的 4 个完备圈中,有 2 个对应于 G_1^* 却不对应于 G_2^*.我们注意到 G_1^* 与 G_2^* 中所有的完备圈都有若干个 C-路,D-路和 E-路,因此有
$$|G^*| = 2|G_1^*| + 2|G_2^*|.$$

由归纳假设,
$$|G_1^*| = 2^{m-2}|G_1|, \quad |G_2^*| = 2^{m-2}|G_2|.$$

由于 $|G| = |G_1| + |G_2|$,我们有
$$|G^*| = 2^{m-1}|G_1^*| + 2^{m-1}|G_2^*| = 2^{m-1}|G|.$$

于是定理 6-6 得证.

§6.2 中国邮递员问题

一个邮递员每次送信都要走遍他所负责的投递范围内的每一条街道,完成送信任务后再回到邮局.他应该按照什么样的路径走,才能让所走的总路程最短呢？

将这个问题抽象成图论问题,就是给定一个连通图 $G=(V,E)$,每一条边 e 上有非负权 $\omega(e)$,要求 G 的一个(未必是简单的)途径 μ,过每一条边至少一次,且 μ 的总权 $\sum_{e\in E}\omega(e)$ 最小.

如果 G 中没有奇次节点,这个问题的解自然就是一个欧拉环游.如果 G 中有奇次节点,那么所求出的最优解必定要过某边两次以上.若边 e 上通过了 k 次,我们就在此基础上复制 $k-1$ 条边 e,最后得到一个重图 G^*.显然,G^* 上的任何一个欧拉环游都是原问题的最优解.

显然,若边 e 上添加边数多于一条时,我们丢掉其中的偶数条边,那么得到的图依然是欧拉图,而总权的和不会增加.因此我们可以假设每一条边上添加的边数至多一条.

这样,邮递员问题的解就归结为如下图论问题:给定连通图 $G=(V,E)$,求 $E_1\subseteq E$,满足条件:在 G 中,在 E_1 的每一边上放一条添加边,使得到的图不含奇次节点(我们称 E_1 为可行集),并且 $\omega(E)=\sum_{e\in E_1}\omega(e)$ 最小(称这样的可行集 E_1 为最优集).于是我们有以下定理.

定理 6-8(管梅谷,1960) 可行集 E_1 是最优的充分必要条件是:对于每一个圈 μ,
$$\sum_{e\in E_1\cap E(\mu)}\omega(e)\leqslant\sum_{e\in E(\mu)\setminus E_1}\omega(e).$$

证明：先证必要性.若存在 μ,使得

$$\sum_{e \in E_1 \cap E(\mu)} \omega(e) > \sum_{e \in E(\mu) \setminus E_1} \omega(e),$$

令 $E_2 = E_1 \oplus E(\mu)$，容易看出 E_2 仍然是可行集，并且 $\omega(E_2) < \omega(E_1)$，与 E_1 的定义相违.

再证充分性. 设 E_1, E_2 是满足条件的两个可行集，我们证明 $\omega(E_2) = \omega(E_1)$.

显然，对于 G 的任意节点 v，与 v 关联的边中，属于 E_1 的边数与属于 E_2 的边数是同奇偶的，所以 $G[E_1 \oplus E_2]$ 中没有奇次节点. 从而，存在圈 $\mu_1, \mu_2, \cdots, \mu_k$，使得 $E_1 \oplus E_2$ 中的每一边属于且仅属于其中一个圈. 对于每个 $\mu_i (i = 1, 2, \cdots, k)$，由于 E_1, E_2 满足定理条件，有

$$\sum_{e \in E_1 \cap E(\mu_i)} \omega(e) \leqslant \sum_{e \in E(\mu_i) \setminus E_1} \omega(e) = \sum_{e \in E_2 \cap E(\mu_i)} \omega(e),$$

$$\sum_{e \in E_2 \cap E(\mu_i)} \omega(e) \leqslant \sum_{e \in E(\mu_i) \setminus E_2} \omega(e) = \sum_{e \in E_1 \cap E(\mu_i)} \omega(e),$$

所以 $\sum_{e \in E_1 \cap E(\mu)} \omega(e) = \sum_{e \in E(\mu) \setminus E_1} \omega(e)$，于是 $\omega(E_2) = \omega(E_1)$. 证毕.

邮递员最优投递路线问题是由我国数学家管梅谷先生首先提出并研究的，国际上称之为中国邮递员问题（Chinese Postman Problem）. 根据前面的分析，我们可以设计出中国邮递员问题的算法.

给定图 G，求出所有的奇次节点 $v_1, v_2, \cdots, v_{2k}$. 对于每一个 $i (i = 1, 2, \cdots, k)$，任取一条 $(v_{2i-1} - v_{2i})$ 路 μ_i，将 μ_i 的每一条边加一条添加边. 检查 G 的每一条边，如果某边上有多于 1 的重边，则将其中的偶数条边去掉. 这样，使得 G 的每一边上至多有一条添加边. 于是，图 G 中恰好有一条添加边的那些边，就构成了一个可行集，设其为 $E_1^{(0)}$. 一般地，设有可行集 $E_1^{(k)}$，检查 $E_1^{(k)}$ 是否满足定理条件. 若是，则 $E_1^{(k)}$ 为最优集；否则，设在某个圈 μ 上不满足定理条件，则令 $E_1^{(k+1)} = E_1^k \oplus E(\mu)$. 对于可行集 $E_1^{(k+1)}$ 重复上述过程.

上述算法是指数级的算法，在实际应用中将导致有限时间内无法"停机"的问题，因此是一个无效算法！埃德蒙（Edmonds）与约翰逊（Johnson）两人于 1973 年利用对集方法给出了中国邮递员问题的一个快速算法（即多项式算法），彻底解决了这个问题. 感兴趣的读者可以参见两人的文献"欧拉环游与中国邮递员问题"（Euler tours, and Chinese postman problem, *Math. Programming*, 5(1973), 88—124).

下面是根据埃德蒙与约翰逊的思想设计出的一个多项式算法,用以求出一个带权网络中的最佳环游解.

算法:求中国邮递员问题的最优解.

第一步 在图 G 上计算所有奇次节点 $v_1,v_2,\cdots,v_{2k}$ 之间的最短路,得到完全图 K_{2k},其中节点对应于 $v_1,v_2,\cdots,v_{2k}$,其上任意一边的权是相应最短路的权.记 $d_{ij}=d(v_i,v_j),1\leqslant i<j\leqslant 2k$.

第二步 在 K_{2k} 上取 1-因子 $\{e_{i1},e_{i2},\cdots,e_{ik}\}$,$e_{ij}=(v_{ij},v_{ij+k})$,$j=1,2,\cdots,k$,使得 $\sum_{j=1}^{k} d_{ij,ij+k}=\min$(在 K_{2k} 上计算出一个权最小的完美对集).

第三步 在 G 上,对于最短路 $p_{ij}\in P(v_{ij},v_{ij+k})$,$j=1,2,\cdots,k$,做重叠运算,得到重图 $G'=G'(p_{i1},p_{i2},\cdots,p_{ik})$.

第四步 在重图 G' 上(运用弗罗莱法)求欧拉环游.

注意:(1)这里使用了一个计算 K_{2n} 中最小 1-因子的多项式算法(埃德蒙与约翰逊算法);(2)使用了最短路算法;(3)运用了弗罗莱算法(因为上述三个算法都是有效的多项式算法,根据多项式算法对于加法和乘法的运算封闭性,这个算法是有效的);(4)可以验证(根据定理 6-4),第四步求出的一定是最优解.

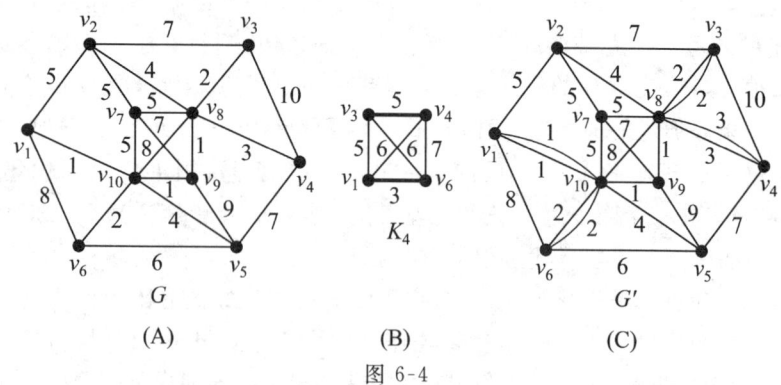

图 6-4

例如,如图 6-4(A)所示,其中 v_1,v_3,v_4,v_6 为奇次节点.由第一步可得图 6-4(B).图中旁边的数字表示相应节点之间最短路的权.由第

二步可得 K_4 中最小对集 $\{(v_3,v_4),(v_1,v_6)\}$,它们分别对应于 G 的最短路 $P(v_1,v_6)=v_1v_{10}v_6$ 与 $P(v_3,v_4)=v_3v_8v_4$. 对此二路做重叠运算后,得到重图 G',如图 6-4(C)所示. 最后,在 G' 上求得的欧拉环游如下:

$$\hat{S}=v_1v_2v_3v_4v_5v_6v_{10}v_5v_9v_{10}v_8v_9v_7v_8v_4v_8v_3v_8v_2v_7v_{10}v_6v_1v_{10}v_1,$$

其权和为

$$\omega(\hat{S})=\omega(G)+\omega(P(v_1,v_6))+\omega(P(v_3,v_4))$$
$$=100+3+5=108.$$

§6.3 哈密顿问题

1854年,哈密顿发明了一个周游世界的游戏.由此,引起人们广泛地研究一个图上是否存在哈密顿圈问题.任何一个图,如果其上有一个支撑圈(即过所有节点的圈),则称其为哈密顿图,这个圈为哈密顿圈.图 6-5(A)给出的正十二面体图是一个哈密顿图,其中的粗线条给出了周游世界问题的一个解.图 6-5(B)是非哈密顿图(它是赫歇尔(Heschel)图).

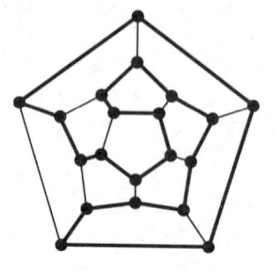

(A) 正十二面体

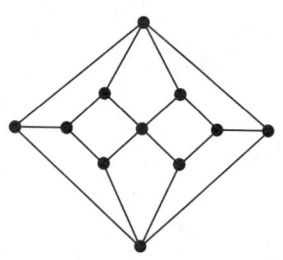

(B) 赫歇尔图

图 6-5

首先,我们给出一个判别一个图是哈密顿图的必要条件.

定理 6-9 如果图 $G=(V,E)$ 是哈密顿图,则对于任何 $S \subset V$,有
$$\sigma(G-S) \leqslant |S|,$$
这里 $\sigma(G-S)$ 表示 $G-S$ 的分支数目.

如果记 $t=\min \dfrac{|S|}{\sigma(G-S)}$,则称 G 是 t-**坚韧图**.于是定理 6-9 表明:哈密顿图一定是 1-坚韧图.只要可以发现集合 S 破坏了定理 6-9 的不等式,就可以判别一些图不是哈密顿图(例如图 6-5(B)不是哈密顿图).值得注意的是:1-坚韧性条件不是充分的.另外,如果 G 中有哈

密顿路,可以证明:$\sigma(G-S) \leqslant |S|+1$ 对于任何节点子集 S 都成立.

赫瓦塔尔(Chvatal)1973 年猜测:坚韧度充分大只是一个充分条件,不是必要的. 人们长期以来一直猜测,如果一个图的坚韧度大于 2,一定可以保证图的哈密顿性存在.

埃诺莫托-卡特林尼斯-萨伊托(Enomoto-Katerinis-Saito)于 1985 年对于任意 $\varepsilon > 0$,构造了一类坚韧度为 $2-\varepsilon$ 的非哈密顿图. 最后,鲍尔-布勒斯玛-费尔德曼(Bauer-Broersma-Veldman)于 2000 年构造出了一些坚韧度逼近 $\frac{9}{4}$ 的非哈密顿图. 赫瓦塔尔关于某个坚韧度是充分的这个猜想仍然在讨论之中.

例 1 图 6-6 是半个国际象棋棋盘,一匹马在右下角. 试问:马能否连续地把棋盘上所有的格都跳到一次并且仅仅一次? 如果去掉了棋盘对角上的两个黑色方格,又将怎样?

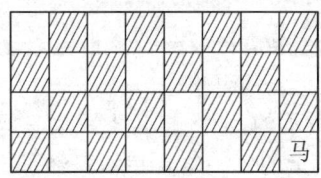

图 6-6

解 我们考虑这样的图:将棋盘方格对应于图的节点,如果马从棋盘上的一个方格跳一次后能到另一个方格,就在这两个方格所对应的节点之间连上一条边,于是问题就转化为判断棋盘所对应的这个图是否有一条哈密顿路.

在图中,节点是否相邻是由马跳的方式决定的,也就是说,每个节点只能跟和它组成一个"日"字的对角线上的节点相邻. 棋盘上组成"日"字对角线的方格所着的颜色正好是相反的,将图上每个节点涂上它所对应的方格颜色,于是图上每条边所相邻的两个节点的颜色都是一黑一白,并且黑、白节点的个数是相等的,这就说明可能存在哈密顿路.用试探的方法可以找到一条路,如图 6-7 所示就是一个答案.

15	18	7	22	11	28	5	24
8	21	16	27	6	23	2	29
17	14	19	10	31	12	25	4
20	9	32	13	26	3	30	1

图 6-7

现在来看问题的第二部分.仍采用涂色法将问题转化为求对应的图是否存在哈密顿路.由于黑节点个数是 14,白节点个数是 16,根据前面分析,这个图中没有哈密顿路.即对于去掉两个黑色方格的半个棋盘来说,马是无法连续地把每个方格都跳到一次并且仅仅一次.

点评 这是一个十分典型的棋盘上的组合数学问题.如果对哈密顿问题不了解的话,是很难给出正确答案的.

例 2 在图 6-8 所示的 8×8 棋盘上跳动一只马,不论跳动方向如何,要让这只马跳遍棋盘的每一格且每格只经过一次.问:这是否可能?

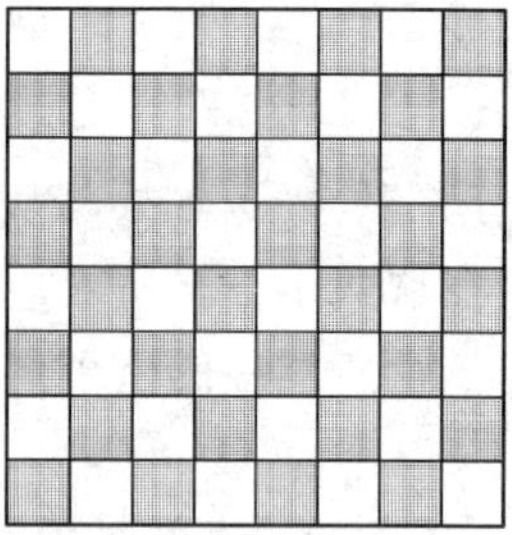

图 6-8

56	41	58	35	50	39	60	33
47	44	55	40	59	34	51	38
42	57	46	49	36	53	32	61
45	48	43	54	31	62	37	52
20	5	30	63	22	11	16	13
29	64	21	4	17	14	25	10
6	19	2	27	8	23	12	15
1	28	7	18	3	26	9	24

图 6-9

解 在图 6-9 中给出这个问题的一个解答.

第六讲 图中的遍历性问题

点评 解决这类问题,常常用以下 4 种方法尝试.

1. 每次将马放到使它能走到的(尚未走过的)方格为最少的位置,即先走"出路"少的方格,后走"出路"多的方格.

2. 将棋盘分为几个部分,在每个部分中找一条哈密顿路,然后把它们连起来.

3. 在棋盘上找几个圈,然后将这些圈连起来.

4. 将一个较小的棋盘镶上边,产生一个大棋盘上的哈密顿路.

例3 n 个人参加一次会议,在会议期间,每天都要在一张圆桌上共进晚餐.如果要求每次晚餐就座时,每个人相邻的就座者都不相同,这样的晚餐最多能进行多少次?

解 用 n 个点表示 n 个人,作完全图 K_n,则 K_n 中的一个哈密顿圈就是一次晚餐的就座方法.可见,晚餐最多能进行的次数就是 K_n 中无公共边的哈密顿圈的个数. K_n 中有 $\frac{1}{2}n(n-1)$ 条边,每个哈密顿圈有 n 条边,因此边不相重的哈密顿圈最多有 $\left[\frac{n-1}{2}\right]$ 个.

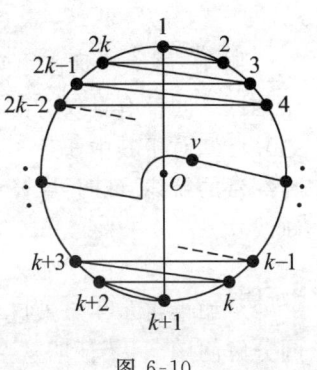

图 6-10

当 $n=2k+1$ 时,将顶点 $0,1,2,\cdots,2k$ 排列如图 6-10 所示.先取一个哈密顿圈 $(0,1,2,2k,3,2k-1,4,\cdots,k+3,k,k+2,k+1,0)$,然后绕 O 点依次顺时针旋转 $\frac{\pi}{k},\frac{2\pi}{k},\cdots,(k-1)\frac{\pi}{k}$,共产生 $k=\left[\frac{n-1}{2}\right]$ 个无公共边的哈密顿圈.如果 $n=2k+2$,那么每次在中间添加一个顶点 v,同样有 k 个哈密顿圈.

 图论

> **点评** 这个问题涉及的实际上是图的圈分解问题. 有人又称它为装填(packing)问题. 这种利用一个哈密顿圈去产生所有边不交哈密顿圈的方法是组合数学中常用到的手法, 用它可以解决一些类似问题. 值得注意的是, 这个解答中没有处理 $n \equiv 0 \pmod{2}$ 的情况, 即 K_n 可以分解成几个边不相交的哈密顿圈? 如果不行, 那么 K_n 能否分解成为几个边不相交的哈密顿路? 这个问题的解答是: 在 K_{n+1} 中可以有 $\left[\dfrac{n}{2}\right]$ 个边不交的哈密顿圈. 去掉其中一个节点, 得到 K_n 的边不交的哈密顿路分解. 另外, 如上分析, 当 $n = 2k+2$ 时, 按照前面方式可以得到 k 个边不交的哈密顿圈, 还剩下一个哈密顿路.

例 4 在 5 个地区之间有甲、乙两个国际航空服务公司, 在任意两个地区之间都有且仅有由其中一个公司单独经营的直达航线(可以往返). 已知对于其中任意 3 个地区之间的 3 条航线, 都有甲、乙两公司各自经营的航线. 证明: 甲公司和乙公司各自经营一条环游这 5 个地区的航线.

证明 如果将每一个地区看成一个节点, 那么这是一个 K_5 的哈密顿圈分解问题. 只要证明这个 K_5 中每一个节点发出的 4 条边(航线)中恰好有甲公司经营的 2 条边(航线)就可以了.

首先, 对于每一个节点(地区), 不可能由单独一个公司经营着所有从这个地区出发的 4 条航线(否则就会有 3 个地区之间的 3 条航线全部由一个公司经营). 其次, 从一个节点(地区)出发的航线中不会有一个公司经营 3 条航线(与前面同理). 于是, 每一个节点(地区)恰好有甲公司经营的 2 条航线.

第六讲　图中的遍历性问题

例 5　在 10 个地区之间有甲、乙两个国际航空服务公司,在任意两个地区之间都有且仅有由其中一个公司单独经营的直达航线(可以往返). 证明:两个公司中必然有一个公司,可以提供两条不经过同一地区的环游旅行航线,而且每一条环游航线都经过奇数个地区.

证明　如果用 0,1 分别表示由甲和乙经营的航线,那么问题即证明这个随机 2 边着色的 K_{10} 中一定有一个单色不交的圈. 容易知道,这个 K_{10} 中有一个单色的三角形 $A_8A_9A_{10}$. 在余下的 7 个节点决定的完全图中,一定有一个单色的三角形 $A_5A_6A_7$. 不妨假定这是两个不同颜色的三角形,分别是 1 和 0 色三角形,其结构如图 6-11 所示.

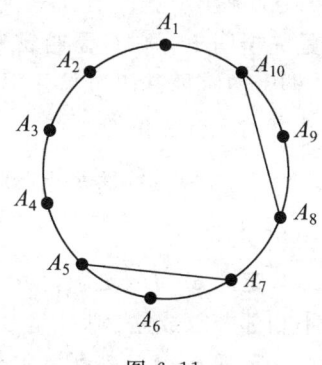

图 6-11

在 $\{A_5,A_6,A_7\}$ 与 $\{A_8,A_9,A_{10}\}$ 之间有 9 条边. 根据抽屉原理,其中 5 条边为同色,不妨设其为 1 色边. 又由抽屉原理,有某一个节点引出 2 条 1 色边. 不妨设 A_8A_6,A_8A_7 为 1 色边,于是得到一个单色三角形 $A_6A_7A_8$.

我们转而考虑由 $A_1,A_2,\cdots,A_5$ 决定的 K_5. 如果其中有单色三角形,则结论成立;否则,由前面分析,它可以分解成为两个边不交的不同色 5-圈. 此时结论仍然成立.

现在我们介绍一些充分条件,用以判别一个图的哈密顿性. 下面这个结果可以直接证明.

定理 6 - 10(邦迪(J. A. Bondy))　设 u,v 是 n 阶图 G 中的一对不相邻节点,且 $d(u)+d(v) \geqslant n$,则当且仅当 $G+(u,v)$ 是哈密顿图时,G 是哈密顿图.

根据这个定理,若 $(u,v) \notin E(G)$,$d(u)+d(v) \geqslant |V(G)|$,则 G_1

$=G+(u,v)$ 与 G 有相同的哈密顿性. 以此类推,我们可以相继地联结所得到的图中不相邻的但是次和不小于 $|V(G)|$ 的节点对,最后得到图 G_n,它与图 G 有相同的哈密顿性. 我们称 G_n 为 G 的**闭包**,记为 $C_n(G)$.

定理 6 - 11(邦迪,赫瓦塔尔,1976) 当且仅当图 G 的闭包 $C_n(G)$ 是哈密顿图时,G 是哈密顿图. 一个直接的推论是:如果 $C_n(G)$ 是完全图 K_n,则 G 是哈密顿图. 事实上,早期的哈密顿图理论集中于"稠密图"(即其闭包是几乎与完全图差不多的图). 下面是几个较为著名的充分性条件.

定理 6 - 12(迪拉克(Dirac),1952) 如果 $\delta(G) \geqslant \dfrac{n}{2}$,则 G 是哈密顿图.

定理 6 - 13(奥勒,1960) 如果 $d(x)+d(y) \geqslant n$ 对于任何一对不相邻节点成立,则 G 是哈密顿图.

定理 6 - 14(赫瓦塔尔,1972) 设图 G 的次序列排成非降的,$d_1 \leqslant d_2 \leqslant \cdots \leqslant d_n (d_i = d(v_i))$. 如果对于使得

$$d_k \leqslant k < \dfrac{n}{2}$$

的每一个 k,有 $d_{n-k} \geqslant n-k$,则 G 是哈密顿图.

注意:我们来解读一下赫瓦塔尔的这个"古怪"结果的直观意义. 它表明:如果图中有节点的次较小,那么一定有同样多(等距离多)的大次节点.

证明:只要证明 G 的闭包 $C_n(G)=K_n$. 用反证法. 若 $C_n(G) \neq K_n$,为方便起见,记 $H=C_n(G)$. 设 u,v 是 H 中一对不相邻的节点. 我们可以选取 u,v,使得 $d(u)+d(v)=\max$. 不妨设 $d_H(u) \leqslant d_H(v)$. 易见,$d(u)+d(v) \leqslant n-1$. 令 $k_0=d_H(u)$,则 $k_0 < \dfrac{n}{2}$. 令

$$S=\{w \in V(H) \mid (v,w) \notin E(H)\},$$
$$T=\{w \in V(H) \mid (u,w) \notin E(H)\},$$

则

$$|S|=n-1-d_H(v) \geqslant n-1-(n-1-d_H(u))=k_0,$$
$$|T|=n-1-d_H(u)=n-k_0-1.$$

第六讲 图中的遍历性问题

由 u,v 的取法知道，S 中的每一个节点(在 H 中)的次 $\leqslant d_H(u)=k_0$. 又 $T\cup\{u\}$ 中的每一个节点(在 H 中)的次 $\leqslant d_H(v)<n-k_0$. 因此，在 H 中至少有 k_0 个次 $\leqslant k_0$ 的节点，同时至少有 $n-k_0$ 个次 $<n-k_0$ 的节点.

因为 G 是 H 的支撑子图，这个结论对于 G 也成立. 从而 $d_{k_0}\leqslant k_0<\dfrac{n}{2}$，而且 $d_{n-k_0}<n-k_0$. 这与假设相违.

以上的充分性条件所涉及的图都是所谓"几乎完全图"，它们的闭包都是完全图，因而应用范围比较小. 1984 年，中国数学家范更华试图打破这个禁锢，发现和建立一套充分性判别条件，用以处理闭包图不是完全图的情况，这就是图论历史上有名的"范-条件"，即下面的定理.

定理 6-15(范更华，1984) 设 G 是一个 2-连通图. 如果对于任意一对距离为 2 的节点 $x,y(d(x,y)=2)$，都有
$$\max\{d(x),d(y)\}\geqslant \frac{n}{2},$$
则 G 是哈密顿图.

"范-条件"可以说是哈密顿问题历史上最容易懂而且被人们研究最多的理论之一. 我们可以从一个参数看出它的影响力. 根据美国《数学评论》($Math. Review$)报道，这个条件迄今为止已经被各种学术论文引用过多达 10000 次以上，不能不说是一个天量. 这个条件是如此简单易懂而且吸引人们的注意力，以至于 1984 年到 2000 年中国大陆凡是研究图论的人中没有人不研究哈密顿问题.

我们说"范-条件"是具有历史意义的成果有两个原因. 第一，满足"范-条件"的图的闭包图可以不是完全图. 这在本质上改进和推广了当时几乎所有的充分性条件. 它的表达方式是如此简单而漂亮，体现了数学的美. 第二，其实质性在于，只要图在局部范围内像完全图就足以保证图的哈密顿性. 不过，它也有不足之处，就是满足"范-条件"的图的闭包图是由若干个完全图"合并"而成，在本质上还是属于"稠密图"范围. 以后我们将逐步看到关于"稀疏图"的哈密顿性判别条件. 这一类"稀疏图"的判别条件目前正在逐步取代"稠密图"的哈密顿性判别条件，成为

目前乃至将来一段时间内的主流研究方向之一.

下面这个结果属于爱尔特希.

定理 6-16 设简单图 G 的连通度与独立数分别为 $\kappa(G)$ 和 $\alpha(G)$. 如果 $\kappa(G) \geqslant \alpha(G)$, 则 G 是哈密顿图.

这里,如果对 G 中节点集合 A, $G[A]$ 是空图,则该集合被称为独立的. G 中节点数最大的独立集被称为最大独立集,而它的节点数被称为 G 的独立数,记为 $\alpha(G)$. 爱尔特希的上述结果表明: 一个图的独立数如果很小,或者它的连通度很大,都可以保证它的哈密顿性存在. 据称,它是"稠密图"中很神秘的一类图,其整体基本结构尚不清楚.

证明: 用反证法. 假定 G 不是哈密顿的,取其最长圈 C 和 C 以外的节点 x. 由门格定理,从 x 到 C 有 $k = \kappa(G)$ 条内部不相交的路 p_1, $p_2, \cdots, p_k$. 设 $p_i \cap C = \{x_i\}$ $(1 \leqslant i \leqslant k)$, 则由 C 的定义可知:

(1) 对于每一个 $i: 1 \leqslant i \leqslant k$, x_i 与 x_{i+1} 在 C 上不相邻 $((x_i, x_{i+1}) \notin E(C))$.

(2) 集合 $A = \{x_1^+, x_2^+, \cdots, x_k^+\}$ 是 G 中的独立集, 其中 x_i^+ 是 x_i 在 C 上的后继元. 进一步, $A \cup \{x\}$ 也是一个独立集, 它的阶数 $> \alpha(G)$, 与已知相违.

下面我们转向哈密顿图研究的另一个方面:"稀疏图"的哈密顿性.

从历史的角度来看,这方面的第一个结果属于美国数学家惠特尼. 他于 1930 年代最先证明了"4-连通三角剖分图的哈密顿性". 然而最有影响力的结果属于图特. 在证明了泰特(Tait)关于四色问题的证明是错误的工作之后,他转而考虑平面图的哈密顿性研究. 泰特的论断是,一个 3-连通平面图一定是哈密顿的, 从而也是 4-色图. 图特举出了一个反例(图特图)表明仅 3-连通性是不够的. 如果将条件改为"4-连通平面图",将会保证图的哈密顿性存在. 沿着这个思路,他证明了下面的结果.

定理 6-17 一个 4-连通平面图是哈密顿的, 从而也是可 4-面着色的.

注意: 图特的工作意义在于: 它不是利用"稠密图"概念来研究图的哈密顿性, 而是借用(离散)2-维拓扑的理论和方法来研究它. 这就有可能将经典的数学理论方法与图论结合起来, 从而产生一系列深刻的结果. 另外, 这个工作的大背景是"四色问题". 一般地讲, 在重大问题背景下的研究都会具有一定的影响力. 图论领域内的重大工作都与图的染色问题相关!例如: 现代拓扑图论的发展源于希伍德(Heawood)关于曲面地图着色问题的解决(其中包括四色问题). 虽然兴趣和自娱自乐是数学研究的一个动力, 但是我们还是要尽可能地在一个好的数学背景下研究, 这样才有可能不被主流数学所抛弃.

图特在证明定理 6-13 的过程中引入了一个十分重要的概念: "图特圈". 所谓"图特圈", 是指图中这样的一个圈 C: 任何一个 $G-C$ 的连通分支 σ 在 C 中至多只有三个附着点(vertices of attachment). 在此基础之上, 托马森证明了"一个 4-连通平面图是哈密顿-连通的(即任何一对节点之间有一条哈密顿路)."在这个思想指导下, 人们陆续发表了一系列关于"稀疏图"的哈密顿性的文章. 其中较有影响的当属托马斯(R. Thomas)与郁星星的下列结果.

定理 6-18($J.\ of\ Combin\ Theory\ Ser.$ B 62(1994), 114—132) 一个 4-连通的嵌入在射影平面上的图是哈密顿图.

由于当曲面上嵌入图的表示数(representativity)充分大的时候, 将(局部)呈现出平面结构, 因此人们猜想到图特的结果对于较大表示数的嵌入图也应该成立. 于是有郁星星的下列结果.

定理 6-19($Trans.\ Amer.\ Math.\ Soc.$ 349(1997), 1333—1358) 只要嵌入(5-连通)三角剖分图的表示数充分大, 那么它一定是哈密顿图.

哈密顿圈引发了图中的长圈问题研究. 一般地讲, 平面图中是没有哈密顿圈的, 可是仍然存在最长圈问题. 在这方面, 有以下的著名猜想.

格林鲍姆与沃尔瑟(Grunbaum & Walther)猜想($J.\ of\ Combin\ Theory\ Ser.$ A 14(1973), 364—385) 一个 n 阶 3-连通平面图 G 一定含有一个至少长为 cn^α 的圈. 这里 c 是一个绝对常数, 而 $\alpha = \dfrac{\ln 2}{\ln 3} \approx 0.63$.

这个猜想在一定意义上指导了近 20 年来平面图的长圈问题研究. 为了攻克这个问题, 人们进行了不懈的努力. 下面是有关这个问题的一些进展.

图论

1992 年杰克逊(Jackson)与沃莫尔德(Wormald)证明了一个 n 阶连通平面图一定有一个圈长至少为 cn^β. 这里 c 是一个绝对常数,而 $\beta = 0.2$ (J. of Combin. Theory Ser. B54(1992),291—321).

1997 年高志诚和郁星星将上述结果中的界改进为 $\frac{1}{6}n^{0.4}+1$ (J. of Combin. Theory Ser. B69(1997),39—51).

2003 年陈冠涛和郁星星完全解决了这个猜想(J. of Combin. Theory Ser. B(2003)),并且将这个结果推广到几个小亏格曲面(即射影平面、环面、克莱因瓶).

曲面上嵌入图的长圈问题,同样离不开表示数这个参数.

定理 6 - 20(托马森,J. of Combin. Ser. B64(1994),56—62) 对于一个固定的曲面而言,一个可以对其进行三角剖分的图,只要它的表示数充分大,那么其中一定有一个支撑树,它的每一个节点的次不超过 4(而且这个数不可以改进到 2).

2002 年伯梅(Bohme)、莫豪尔(Mohar)与托马森将陈冠涛和郁星星的结果推广到了一般曲面上,运用曲面拓扑学中的"切开-粘合"手术方法,证明了下面的定理.

定理 6 - 21(J. of Combin. Ser B85(2002),338—347) 存在一个函数 $\alpha: N_0 \times R_+ \to N$,使得

(1) 如果 G 是一个嵌入在一个欧拉亏格是 g 的曲面上的 n 阶 4 - 连通图,它的表示数至少为 $\alpha(g,\varepsilon)$,那么 G 中的边可以被两个长至少是 $(1-\varepsilon)n$ 的圈所覆盖;

(2) 存在两个函数 $b: N_0 \to N$ 和 $c: N_0 \to R_+$,使得对于每一个嵌入在欧拉亏格是 g 的曲面上的 n 阶图 G,如果它是 4 - 连通的,则 G 中有至多 $b(g)$ 个路覆盖所有节点,同时含有一个长度至少为 $\frac{n}{b(g)}$ 的圈;

(3) 如果 G 是 3 - 连通图,那么其中一定含有一个长至少是 $c(g)n^{\ln 2/\ln 3}$ 的圈;

(4) 对于任意实数 $\varepsilon > 0$ 和任意 4 - 连通嵌入图 G,如果它的表示数充分大,那么其中一定含有一个 3 - 支撑树(每个节点的次不超过 3 的树)和一个 2 - 连通支撑子图,其中每一个节点的次不超过 4,而且次

为 3 或 4 的节点数不超过 $\varepsilon|V(G)|$.

下面我们介绍一个关于平面图成为哈密顿图的必要条件.运用它可以证明一些图的非哈密顿性.

1968 年,两位苏联数学家科济列夫(Kozyrev)与格林贝格(Grinberg)发现了一个令人惊奇的结果,给出了平面图具有哈密顿圈的一个必要条件.读者可以利用简单的计数方法对其进行证明.

定理 6-22　如果一个平面图有哈密顿圈 C,用 f'_i 表示 C 内部的 i 边形的个数,用 f''_i 表示 C 外部的 i 边形的个数,则 $\sum if'_i = \sum if''_i = n-2$,从而有 $\sum i(f'_i - f''_i) = 0$.

例 6　证明:格林贝格图(图 6-12)无哈密顿圈.

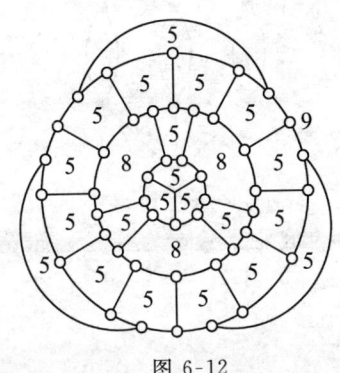

图 6-12

证明　设这个图含哈密顿圈.因为它只有 5 边形、8 边形和 9 边形,根据定理 6-22 有
$$3(f'_5 - f''_5) + 6(f'_8 - f''_8) + 7(f'_9 - f''_9) = 0,$$
由此得
$$7(f'_9 - f''_9) \equiv 0 \pmod{3},$$
这与 $f'_9 - f''_9 = 1$ 矛盾.

故格林贝格图无哈密顿圈.

点评 这个图十分复杂. 如果没有格林贝格条件, 要想证明它不是哈密顿图绝非易事. 哈密顿问题是如此困难, 以至于无论证明一个图是哈密顿的还是否定它的哈密顿性都变得十分困难. 从这一点上讲, 格林贝格的工作具有十分重要的意义, 至少提供了一种方法可以用来处理哈密顿问题.

利用它还可以证明一些平面图的非哈密顿性. 例如: 我们可以立即证明图 6-13 中没有哈密顿圈. 这个例子不是一个简单的现象, 数学上称这种结构的子图为 θ-图结构. 读者可以自己证明: 如果一个图中有这种 θ-图结构作为导出子图, 那么它一定不是哈密顿图.

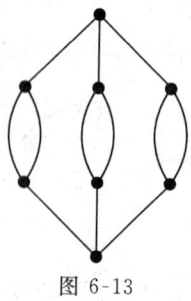

图 6-13

习题 6

1. 在如图 6-14 所示的由 25 个小正方形组成的图形中,设计一条从 A 点出发的路径,走过所有小正方形的边,最后回到 A 点,并且使得路径最短.

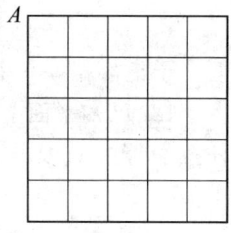

图 6-14

2. n 个点 $v_1, v_2, \cdots, v_n$ 顺次排在一条直线上,每点涂上红色或蓝色. 如果相邻点间的线段 $v_i v_{i+1}$ 的两端颜色不同,则把它叫做标准线段. 已知 v_1 与 v_n 的颜色不同,证明:标准线段的数目一定是奇数.

3. 证明:当且仅当平面图 G 的平面对偶图 G^* 是二部图时,G 是欧拉图.

4. 设 G_n 是一个图,其节点集合恰好由 $\{1, 2, \cdots, n\}$ 中的所有排列组成. 当且仅当两个排列 $\pi = (a_1, a_2, \cdots, a_n)$ 与 $\tau = (b_1, b_2, \cdots, b_n)$ 可以经过一次对换(即互换某两个位置上的元素)相互得到时它们才有边相连. 证明:G_n 是二部图,而且它可以 1-因子分解(即 $E(G_n)$ 可以分解成若干个边不相交的完美对集的并).

5. 证明:一个二部图 $G = (X, Y, E)$ 如果是哈密顿的,那么它一定是平衡的,即 $|X| = |Y|$.

6. 证明:一个平衡二部图 $G = (X, Y, E)$ 如果满足条件:任取 $x \in X, y \in Y, (x, y) \notin E(G) \Rightarrow d(x) + d(y) \geq n+1$,则 G 一定是哈密顿的.

7. 今要将 6 个人分成 3 组(每组 2 个人)去完成 3 项任务. 已知每个人至少与其余 5 个人中的 3 个人认识.

(1) 能否使得每组的 2 个人都相互认识?

(2) 你能给出几种不同的分组方案?

8. 某国王有 $2n$ 个大臣,其中某些大臣互相有怨仇,但每个大臣的仇人(限于大臣内部)不超过 $n-1$ 人(互为仇人). 问:能否让他们围圆桌而坐,使仇人不相邻?

9. 已知在 9 个小孩中,每个小孩至少认识其他 4 个小孩. 能否让这

9个小孩排成一行,使得每个小孩和与他相邻的小孩都认识?

10. 一位厨师用 8 种原料做菜,每种菜都用 2 种原料搭配.已知每种原料都至少用在 4 种菜里.问:能否从这位厨师做的菜中选出 4 种,恰好包括了 8 种不同的原料?

11. 证明:一个有限集合的全部子集可以如此排列,使任何相邻的两个子集恰相差一个元素.

12. 已知平面上 n 个点和若干条边所成的图不是哈密顿图,但若任意去掉一点及与之相连的边,则剩下的图为哈密顿图.求 n 的最小值.

13. 围着圆桌至少坐着 5 个人.证明:一定可以调整他们的座位,使得每人的两侧出现新的邻座.

14. 设 G 是 k-连通图,且最大独立数 $\alpha(G) \leqslant k-2$.证明:对于 G 中任意两条边 e_1, e_2,G 中有哈密顿圈过 e_1, e_2.

15. 证明:两个哈密顿图的笛卡儿乘积图是哈密顿图.由此证明:n-维超立方体图 Q_n 是哈密顿图.

16. $K_{n,n}$ 的边可以分解成几个边不交的哈密顿圈?

17. 在图上任取 $n(>2)$ 个点,并且在每两点之间连一条线段.能否画出所有这样的线段,使得第一条线段的终点为第二条线段的起点,第二条线段的终点为第三条线段的起点,如此下去,直到最后一条线段的终点与第一条线段的起点重合?

(1965 年波兰数学奥林匹克竞赛)

第七讲 拉姆齐问题

§7.1 2-维拉姆齐数

拉姆齐(Ramsey)于 1928 年在研究数理逻辑的时候发现了这样一个重要事实:对于任何两个自然数 k 和 l,总存在一个相当大的自然数 n,使得任何带有 n 个节点的图 G 中,如果不存在一个子图 K_k,则在其补图 $\overline{G}$ 中存在一个子图 K_l. 拉姆齐所观察到的这一结果的实际意义在于:只要图 G 的节点数充分地大,则所需要的子图结构就一定会在 G 或 $\overline{G}$ 中出现.

一个图 $G=(V,E)$ 中含节点最多的完全子图称为 G 的**团**,团中节点数为 G 的团数,记为 $\omega(G)$. 因此,上述结果可以表述为

$$r(k,l)=\inf\{n\,|\,任取\,G=(V,E),|V|=n,\omega(G)<k\Rightarrow\omega(\overline{G})\geqslant l\}.$$

由此,对任何图 $G=(V,E)$,当 $|V|\geqslant r(k,l)$ 时均有性质 P:
$$\omega(G)<k\Rightarrow\omega(\overline{G})\geqslant l.$$

这样的自然数 $r(k,l)$ 称为 2-维拉姆齐数,是适用于反映二元关系的图论的拉姆齐数.

注意:一般地讲,确定一个拉姆齐数需要做两件事情:第一,证明 $n\geqslant r(k,l)$ 时一定有所需要的结构出现;第二,证明其最小性. 由此看来,$r(k,l)$ 的确定十分困难. 难怪邦迪与穆尔蒂(U. R. S. Murty)在他们的名著《图论及其应用》(*Graph Theory with Applications*)中要将拉姆齐数的确定列为图论界最具有挑战性的课题之一. 虽然如此困难,依然有一些简单的拉姆齐数值被确定下来,在此我们就不一一阐述了. 作为数学竞赛,我们自然要关心一些一般方法与特殊的未知东西. 下面是早

期匈牙利的一道数学竞赛题,后被美国普特南竞赛所采用. 它的证明并不困难,我们留给读者自己完成.

证明:任何 6 个人中总有 3 个人相互认识或相互之间完全不认识.

这个例子表明:$r(3,3) \leqslant 6$. 对于 5 个节点的完全图 K_5,有哈密顿圈分解,因此 $r(3,3)=6$. 可是问题并没有就此完结. 一个新问题是:对于任意一个 K_6 的 2-边随机染色,至少有几个同色三角形?这就是所谓的极值图论问题.

例 1 证明:对于任意一个 K_6 的 2-边随机染色,至少有 2 个同色三角形.

证明 设 $V(K_6)=\{1,2,3,4,5,6\}$,而 $4,5,6$ 引出一个单色三角形 K_3. 不妨设其边全为 0-色边. 假定其中仅有一个单色三角形. 任取节点 1, 则 $(1,4),(1,5),(1,6)$ 中至少两条边为 1-色边. 同理, $(2,4),(2,5),(2,6)$ 中至少有两条边为 1-色边. 由于没有第二个单色三角形,我们得知 $(1,2)$ 应该是 0-色边. 由于 $(1,2)$ 的任意性, $1,2,3$ 应该决定一个 0-色三角形,与假设相违背.

例 1 的一般结果已经有了很多证明. 下面就是在《华东师范大学学报(自然科学版)2007 年第一期》中张燕与任韩使用矩阵论中的阿达马(Hadamard)矩阵方法所得到的结果和证明. 这个证明也许不是最短和最快捷的,但从中我们可以看到怎样用矩阵方法处理三角形问题.

定理 7-1 设 t_n 是完全图 K_n 中随机 2-边染色的单色三角形的最少数目,则有

$$t_{2m}=2C_m^3, \quad t_{2m+1}=C_m^3+C_{m+1}^3-\left\lfloor\frac{m}{2}\right\rfloor.$$

我们首先给出一些定义.

定义 1 若 $X=(x_{ij})_{n\times n}$ 是一个 $n\times n$ 矩阵，并记 $\text{sum}(X)=\sum_{i=1}^{n}\sum_{j=1}^{n}x_{ij}$，则有下列性质.

性质 1 $\text{sum}(\alpha X+\beta Y)=\alpha\text{sum}(X)+\beta\text{sum}(Y)$，任取 $X,Y\in n$ 阶方阵，任取 $\alpha,\beta\in\mathbf{R}$.

定义 2 两个 n 阶方阵 A 与 B 的阿达马积定义为 $A\circ B=(a_{ij}b_{ij})_{n\times n}$，其中 $A=(a_{ij})_{n\times n},B=(b_{ij})_{n\times n}$.

性质 2 若 A 为 n 阶简单图的邻接矩阵，则 G 中长为 3 的圈的个数为 $\dfrac{1}{6}\text{sum}(A\circ A^2)$.

证明：设 $A=(a_{ij})_{n\times n}$，其中 $a_{ij}=\begin{cases}1,&(v_i,v_j)\in E(G),\\0,&(v_i,v_j)\notin E(G).\end{cases}$

记 $A^2=(b_{ij})_{n\times n}$，则 $b_{ij}=\sum_{k=1}^{n}a_{ik}a_{kj}$ 表示从 v_i 到 v_j 的长为 2 的路的条数，所以 $a_{ij}b_{ij}$ 表示经过 (v_i,v_j) 的长为 3 的圈的个数. 又因为 $a_{ij}b_{ij}=a_{ji}b_{ji}$，且长为 3 的圈中有 3 条边，故在 $\text{sum}(A\circ A^2)$ 中，任一长为 3 的圈被重复计算了 6 次. 所以 G 中长为 3 的圈的个数为 $\dfrac{1}{6}\text{sum}(A\circ A^2)$.

性质 3 $t_{2k}=2C_k^3$.

证明：设 G 为 K_n 的一个 2-边着色图，$n=2k$，$k=3,4,5,\cdots,M_n=\{X=(x_{ij})_{n\times n}\mid X=X^T,x_{ii}=0,x_{ij}\in\{0,1\}$，任取 $i,j=1,2,\cdots,n\}$.

记 $A=(a_{ij})_{n\times n},B=(b_{ij})_{n\times n}$ 分别为 G 的 0-色与 1-色子图的邻接矩阵，则 $A,B\in M_n$，且 $A+B=E-I$（E 为全 1 矩阵，I 为单位矩阵）. 那么，G 中的单色三角形个数为 $\dfrac{1}{6}\text{sum}(A\circ A^2+B\circ B^2)$. 所以，

$$t_n=\min\left\{\dfrac{1}{6}\text{sum}(A\circ A^2+B\circ B^2)\mid 任取 A,B\in M_n,A+B=E-I\right\}.$$

另一方面，通过计算得：
$$B^2=(n-2)E+I+A^2+2A-EA-AE,$$
$B\circ B^2=E\circ B^2-I\circ B^2-A\circ B^2$
$\quad=B^2-\text{diag}(B^2)-A\circ B^2$

$$= B^2 - \left((n-2)I + I + \text{diag}\left(\sum_i (a_{1i}^2 - 2a_{1i}), \cdots, \sum_i (a_{ni}^2 - 2a_{ni})\right)\right)$$
$$- ((n-2)A + 0 + A \circ A^2 + 2A - A \circ (EA) - A \circ (AE))$$
$$= -A \circ A^2 + (n-2)E - (n-2)I - (n-2)A + A^2 - EA - AE$$
$$+ A \circ (EA) + A \circ (AE) + \text{diag}\left(\sum_i a_{1i}, \sum_i a_{2i}, \cdots, \sum_i a_{ni}\right),$$

$\text{sum}(A \circ A^2 + B \circ B^2)$

$$= (n-2)n^2 - (n-2)n - (n-4)\sum_{i,j} a_{ij} - \sum_i \left(\sum_j a_{ij}\right)^2$$
$$- n\sum_{i,j} a_{ij} - n\sum_{i,j} a_{ij} - \sum_i \left(\sum_j a_{ij}\right)^2 - \sum_i \left(\sum_j a_{ij}\right)^2$$
$$- \sum_{i,k} (a_{ik}^2 - 2a_{ik})$$
$$= n^3 - 3n^2 + 2n + (3-3n)\sum_{i,j} a_{ij} + 3\sum_i \left(\sum_j a_{ij}\right)^2$$
$$= n^3 - 3n^2 + 2n + (3-3n)\sum_i d_i + 3\sum_i d_i^2,$$

其中 $d_i = \sum_j a_{ij}$,表示 v_i 点 0-色边的条数.

注意到,若 G 中 0-色边的总数 x 固定,即 $\sum_i d_i = 2x$,则当且仅当 $|d_i - d_j| \leq 1$(任取 $i,j = 1, 2, \cdots, n$)时,$\text{sum}(A \circ A^2 + B \circ B^2)$ 取到最小值.

不妨设 $2x = \alpha n + \beta = 2\alpha k + \beta(\alpha, \beta \in \mathbf{N}, 0 \leq \beta < n)$.

令 $f(\alpha, \beta) = 3n\alpha^2 - 3(n^2 - n - 2\beta)\alpha + (6-3n)\beta$,那么
$$6t_n = \min\{n^3 - 3n^2 + 2n + 3(\alpha n + \beta) + 3\beta(\alpha+1)^2 + 3(n-\beta)\alpha^2 \mid \alpha, \beta \in \mathbf{N},$$
$$0 \leq \beta < n, \beta \equiv 0 \pmod{2}\}$$
$$= n^3 - 3n^2 + 2n + \min\{f(\alpha, \beta) \mid \alpha, \beta \in \mathbf{N}, 0 \leq \beta < n, \beta \equiv 0 \pmod{2}\}.$$

若固定 β,那么当 $\alpha = \text{round}\left(\dfrac{n^2 - n - 2\beta}{2n}\right) = \text{round}\left(k - \dfrac{k+\beta}{2k}\right) = k - 1$ 时,
$$f(\alpha, \beta)_{\min} = 3n(k-1)^2 - 3(n^2 - n - 2\beta) \cdot (k-1) + (6-3n)\beta$$
$$= -6k^3 + 6k^2,$$

这里 round(x) 表示对 x 四舍五入,即
$$t_{2k} = \frac{1}{6}(n^3 - 3n^2 + 2n - 6k^3 + 6k^2)$$

$$= \frac{1}{6}(2k^3 - 6k^2 + 4k)$$
$$= 2C_k^3.$$

另一方面,可以构造 $2k$ 阶的 2-边着色图 G,使得 G 中恰好有 $2C_k^3$ 个单色三角形. 例如:将 G 的顶点集分成二部分 $V_1 = \{v_1, v_2, \cdots, v_k\}$, $V_2 = \{v_{k+1}, v_{k+2}, \cdots, v_{2k}\}$, 取 G 的 0-色边集 $E_0 = \{(v_i, v_{k+j}) | 1 \leqslant i, j \leqslant k\}$, 如图 7-1.

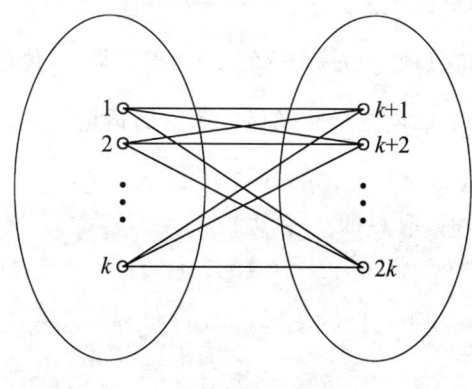

图 7-1

所以, $t_{2k} = 2C_k^3$.

定义 3 设图 G 中有 n 个点,分别为 $v_1, v_2, \cdots, v_n$,那么我们记在 G 中经过点 $v_i(1 \leqslant i \leqslant n)$ 的单色三角形的个数为 $u_i(G)$.

性质 4 $t_{n+1} \geqslant \dfrac{n+1}{n-2} t_n, n \in \mathbf{N}.$

证明:设 G 为 K_{n+1} 的一个 2-边着色图,并且 G 中有且仅有 t_{n+1} 个单色三角形. 设 G 的 $n+1$ 个点分别为 $v_1, v_2, \cdots, v_{n+1}$, 那么 $\sum\limits_{i=1}^{n+1} u_i(G) = 3t_{n+1}$. 由平均值原理得,存在 $v_k(1 \leqslant k \leqslant n+1)$, 使得 $u_k(G) \geqslant \dfrac{3}{n+1} t_{n+1}$. 再考虑 G 中的 n 个点 $v_1, v_2, \cdots, v_{k-1}, v_{k+1}, \cdots, v_{n+1}$ 构成的完全图,其中至少有 t_n 个单色三角形,且这些三角形都不经过点 v_k. 所以, G 中至少含有 $t_n + u_k$ 个单色三角形. 因此, $t_{n+1} \geqslant t_n + u_k \geqslant t_n + \dfrac{3}{n+1} t_{n+1}$, 故 $t_{n+1} \geqslant$

$\dfrac{n+1}{n-2} t_n.$

性质 5 $t_{2k+1} = C_k^3 + C_{k+1}^3 - \left\lfloor \dfrac{k}{2} \right\rfloor.$

证明：由性质 4 及性质 3 得：
$t_{2k+1} \geq \dfrac{2k+1}{2k-2} t_{2k} = \dfrac{2k+1}{2k-2} \cdot 2C_k^3 = \dfrac{(2k+1) \cdot k \cdot (k-1) \cdot (k-2)}{6(k-1)}$

$\geq C_k^3 + C_{k+1}^3 - \left\lfloor \dfrac{k}{2} \right\rfloor.$

另一方面,可以构造 $2k+1$ 阶的 2-边着色图 G, 使得 G 中恰好有 $C_k^3 + C_{k+1}^3 - \left\lfloor \dfrac{k}{2} \right\rfloor$ 个单色三角形. 例如：将 G 的顶点集分成二部分 $V_1 = \{v_1, v_2, \cdots, v_k\}$, $V_2 = \{v_{k+1}, v_{k+2}, \cdots, v_{2k+1}\}$.

当 k 为奇数时,取 G 的 0-色边集
$$E_0 = \{(v_i, v_{k+j}), (v_k, v_j) \mid i \neq j, 1 \leq i \leq k-1,$$
$$1 \leq j \leq k+1\} \cup \left\{ (v_{k+2i-1}, v_{k+2i}) \mid 1 \leq i \leq \dfrac{k-1}{2} \right\},$$

如图 7-2.

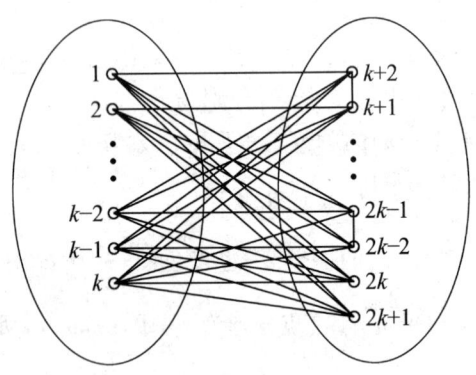

图 7-2

当 k 为偶数时,取 G 的 0-色边集
$$E_0 = \{(v_i, v_{k+j}) \mid i \neq j, 1 \leq i \leq k,$$
$$1 \leq j \leq k+1\} \cup \left\{ (v_{k+2i-1}, v_{k+2i}) \mid 1 \leq i \leq \dfrac{k}{2} \right\},$$

如图 7-3.

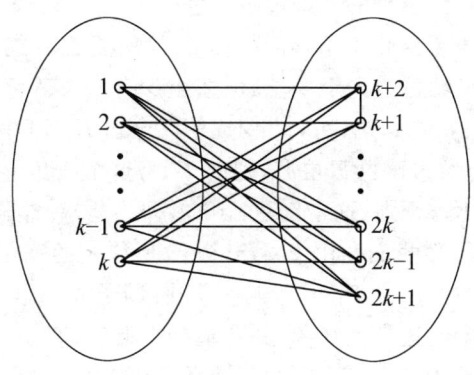

图 7-3

所以，$t_{2k+1} = C_k^3 + C_{k+1}^3 - \left\lfloor \dfrac{k}{2} \right\rfloor$.

对于拉姆齐数，有以下这个拉姆齐于 1930 年发表的简单递归不等式.

定理 7-2　对于任何自然数 $k, l > 0$，总有
$$r(k, l) \leqslant r(k-1, l) + r(k, l-1),$$
且当 $r(k, l-1) \equiv r(k-1, l) \equiv 0 \pmod 2$ 时，取严格不等式.

它的证明并不困难，读者可以根据拉姆齐数的定义直接进行. 它的真正意义在于说明了拉姆齐数的存在性. 从它可以推出下面爱尔特希与塞凯赖什（Szekeres）于 1935 年发现的推论.

推论 7-3　$r(k, l) \leqslant C_{k+l-2}^{k-1}$.

定理 7-4　$r(3, 4) = 9$.

证明：首先证明对 K_9 的边进行随机红、蓝 2-边染色，其中一定有红色三角形或蓝色 K_4. 设 $p_1, p_2, \cdots, p_9$ 是 K_9 的节点.

先证明存在一个节点，与其关联的 8 条边中，红色边或多于 3 条，或少于 3 条.

如果不然，假设这样的节点不存在，则从每一个节点引出的边中红色边均为 3 条，于是 9 个节点引出的红色边总数为 27. 另外，设 A 是 K_9 的红色边集合，且 $|A| = r$，由于每一条边有 2 个端点，因此 r 条红色

145

边的端点引出红色边总条数应为 $2r$. 于是有 $2r=27$,不可能.

其次,设从 p_1 引出的 8 条边中红色边多于 3 条,或少于 3 条.

如果红色边至少有 4 条,容易看出 K_9 中要么有红色三角形要么有蓝色 K_4. 如果红色边少于 3 条,那么至少有 6 条蓝色边从 p_1 引出. 我们考虑由 p_2,p_3,p_4,p_5,p_6,p_7 构成的完全图 K_6,其中一定有同色三角形. 若这三角形为蓝色三角形,则由 p_1 与这个三角形一起构成一个蓝色完全子图 K_4;否则,这个红色三角形即为所求. 这样,我们就证明了 $r(3,4)\leqslant 9$. 下面我们在由 $1,2,3,\cdots,8$ 所决定的完全图 K_8 中选择一个哈密顿圈 $C=(1,2,3,\cdots,8)$ 与一个 1-因子 $M=\{(i,i+4)|1\leqslant i\leqslant 4\}$. 将 C 与 M 中的边染上红色,其余边染上蓝色. 容易知道,这个图的 2-边染色中既没有红色三角形也没有蓝色 K_4.

使用同样方法我们可以证明下面的定理.

定理 7-5 $r(4,4)\leqslant 20$.

即在任何 20 个人中,一定有 4 个人相互之间认识或者完全不认识.

这个定理的证明留给读者完成. 下面我们将要介绍另外一个定理及其证明.

定理 7-6 $r(3,3,3)=17$.

证明:首先证明 $r(3,3,3)\leqslant 17$. 在 K_{17} 的 17 个节点中,任意选一个节点 p_1,它与其余 16 个节点决定了 16 条边$(p_1,p_i),2\leqslant i\leqslant 17$. 将这 16 条边用红、黄、蓝三种颜色染色,则至少有 6 条边为同色边. 不妨设其为红色边$(p_1,p_i),2\leqslant i\leqslant 7$. 我们考虑由 p_2,p_3,p_4,p_5,p_6,p_7 决定的完全图 K_6. 如果 K_6 仅用两种颜色染色,则其中有同色三角形. 否则,K_6 用 3 种颜色染色,于是红色边的两端点与 p_1 决定一个红色的三角形. 以下我们证明 $r(3,3,3)\geqslant 17$. 只须证明:用红、黄、蓝三种颜色给 K_{16} 进行随机边染色时,存在一种染色方法,使得其中没有同色的三角形.

考虑 16 阶初等阿贝尔群:$Z_2\oplus Z_2\oplus Z_2\oplus Z_2$,它的元素为
(0000),(0001),(0010),(0100),(1000),(0011),(0101),(0110),
(1010),(1100),(1001),(0111),(1011),(1101),(1110),(1111),
其中(0000)为零元素. 将其他 15 个非零元素分为三组:

红色集合 $= \{(1000),(1100),(1010),(1111),(0001)\}$；
黄色集合 $= \{(0011),(1011),(0111),(1101),(0010)\}$；
蓝色集合 $= \{(0110),(0101),(1110),(1001),(0100)\}$.

将 K_{16} 的节点用 $Z_2 \oplus Z_2 \oplus Z_2 \oplus Z_2$ 的 16 个元素来标号，边的染色为红、黄、蓝三色。设 p_i, p_j 是 K_{16} 的任意两个节点，将 p_i, p_j 的标号相加后所得元素属于哪个色集，那么边 (p_i, p_j) 就染上那种颜色。容易验证：每个色集中的元素之和一定不在此色集内。因此，按照这种方法染色的 K_{16} 中不会存在同色的三角形。故 $r(3,3,3) \geq 17$.

定理 7-6 的证明向人们展示了这样一个信息：对完全图 K_n 进行随机边染色时，我们可以利用各种可能的数学工具，如用代数理论中的一些特殊结构来给其边进行染色，以发现反例来提高拉姆齐数的下界。

关于对角拉姆齐数，我们有下面埃尔特希发现的定理。

定理 7-7　$r(k,k) \geq (\sqrt{2})^k$.

证明：不妨设 $k \geq 3$. 记 G_n 为以 $V = \{v_1, v_2, \cdots, v_n\}$ 为节点集的标号图的全体，而
$$G_n^k = \{G \mid \text{任取 } G \in G_n, \text{且存在 } K_k \subseteq G\}.$$

因为每一对节点 v_i, v_j 都有两种选择，即 $(v_i, v_j) \in E$ 或 $(v_i, v_j) \notin E$，于是 $|G_n| = 2^{C_n^2}$.

可以看出 $|G_n^k| \leq C_n^k 2^{C_n^2 - C_k^2}$，从而有
$$\frac{|G_n^k|}{|G_n|} \leq C_n^k 2^{-C_k^2} < \frac{n^k 2^{-C_k^2}}{k!}.$$

因此，如果 $n < 2^{\frac{k}{2}}$，则必有
$$\frac{|G_n^k|}{|G_n|} < \frac{n^k 2^{-C_k^2}}{k!} < \frac{2^{\frac{k^2}{2}} 2^{-C_k^2}}{k!} = \frac{2^{\frac{k}{2}}}{k!} < \frac{1}{2}.$$

就是说，G_n 中有 K_k 作为子图的图的数目不足一半。又由互补性可知，$G_n = \{G \mid \overline{G} \in G_n\}$，故有 $\overline{K_k}$ 作为子图的图的数目也不足一半。因此，对于 $n < 2^{\frac{k}{2}}$，总有 $G \in G_n$，使得 $K_k \not\subseteq G$ 和 $K_k \not\subseteq \overline{G}$。即
$$r(k,k) > 2^{\frac{k}{2}}.$$

这选自埃尔特希于 1947 年发表的一篇关于随机图论的文章，开创了随机图理论的先河。从中我们可以看出大师的睿智。

图论

以下我们可以定义广义的 2-维拉姆齐数 $r(m_1, m_2, \cdots, m_k)$ 如下：
$r(m_1, m_2, \cdots, m_k) = \min\{n\,|\,$用任意 $k: 1,2,3,\cdots,k$ 种颜色给 K_n 的边染色，其中有一种颜色 i 使得其中有完全子图 K_{m_i} 的边全是 i-色边$\}$.

关于 2-维广义拉姆齐数也有许多性质，下面是两个类似于定理 7-2 与 7-3 的结果.

定理 7-8 $r(m_1, m_2, \cdots, m_k) \leqslant \sum\limits_{i=1}^{k} r(\cdots, m_i-1, \cdots)$.

推论 7-9 $r(m_1+1, m_2+2, \cdots, m_k+1) \leqslant \dfrac{(\sum\limits_{i=1}^{k} m_i)!}{\prod\limits_{i=1}^{k} m_i!}$.

§7.2 广义拉姆齐数及其应用

在这里我们将要处理一般意义下的拉姆齐数.

定理 7-10(拉姆齐定理) 设 $q_1, q_2, \cdots, q_n, t$ 是正整数,且 $q_i \geqslant t$($1 \leqslant i \leqslant n$),那么存在一个依赖于 $q_1, q_2, \cdots, q_n, t$ 的最小整数 $r(q_1, q_2, \cdots, q_n, t)$,使得如果 $m \geqslant r(q_1, q_2, \cdots, q_n, t)$,$S$ 是含有 m 个元素的集合,当把集合 S 的所有 t-子集(指 S 的含有 t 个元素的子集合)放入 n 个盒子内,则有某 q_i 个元素,使得它们的所有 t-子集全部都在第 i 个盒子内.

这是广义的拉姆齐定理,是数学理论中最为深刻的结论之一. 其深刻意义在于:任何一个足够大的数学结构中必定包含有一个给定大小的规则子结构.

如果 $t=2$,则变成特别适用于图论问题的拉姆齐定理. 如果 $t=1$,得到 $r(q_1, q_2, \cdots, q_n, 1) = q_1 + q_2 + \cdots + q_n - n + 1$,就变成鸽笼原理的加强形式,即下面的定理.

定理 7-11(鸽笼原理的加强形式) 将 $q_1 + q_2 + \cdots + q_n - n + 1$ 个物件放入 n 个盒子内,则一定有某个 i,使得第 i 个盒子内至少有 q_i 个物件.

推论 7-12(一般的鸽笼原理) 将 $n+1$ 个物件放入 n 个盒子内,一定有一个盒子里至少有两个物件.

推论 7-13 将 $n(r-1)+1$ 个物件放入 n 个盒子内,一定有一个盒子里至少有 r 个物件.

推论 7-14 若 n 个自然数 $m_1, m_2, \cdots, m_n$ 的算术平均数 $\dfrac{m_1 + m_2 + \cdots + m_n}{n} > r - 1$,则一定有一个自然数 $m_i \geqslant r$.

后面 4 个较弱形式的拉姆齐定理反而成为数学竞赛中最为常用的结果. 在使用过程中尤其要注意的是区分鸽子与笼子,这是最富有技巧性的东西.

 图论

例1 将 $1,2,3,\cdots,10$ 随机摆成一圈. 证明: 其中必然有某三个相邻的数, 它们之和不小于 17.

证明 由于每一个数被加了三次, 故平均数是
$$\frac{3(1+2+3+\cdots+10)}{10}=16.5>17-1.$$
由推论 7-13 知结论成立.

下面这个例子是著名的埃尔特希-塞凯赖什定理.

例2 证明: 由 $mn+1$ 个不同实数 $u_1,u_2,\cdots,u_{mn+1}$ 构成的数列中, 或者有长为 $m+1$ 的递增子数列, 或者有长为 $n+1$ 的递减子数列.

证明 对于每一个数 u_i, 设 l_i^+ 是以 u_i 开始的最长递增子数列的长度, l_i^- 是以 u_i 开始的最长递减子数列的长度. 如果 $l_i^+ \leqslant m, l_i^- \leqslant n$, 则 $u_i \to (l_i^+, l_i^-)$ 是从 $\{u_1, u_2, \cdots, u_{mn+1}\}$ 到 $\{1,2,\cdots,m\} \times \{1,2,\cdots,n\}$ 的映射. 这个映射是单射(因为当 $u_i > u_j$ 时, 有 $l_i^- > l_j^-$, 或者当 $u_i < u_j$ 时, 有 $l_i^+ > l_j^+$). 因此在任何情况下都有 $(l_i^+, l_i^-) \neq (l_j^+, l_j^-)$, $|\{u_1, u_2, \cdots, u_{mn+1}\}| = mn+1 > mn = |\{1,2,\cdots,m\} \times \{1,2,\cdots,n\}|$. 这是不可能的.

点评 这是一个初等数论中的著名结论, 许多数学竞赛都采用了它的一些其他形式. 例如下面的这个问题就是如此.

埃尔特希与塞凯赖什以任何次序写下数 $1,2,\cdots,101$. 证明: 可以去掉其中的 90 个数, 使得剩下的 11 个数单调递增或单调递减.

如果我们仅仅从这个问题出发, 由于数字太具体, 反而使分析思路变得模糊. 一个具有敏锐观察力的数学家应该具有自己独到的归纳本领, 从个体现象看到事物的本质.

例 3（普特南竞赛题） 证明：对于任意给定的实数 x 和正整数 q，一定有正整数 $p \leqslant q$ 和整数 h，使得
$$|px-h| < \frac{1}{q} \left(\Leftrightarrow \left| x - \frac{h}{p} \right| < \frac{1}{pq} \right).$$

证明 将实数区间 $[0,1)$ 等分成 q 个小区间 $I_k = \left[\frac{k-1}{q}, \frac{k}{q} \right)(k=1, 2, \cdots, q)$，再考虑 $q+1$ 个 $[0,1)$ 中的实数 $px-[px](p=0,1,\cdots,q)$. 根据鸽笼原理，这 $q+1$ 个数中一定有两个属于同一个区间 I_k，即有 $k \in \{1,2,\cdots,q\}$ 和整数 $0 \leqslant p' < p'' \leqslant q$，使得 $p'x-[p'x]$ 和 $p''x-[p''x]$ 都在 I_k 中，从而有
$$|(p''-p')x-([p''x]-[p'x])| < \frac{1}{q}.$$
令 $p=p''-p', h=[p''x]-[p'x]$，即得结论.

点评 本例中的结论被称为狄利克雷（Dirichlet）逼近定理，表明了有理数的稠密性.

例 4 一个棋手为参加一次锦标赛将进行为期 77 天的练习. 如果他每天至少下一盘棋，而每周至多下 12 盘棋，证明：一定存在一个正整数 n，使得他在这 77 天中连续 n 天的训练里面一共下了 21 盘棋.

证明 这个问题是 IMO 数学竞赛题，其中最为困难而关键的地方在于鸽子与笼子没么明显. 如果我们按照题目所给的条件向下推导，就可以得到一些信息.

设 a_i 是从第 1 天到第 i 天下棋的总盘数，$i=1,2,\cdots,77$. 因为他每天至少要下一盘棋，所以
$$1 \leqslant a_1 < a_2 < \cdots < a_{77}.$$
又因为每周至多下 12 盘棋，77 天中下棋的总盘数 a_{77} 不超过

$$12 \times \frac{77}{7} = 132.$$

考虑数列：$a_1+21, a_2+21, \cdots, a_{77}+21$，应该有 $a_{77}+21 \leqslant 153$. 这样，两个数列

$$a_1, a_2, \cdots, a_{77},$$
$$a_1+21, a_2+21, \cdots, a_{77}+21$$

分布在 1 与 153 之间. 由鸽笼原理，必然存在自然数 i, j，使得 $a_j = a_i + 21$. 取 $n = j - i$，则在第 $i+1, i+2, \cdots, i+n=j$ 的连续 n 天里面他下了 21 盘棋.

下面我们来看拉姆齐定理在组合几何学方面的应用. 首先看两个引理.

引理 7-15 若平面上任意给定 5 个点，其中任意 3 点不共线，则其中必然有 4 个点形成一个凸四边形的顶点.

可以沿着下面的思路完成证明. 首先确定 3 个点，它们决定一个三角形，然后考虑其余 2 个点是否同时位于这个三角形的内部.

引理 7-16 设平面上有 m 个点，其中任意 3 点不共线. 如果这 m 个点中任意 4 点都是四边形的顶点，则这 m 个点必然形成凸四边形的顶点.

证明： m 个点决定一个有 $\frac{m(m-1)}{2}$ 条线段的完全图 K_m. 如果 K_m 的外围边形成一个凸 q-边形，那么将此凸 q-边形的顶点按照顺序标号为 $v_1, v_2, \cdots, v_q$. 于是，这个凸 q-边形的内部被划分为若干个三角形：$\triangle v_1 v_2 v_3, \triangle v_1 v_3 v_4, \cdots, \triangle v_1 v_{q-1} v_q$. 若 m 个点中有一点位于此凸 q-边形的内部，那么它必定位于上述某三角形的内部，于是有 4 个点不形成凸四边形，与假设相违.

定理 7-17（埃尔特希-塞凯赖什） 任意给定正整数 $m \geqslant 3$，一定存在自然数 N_m，使得 $n \geqslant N_m$ 时，在平面上任意给定的 n 个点中一定有 m 个不共线的点形成凸四边形的顶点.

证明： 容易看出，$m=3$ 时结论自然成立. 现在设 $m \geq 4$，并考虑拉姆齐数 $r(5,m;4)$. 由拉姆齐定理知，当 $n \geq r(5,m;4)$ 时，或者有 5 个点，它的四元子集都是凹四边形的顶点，或者有 m 个点，它的四元子集都是凸四边形的顶点. 由引理 7-15 与 7-16 知，有 m 个点，它的四元子集都是凸四边形的顶点.

虽然拉姆齐早在 1928 年就证明了以他名字命名的定理，并且在 1939 年（他不幸去世的那一年）发表了他的论文，但是这个定理并未引起人们的注意. 它的广为传播在很大程度上开始于埃尔特希和塞凯赖什在 1935 年发表的题为"几何中的一个组合问题"的论文. 与一般的拉姆齐数一样，$r(5,m;4)$（又称为 ES 数）的确定十分困难. 除了 $ES(3)=3, ES(4)=5, ES(5)=9$ 以外，尚不知道 $m>5$ 时的任何一个 $ES(m)$ 的精确值. 不过，埃尔特希和塞凯赖什当年对于 $ES(m)$ 的估计给出了上下界：

$$2^{m-2}+1 \leq ES(m) \leq C_{2m-4}^{m-2}+1.$$

下面也是一个关于组合几何学中的存在性问题，长期以来未有任何进展. 对于 $m \geq 5$，是否存在正整数 N，使得平面上无三点共线的任意 $n \geq N$ 个点中，一定有 m 个点是凸 m 边形的顶点，且其余 $n-m$ 个点都在这个凸 m 边形的外部？即使是对于 $m=5$ 的情形，至今仍未有确定或否定的答案.

我们考虑拉姆齐定理在 $(0,1)$-矩阵理论方面的一个应用.

定理 7-18 对于任意给定的正整数 m，只要 n 充分大，每一个 n 阶 $(0,1)$-矩阵中一定含有如下 4 种 m 阶主子方阵之一：

$$\begin{bmatrix} * & & & 0 \\ & * & & \\ & & * & \\ 0 & & & * \end{bmatrix} \begin{bmatrix} * & & & 0 \\ & * & & \\ & & * & \\ & & & * \end{bmatrix} \begin{bmatrix} * & & & 1 \\ & * & & \\ & & * & \\ & & & * \end{bmatrix} \begin{bmatrix} * & & & 1 \\ & * & & \\ & & * & \\ 1 & & & * \end{bmatrix}$$

其中主对角线上的元素 $*$ 可以是 0 或 1，矩阵的上三角形或下三角形中的元素全是 1 或 0.

证明： 考虑拉姆齐数 $r(m,m,m,m;2)$. 设 A 表示 $N \times N$ 阶 $(0,1)$-矩阵，a_{ij} 表示 A 的第 i 行第 j 列处的元素，b_i 表示 A 的第 i 行元素形成的向量，$S=\{b_1, b_2, \cdots, b_n\}$. 假定 S 的所有 2 元子集 $\{b_i, b_j\}$ 分为如下

4 类:

(0,0)-类:当且仅当 $a_{ij}=a_{ji}=0$ 时,$\{b_i,b_j\}\in(0,0)$-类;

(0,1)-类:当且仅当 $a_{ij}=0,a_{ji}=1(i<j)$ 时,$\{b_i,b_j\}\in(0,1)$-类;

(1,0)-类:当且仅当 $a_{ij}=1,a_{ji}=0(i<j)$ 时,$\{b_i,b_j\}\in(1,0)$-类;

(1,1)-类:当且仅当 $a_{ij}=a_{ji}=1$ 时,$\{b_i,b_j\}\in(1,1)$-类.

根据拉姆齐定理,有 S 中的 m 行,使其 2-子集全部属于这 4 类之一. 这些行组成的 $m\times m$ 主子方阵必定是题中所列形式之一.

下面这个例子将向大家介绍著名的舒尔定理. 这个结果被认为是拉姆齐定理中最早问世的著名定理,它是德国数学家舒尔(I. Schur)在 1916 年研究有限域上的费马定理时发现的. 现在我们用拉姆齐定理可以很轻松地加以证明.

例 5(舒尔定理 1916) 对于任意给定的自然数 k,存在自然数 n_0,使得只要 $n\geq n_0$,则将 $\{1,2,\cdots,n\}$ 任意进行 k-染色后,必然有同色的 $x,y,z\in\{1,2,\cdots,n\}$ 满足 $x+y=z$,这里的 x,y,z 不一定互不相同.

证明 我们取 $n_0=R_k(3)-1$ 即可,这里的 $R_k(3)=R(\overset{k\uparrow}{3,3,\cdots,3},2)$. 设 $n\geq n_0$,$\{1,2,\cdots,n\}$ 中的一个 k-染色为 $f:\{1,2,\cdots,n\}\to\{1,2,\cdots,k\}$. 通过 f 可以产生如下一个 k-染色 f^*:对 $1\leq i<j\leq n+1$,定义 $f^*(\{i,j\})=f(j-i)\in\{1,2,\cdots,k\}$. 因为 $n+1\geq R_k(3)$,根据拉姆齐定理,$\{1,2,\cdots,n,n+1\}$ 中一定有三元子集 $\{a,b,c\}$,它的 3 个二元子集被 f^* 染成同色. 不妨设 $a<b<c$,则上述性质可以被写成

$$f^*(\{a,b\})=f^*(\{b,c\})=f^*(\{a,c\}).$$

根据 f^* 的定义,上式就是

$$f(b-a)=f(c-b)=f(c-a).$$

令 $x=b-a,y=c-b,z=c-a$,即为所求.

第七讲 拉姆齐问题

例6 平面上给定 25 个点,其中任何 3 点中都有某 2 点的距离小于 1. 证明:在这些点中,可以找到 13 个点,它们位于一个半径为 1 的圆内.

证明 设 P 是 25 个点中的任何一个. 如 P 以外的任何一个点与 P 的距离小于 1,则以 P 为中心,1 为半径的圆可以覆盖这 25 个点. 若 P 以外存在给定点中的一个点 Q,使得 $|PQ| \geqslant 1$,设以 P,Q 为圆心的两个单位圆分别为 $C(P),C(Q)$. 对于 P,Q 以外的任何一个给定点中的点 A,一定有 $|PA|<1$ 或 $|QA|<1$. 由抽屉原理,总共有 $\left[\dfrac{24}{2}\right]+1=13$ 个点被 $C(P)$ 或 $C(Q)$ 所覆盖.

例7 有两个同心圆盘,各分成 n 个相等的扇形,外盘固定,内盘可以转动. 内、外两盘的扇形中,分别写有数 $a_1,a_2,a_3,\cdots,a_n;b_1,b_2,b_3,\cdots,b_n$. 它们满足条件
$$a_1+a_2+a_3+\cdots+a_n<b_1+b_2+b_3+\cdots+b_n<0.$$
证明:一定可以将内圆盘转到一个适当的位置,使得内、外两盘上的扇形对齐,且两盘上 n 个对齐扇形中的两数之积的和为一个正数.

证明 转动内盘时,一共有 n 个可能的位置. 设在第一个位置上,所有 n 对实数之积的和为 s_1;当转动内盘到第二个位置时,对应的 n 对实数之积的和为 s_2……当内盘相对于外盘处于最后一种可能位置上时,对应的 n 对实数之积的和为 s_n. 因此,在一切可能的情况下,对应的 n 对实数之积的和的总数为
$$s_1+s_2+s_3+\cdots+s_n.$$
现在,我们换一个角度来考虑这个问题. 对内盘上某一个扇形中的数 $a_i(1\leqslant i\leqslant n)$,当内盘转过 n 个可能的位置时,由 a_i 所产生的乘积之和为
$$a_ib_1+a_ib_2+\cdots+a_ib_n=a_i(b_1+b_2+\cdots+b_n),$$
所有可能的乘积之和为
$$s_1+s_2+s_3+\cdots+s_n=(a_1+a_2+\cdots+a_n)(b_1+b_2+\cdots+b_n)>0.$$

因此，$s_1, s_2, s_3, \cdots, s_n$ 中一定有一个为正数.

点评 这个题目的解答采用了两种方式来考虑所有可能的乘积之和，然后得出结论. 这是组合数学的重要解题方法之一.

例8 在数列 $1,1,2,3,5,8,3,1,4,\cdots$ 中，从第三项起，每一项是前面两项之和，但加法是对 $(\bmod 10)$ 做的，即取前两项和的个位数字. 证明：这个数列是纯周期的（即从某一项开始重复出现），并求周期长度最多是多少.

解 该数列中任何相继的两项决定了后面的所有项，同时也决定了前面的所有项. 因此，如果相继的项 (a,b) 重复出现，第一次出现的重复的一对就是 $(1,1)$. 考虑前面那 101 项：$1,1,2,3,5,8,3,1,4,\cdots$，它们组成 100 对 $(1,1),(1,2),(2,3),(3,5),\cdots$. 由于不会出现 $(0,0)$ 这样的对，只可能有 99 个不同的对，于是有两对是同样的对. 这个数列的周期至多为 99.

例9 一个国际性的协会成员来自 6 个国家，共有 1978 个成员，分别编号为 $1,2,\cdots,1978$. 证明：至少有一个成员，他的编号是他的两个同一国家成员的编号之和，或是另外一个与他同一国家成员的编号的两倍.

证明 这是 1978 年的 IMO 题目. 我们需要证明的是：集合 $\{1,2,\cdots,1978\}$ 不能分解成 6 个无和的子集（即集合中任意两个元素的代数和不在此集合内）. 其实，我们可以考虑更小的集合 $\{1,2,\cdots,1957\}$.

假设存在一种方式可以将 $\{1,2,\cdots,1957\}$ 分解成 6 个无和的集合 A,B,C,D,E,F，则由抽屉原理，其中有一个，不妨设为 A，至少有 $\dfrac{1957}{6}$

$= 326\frac{1}{6}$ 即 327 个元素：
$$a_1 < a_2 < a_3 < \cdots < a_{327}.$$

326 个差 $a_{327} - a_i (1 \leqslant i \leqslant 326)$ 都不在 A 中，因此都在 B 到 F 中．不妨设在 B 中至少有 $\frac{326}{5} = 65\frac{1}{5}$ 即 66 个元素：
$$b_1 < b_2 < b_3 < \cdots < b_{66}.$$

65 个差 $b_{66} - b_i (1 \leqslant i \leqslant 65)$ 既不在 A 中也不在 B 中，因此都在 C 到 F 中．不妨设 C 中至少有 $\frac{65}{4} = 16\frac{1}{4}$ 即 17 个元素：
$$c_1 < c_2 < \cdots < c_{17}.$$

16 个差 $c_{17} - c_i (1 \leqslant i \leqslant 16)$ 应该都在 D 到 F 中．不妨设 D 中至少有 $\frac{16}{3} = 5\frac{1}{3}$ 即 6 个元素：
$$d_1 < d_2 < \cdots < d_6.$$

5 个差 $d_6 - d_i (1 \leqslant i \leqslant 5)$ 不在 A 到 D 中，不妨设 E 中至少有 3 个元素 $e_1 < e_2 < e_3$．于是两个差：$e_3 - e_1, e_3 - e_2$ 都在 F 中，而它们的差 $e_2 - e_1$ 不在 A 到 F 中．这是不可能的．

例 10 在空间中任取 $p_n = [en!] + 1$ 个点，每两点之间连一条线段，每一条线段染上 n 种颜色中的一种．证明：其中一定会有单色三角形．

证明 题目实际上要求我们证明：拉姆齐数 $R_n(3) \leqslant [en!] + 1$．我们已经知道：$p_1 = 3, p_2 = 6, p_3 = 17$．现考虑最小的 p_4，它保证 K_{p_4} 的随机 4-边染色中每一个节点处一定会有 17 条同色边．这就得到 $p_4 = 66$，类似地有 $p_5 = 327, p_6 = 1958$．一般地有
$$\frac{p_{n+1} - 1}{n+1} = (p_{n-1}) + \frac{1}{n+1}, \quad p_{n+1} - 1 = (n+1)p_{n-1} + 1.$$

记 $q_n = p_n - 1$，有
$$q_1 = 2, q_{n+1} = (n+1)q_n + 1, \quad \frac{q_{n+1}}{(n+1)!} = \frac{q_n}{n!} + \frac{1}{(n+1)!},$$

这样就有
$$q_n = n!\left(1+\frac{1}{1!}+\frac{1}{2!}+\cdots+\frac{1}{n!}\right).$$
由数学分析的知识可以得到:
$$e = \frac{q_n}{n!} + r_n, \; r_n = \sum_{k=n+1}^{\infty} \frac{1}{k!} < \frac{1}{n \cdot n!},$$
因此
$$q_n < en! < q_n + \frac{1}{n},$$
就是 $q_n = [en!]$. 于是我们就证明了 $R_n(3) \leqslant [en!]+1$.

点评 这个例子与例 6 紧密相关. 考虑正整数或一个交换群的子集合 A, 如果对于 $x, y, z \in A$, 方程 $x+y=z$ 在 A 中无解, 则 A 是无和的. 当然, 这里允许 $x=y$. 与费马问题有关, 舒尔在 1916 年考虑了下列问题:

集合 $\{1, 2, \cdots, f(n)\}$ 可以分成 n 个无和子集合的最大值 $f(n)$ 是多少?

我们对于确定的 $f(n)$ 知道的很少. 目前为止, 仅仅知道 4 个值: $f(1)=1, f(2)=4, f(3)=13.$ 1961 年鲍默特 (Baumert) 借助计算机找到了 $f(4)=44$. $\{1, 2, \cdots, 44\}$ 的一个无和分划为:

$S_1 = \{1, 3, 5, 15, 17, 19, 26, 28, 40, 42, 44\}$,
$S_2 = \{2, 7, 8, 18, 21, 24, 27, 33, 37, 38, 43\}$,
$S_3 = \{4, 6, 13, 20, 22, 23, 25, 30, 32, 39, 41\}$,
$S_4 = \{9, 10, 11, 12, 14, 16, 29, 31, 34, 35, 36\}$.

舒尔发现了下面的一个不等式:
$$\frac{3^n-1}{2} \leqslant f(n) \leqslant [en!]-1.$$

现在我们证明: 当集合 $\{1, 2, \cdots, [en!]\}$ 可以分划成 n 个子集合时, 至少有一个子集合中方程 $x+y=z$

是有解的. 设
$$\{1,2,\cdots,[en!]\}=A_1\cup A_2\cup\cdots\cup A_n$$
是一个划分. 我们考虑有 $[n!]+1$ 个节点的完全图 G, 并将其节点标号为 $1,2,\cdots,[en!]+1$.

用 n 种颜色 $1,2,\cdots,n$ 来对 G 的边进行随机染色. 如果 $|r-s|\in A_m$, 边 rs 染为第 m 色. 容易看出, G 中有单色三角形, 即存在正整数 r,s,t, 使得 $r<s<t\leq[en!]+1$, 且边 rs,st,tr 有同一颜色 m, $s-r,t-s,t-r\in A_m$. 注意到 $(s-r)+(t-s)=t-r$, 故 A_m 不是无和的. 这就推出
$$f(n)\leq[en!]-1.$$
特别地有: $f(6)\leq[720e]-1$.

例 11 证明: 集合 $\left\{1,2,\cdots,\dfrac{3^n-1}{2}\right\}$ 可以分解成 n 个无和的子集之并.

证明 其实就是要给出舒尔函数 $f(n)$ 的下界, 而 $f(n)$ 则是最大的使 $\{1,2,\cdots,f(n)\}$ 可以分划成 n 个无和集的并. 具体构造过程如下:

对于 n 个无和的行
$$x_1,x_2,x_3,\cdots;u_1,u_2,\cdots;$$
我们可以(对于整数 $3f(n)+1$)构造 $n+1$ 个行
$$3x_1,3x_1-1,3x_2,3x_2-1,\cdots;3u_1,3u_1-1,3u_2,3u_2-1,\cdots;$$
$$1,4,\cdots,3f(n)+1.$$

例如, $n=2$ 时, 我们可以从两个表格 $1,4$; 和 $2,3$; 来构造新表格如下:
$$3,2,12,11;$$
$$6,5,9,8;$$

$$1,4,7,10,13.$$

这样下去,我们可以得到 $f(n+1) \geqslant 3f(n)+1$. 由于 $f(1)=1$,我们有 $f(2) \geqslant 4, f(3) \geqslant 13$, 以及 $f(4) \geqslant 40$. 于是有 $f(n) \geqslant 1+3+3^2+\cdots+3^{n-1}=\dfrac{3^n-1}{2}$.

例12 证明:$R_n(3) \geqslant f(n)+2$.

证明 证明过程与前面的例题一样. 设 $A_1, A_n, \cdots, A_n$ 是集合 $\{1,2,\cdots,f(n)\}$ 的无和划分, 设 G 是有 $f(n)+1$ 个节点 $0,1,2,\cdots,f(n)$ 的完全图. 我们用 $1,2,\cdots,n$ 给 G 的边染色: 如果 $|r-s| \in A_m$, 把边 rs 染为第 m 种颜色. 假定有一个节点为 r,s,t 的三角形各边都是第 m 种颜色. 设 $r<s<t$, 那么 $t-s, t-r, s-r \in A_m$, 且 $(t-s)+(s-r)=t-r$, 这与 A_m 是无和的相矛盾. 因此 $R_n(3) > f(n)+1$, 即 $R_n(3) \geqslant f(n)+2$.

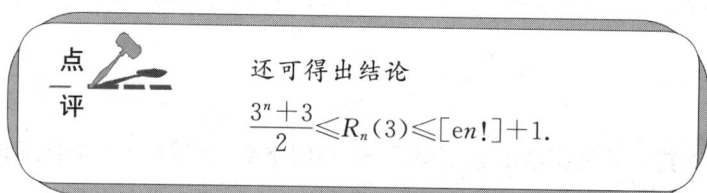

还可得出结论
$$\dfrac{3^n+3}{2} \leqslant R_n(3) \leqslant [en!]+1.$$

例13 证明:在 $ab+1$ 只老鼠中, 或者有一列 $a+1$ 只老鼠, 每一只都是前面一只的后代; 或者有 $b+1$ 只老鼠, 其中没有一只是另外一只的后代.

证明 从每一只老鼠出发, 向它的下一代老鼠画一根箭头, 这样就得到若干个树. 如果每一个树至多有 a 个节点, 则至少有 $b+1$ 个树, 从每一个树中取一只老鼠, 这样得到的 $b+1$ 只老鼠彼此之间没有一只是另外一只的后代. 如果有一个树有不少于 $a+1$ 个节点, 则这 $a+1$ 只老鼠即为所求.

第七讲 拉姆齐问题

点评 这个问题有些类似于前面例 3 中的埃尔特希-塞凯赖什定理,但仔细分析后我们不难发现二者之间有很大的区别.前者是一个偏序集合上的问题,而后者则是一个全序集合上的问题.

以上是德国国家队教练恩格尔给出的答案.不过其中有一个错误:按照他的解答,每一个树不一定是一个路(链)!而且,不同树中的元素是可以进行比较的.因此,我们有必要对此进行适当的修改.我们选择最大不可比较元素集合 M 与最短的路(链)分解,那么由著名的迪尔沃思(Dilworth)定理可以立即得到正确的解答.

下面我们将介绍组合数学中的迪尔沃思定理.这里我们需要了解一些预备知识.

一个集合 A 是所谓**偏序**的,是指它上面顶了一个二元关系 $<$ 满足下列条件:

1. 若 $x<y, y<x$ 同时成立,则 $x=y$(反对称律);
2. 若 $x<y, y<z$,则 $x<z$(传递律);
3. 对于 A 的每一个 x,都有 $x<x$(反身律).

特别地,如果每一对元素之间存在关系 $<$,则称其为一个**全序**集合.

假定 $(A, <)$ 是一个有限的偏序集合.由 A 中两两不可比较的元素所组成的子集合称为"不可比集合",包含元素最多的不可比集合称为"最大不可比集合".用 M 表示一个最大不可比集合中元素的个数.

假定 $(A, <)$ 中有 t 条不相交的链(全序子集)$C_1, C_2, \cdots, C_t$,使得
$$A = C_1 \cup C_2 \cup \cdots \cup C_t,$$
则称链 $(C_1, C_2, \cdots, C_t)$ 组成 A 的一个 t-分解,并且记作

$$A = C_1 + C_2 + \cdots + C_t.$$

使得 A 能存在一个 t-分解的最小整数 t 记作 m, 则有 $m \geq M$. 反向不等式 $M \geq m$ 的证明则非常困难, 直到 1950 年才被迪尔沃思所建立, 这就是下面的定理.

定理 7-19 在将偏序集合 A 分解成不相交链(相交亦可)的并时, 所需要的链的最少条数 m 等于 A 的最大不可比集中所含元素的个数.

迪尔沃思定理的内容很深刻, 但他原来的证明过于复杂. 这里给出的是经过简化后的证明. 在证明之前我们先来分析一下.

假定 $E = \{e_1, e_2, \cdots, e_M\} \subset A$ 是 A 的最大不可比集, 则对于任何 $e \in A - E$, e 应该与 E 中的某个元素可以比较. 若设对某个 $e_i \in E$, 有 $e < e_i$, 则对于 E 中任何 e_j, 均必有或者同 e 不可比较, 或者 $e < e_j$. 对这种情况, 我们记做 $e < E$. 类似地, 我们可以定义 $e > E$ (即 e 同 E 中任何元素 e_i 如果可比, 则必有 $e > e_i$, 且至少存在一个 $e_{i_0} \in E$, 使得与 e 可比). 记

$$E' = \{e \mid e \in A - E, e > E\},$$
$$E'' = \{e \mid e \in A - E, e < E\}.$$

对于任何偏序集合 $(A, <)$, 由其所有极大元素(或极小元素)所组成的集合必然不可比, 但是一般来说它不一定是最大不可比集. 如果对于 A 有某一个使得 $E' = \varnothing$ 的最大不可比集 E, 则 E 必定是由 A 的全体极大元所组成. 同样地, 如果 $E'' = \varnothing$, 则 E 必定是由 A 的全体极小元所组成. 这也就表明了使得 $E' = \varnothing$ 或 $E'' = \varnothing$ 的最大不可比集的唯一性(如果存在的话).

现在让我们对于 A 中元素的个数用归纳法给出迪尔沃思定理的证明.

证明: 当 $|A| = 1$ 或 2 时, 定理显然成立. 现在假定对某个整数 n, 对所有 $|A| < n$ 的偏序集 $(A, <)$ 定理成立, 证明对于满足 $|A| = n$ 的偏序集 $(A, <)$ 定理也成立. 分两种情况讨论.

情形 1 设偏序集 A 有使得 E', E'' 均非空的最大不可比集 E. 令

$$E_1 = E' \cup E, \quad E_2 = E'' \cup E,$$

则 E_1, E_2 的元素个数均小于 n. 按照归纳假设, E_1, E_2 均存在 M-分解. 此时 E 为 E_1 的全体极小元, 同时又是 E_2 的全体极大元. 对于每一

个 $e \in E$,e 必定是 E_1 的 M-分解中某链的最小元,同时又是 E_2 的 M-分解中某链的最大元. 将如此的链合二为一,我们自然得到 A 的一个 M-分解.

情形 2 设偏序集 A 不满足情形 1 中的条件,即对于 A 的任何一个最大不可比较集合,均或者有 $E'=\varnothing$ 或者有 $E''=\varnothing$.

此时 A 最多有两个不同的最大不可比集合(全体极大元的集合和全体极小元的集合).

如果 A 只有一个最大不可比集合 E,从 E 中任取一个元 e,则 $A-\{e\}$ 是一个元素个数为 $n-1$、最大不可比集的元素个数为 $M-1$ 的偏序集. 按照归纳假设,它可以分解成 $M-1$ 个不相交的链的并,再加上由 e 个元素组成的链,即构成了 A 的一个 M-分解.

如果 A 有两个最大不可比集合 E_1,E_2,其中 $E'=E''=\varnothing$. 任取 $e_2 \in E_2$,则必有某个 $e_1 \in E_1$,使得 $e_2 \prec e_1$. 考虑集合 $A-\{e_1,e_2\}$,它的元素个数小于 n,最大不可比集的元素个数等于 $M-1$,因而可分解成为 $M-1$ 个不相交的链的并,再加上 $\{e_2 \prec e_1\}$,便构成了 A 的 M-分解. 证明完毕.

注意:这是组合数学理论中的又一个"最大=最小"的定理,与门格定理、"最大流-最小割定理"和二部图中的"柯尼希定理"遥相呼应. 其实,这些"最大=最小"型的结论之间存在着一定的蕴涵或等价关系.

§7.3 单色子图问题

这一节我们将集中讨论 2-维拉姆齐数中一些与特定子图有关的拉姆齐数问题.

令 H_1, H_2 是两个任意的图. 给定自然数 n, 对完全图 K_n 进行随机红蓝二边染色, 其中是否存在红色的 H_1 或者蓝色的 H_2? 如果 $|V(H_i)| = s_i (i=1,2)$, 因为 H_i 是 K_{s_i} 的子图, 所以当 $n \geq r(s_1, s_2)$ 时, 回答是肯定的. 我们用 $r(H_1, H_2)$ 来表示肯定回答中 n 的最小值, 称 $r(H_1, H_2)$ 为 2-维广义拉姆齐数. 如果使用这个记号, 那么 $r(s_1, s_2) = r(K_{s_1}, K_{s_2})$ 就是我们在前面定义和使用过的 2-维拉姆齐数. 显然, $r(H_1, H_2) - 1$ 是使得能存在 $H_1 \not\subset G, H_2 \not\subset \overline{G}$ 的 n 阶图 G 的 n 的最大值.

近年来, 对于 $r(H_1, H_2)$ 的研究已经取得了相当广泛的进展. 对于想要了解其详细情况的读者, 我们建议你参考 1995 年 Elsevier Science B. V. & The MIT Pree 出版发行, 格雷厄姆(Ronald Graham)、格勒切尔(Martin Grotschel)、洛瓦斯(Laszlo Lovasz)主编的《组合学手册》(*Handbook of Combinatorics*(Ⅰ,Ⅱ))中由内谢特日尔(J. Nesetril)撰写的拉姆齐理论一节.

下面我们对于一些简单的图对 (H_1, H_2), 来讨论 $r(H_1, H_2)$.

定理 7-20(赫瓦塔尔 1977) 设 T 是一个 t 阶树, 则 $r(K_s, T) = (s-1)(t-1)+1$.

证明: 因为 $(s-1)K_{t-1}$ 中没有 T, 它的补图为 $K_s(t-1)$, 其中也没有 K_s, 所以 $r(K_s, T) \geq (s-1)(t-1)+1$.

反过来, 设 G 是一个阶至少为 $(s-1)(t-1)+1$ 的图, 它的补图中没有 K_s, 则 $\chi(G) \geq [n/(s-1)] = t$. 因此, 它包含最小次至少为 $t-1$ 的导出子图 H. 显然, H 包含一个同构于 T 的树(当连通图的节点次充分大时就会含有特定的树).定理证毕.

注意:我们使用符号 $(s-1)K_{t-1}$ 表示 $s-1$ 个不相交的完全图 K_{t-1},而 $K_s(t-1)$ 则表示完全多部图 $K_{\underbrace{s,s,\cdots,s}_{t-1\uparrow}}$. 因为对于 $r(s,t)=r(K_s,K_t)$ 知道甚少,我们只考虑 G_1,G_2 都是稀疏图的情形.此时 $r(G_1,G_2)$ 有可能会被确定下来.下面的结果表明:对应固定的 H_1,H_2,函数 $r(sH_1,tH_2)$ 的值不超过 $s|V(H_1)|+t|V(H_t)|+c$,其中 c 是一个仅依赖于 H_1,H_2 的常数.

定理 7-21 $r(G,H_1\cup H_2)\leqslant \max\{r(G,H_1)+|V(H_2)|,r(G,H_2)\}$. 特别地有 $r(sH_1,H_2)\leqslant r(H_1,H_2)+(s-1)|V(H_1)|$.

证明:设 n 是大于等于第一个式子右边的自然数,且存在 K_n 的一个没有红色 G 的红蓝二边染色,则 $n\geqslant r(G,H_2)$ 暗示存在蓝色的 H_2. 将它去掉. 因为 $n-|V(H_2)|\geqslant r(G,H_1)$,故剩下部分含有蓝色 H_1,从而 K_n 包含蓝色的 $H_1\cup H_2$.

注意:目前数学竞赛的发展越来越专业化,有一些竞赛题目简直就是现代图论的直接应用.如果教练员没有良好的图论知识背景,是很难真正帮助学生正确解答问题的,哪怕他们会解答题目(因为一个不知道出题背景的人是很难真正理解题目的).

下面这个例子是1991年中国国家集训队使用过的一道题目.从表面上看好像是一个染色问题,实际上是图的拉姆齐理论中关于 $r(mK_2,mK_2)$ 的计算问题.

例 1 求最小正整数 n,使得在任何红蓝二色 K_n 中,总是存在同色的 m 条线段,它们两两之间没有公共点.

解 下面我们先给出一个初等的解答.

不难看出,当 $m=1$ 时,$n=2$;当 $m=2$ 时,$n=5$. 首先,可知 K_4 中有这样的二边染色方法,使得任意两个同色边具有公共节点,因此 $n\geqslant$

5. 容易用穷举法验证,K_5 中任何一个二边染色中都存在着同色的两个独立边,故 $n=5$.

于是我们猜想:$n=3m-1$. 下面用归纳法进行证明.

假设 $m \leqslant k$ 时结论成立,现在考虑 $m=k+1$ 的情况. 将 K_{3k+2} 进行红蓝二边染色. 不妨假设有一条红色边和一条蓝色边具有公共节点. 我们除去这两条边所在的 3 个节点后,余下一个图为红蓝 K_{3k-1}. 根据归纳假设,其中存在 k 条同色独立边,连同前面删除的一条同色边就形成了原来的红蓝 K_{3k+2} 中的 $k+1$ 条同色边. 所以,最小的正整数 $n \leqslant 3k+2 = 3(k+1)-1$.

将 K_{3k+1} 的节点分成两组,A 组有 k 个节点,B 组有 $2k+1$ 个节点. 将 B 组节点间的线段都染成红色,其他线段都染成蓝色,则无论选 $k+1$ 条红色线段,还是选 $k+1$ 条蓝色线段,其中总有两条线段有一个公共节点. 这表明:最小的正整数 $n > 3k+1$. 从而,最小的正整数 $n = 3k+2$. 证明完毕.

> **点评** 如果我们将这个问题上升到更加一般性的结果,可以提出下面这个问题:求最小的自然数 n,使得对于 K_n 的任何一个红蓝二边染色中,要么存在一组红色的 s 条独立边,要么存在一组蓝色的 t 条独立边.

下面这个被博洛巴什的名著《现代图论》(*Modern Graph Theory*)所引用的结果从正面回答了这一问题.

定理 7-22 如果 $s \geqslant t \geqslant 1$,则 $r(sK_2, tK_2) = 2s+t-1$.

证明: 图 $G = K_{2s-1} \cup E_{t-1}$ 中没有 s 条独立边,而 $\overline{G} = E_{2s-1} + K_{t-1}$ 不含有 t 条独立边. 因此,$r(sK_2, tK_2) \geqslant 2s+t-1$.

$r(sK_2, K_2) = 2s$ 是平凡的. 我们将要证明

$$r((s+1)K_2, (t+1)K_2) \leqslant r(sK_2, tK_2) + 3.$$

此不等式对于完成原题的证明足够了,这是因为

$$r((s+1)K_2, (t+1)K_2) \leqslant r(sK_2, tK_2) + 3$$

$$\leqslant r((s-1)K_2,(t-1)K_2)+6$$
$$\leqslant r((s-t+1)K_2,K_2)+3t$$
$$=2(s-t+1)+3t$$
$$=2s+t+2.$$

令 G 是一个阶数为 $n=r(sK_2,tK_2)+3\geqslant 2s+t+1$ 的图. 如果 $G=K_n$,则 $G\supset (s+1)K_2$;如果 $G=E_n$,则 $\overline{G}\supset (t+1)K_2$. 否则,存在 3 个节点 x,y,z,使 $(x,y)\in E(G),(x,z)\notin E(G)$. 现在,或者 $G-x-y-z$ 包含 s 条独立边,这时可将 (x,y) 添加到它们之中,构成 G 的 $s+1$ 条独立边;或者 $\overline{G}-x-y-z$ 包含 t 条独立边,这时可将 (x,z) 添加到它们之中,构成 $\overline{G}$ 的 $t+1$ 条独立边. 证毕.

上述例子讲的是二色完全图中的同色独立边问题. 类似地,我们可以考虑一个二色完全图中同色的独立三角形问题. 我们先看一个数学竞赛的例子,它是 1991 年中国国家集训队使用过的题目.

例 2 求最小正整数 n,使得在对 K_n 的任何红蓝二边染色中,都存在 m 个两两没有公共顶点的单色三角形.

解 对于 $m=1$,由 $r(3,3)=6$ 知 $n=6$.

对于 $m=2$,我们来计算最小的自然数 n. 考虑 K_7 的子图 $K_5\cup K_2$,用蓝色给它的边染色,而它在 K_7 中的补图 $\overline{K_5}+\overline{K_2}$ 中的边用红色染色. 容易看出,K_7 的这种二边染色中没有符合要求的子图出现,因而最小的自然数 $n\geqslant 8$.

对于 K_8 的任何一个二边染色,不妨设 $\triangle A_1A_2A_3$ 是其中的一个蓝色三角形. 另外 5 个节点形成一个二色图 K_5,记其节点为 $B_1,B_2,\cdots,B_5$. 如果这个 K_5 中有单色三角形,则 $n=8$. 否则,K_5 中没有单色三角形,于是 K_5 的边可以分解为两个边不交的 5-圈:
$$C_5^1=(B_1,B_2,B_3,B_4,B_5),$$
$$C_5^2=(B_1,B_3,B_5,B_2,B_4).$$

此外,在以 A_i,B_1,B_2,B_3,B_4,B_5 为顶点的红蓝二色 K_6 中,必然有两个以 A_i 为公共顶点的单色三角形($i=1,2,3$),这 3 个 K_6 中共有

6 个单色三角形.

(1) 设这 6 个三角形中只有 1 个红色三角形,不妨设其为 $\triangle A_1 B_1 B_4$. 考察以 A_2, A_3, B_2, B_3, B_5 为顶点的红蓝二色 K_5. 如果其中有单色三角形,则与 $\triangle A_1 B_1 B_4$ 一起形成一对独立的单色三角形. 否则,这个红蓝二色 K_5 中每一个顶点都引出两条红色边与两条蓝色边. 但是 $B_2 B_5$, $B_3 B_5$ 已经为红色边,故 $B_5 A_2, B_5 A_3$ 应该是蓝色边,这导致 $\triangle B_5 A_2 A_3$ 为蓝色三角形.

(2) 设 6 个三角形都是蓝色的. 于是每一个红蓝二色 K_6 中的两个蓝色三角形都有一条公共边. 设第一个 K_6 中的两个蓝色三角形是 $\triangle A_1 B_1 B_2$ 和 $\triangle A_1 B_2 B_3$,于是 B_2 是两个蓝色三角形的公共顶点. 如果后两个 K_6 中的蓝色三角形对中有一个不以 B_2 为公共顶点,则必然有两个独立的单色三角形;如果后两个三角形对也都以 B_2 为公共顶点,则 $\triangle A_2 B_1 B_2$,$\triangle A_2 B_2 B_3$,$\triangle A_3 B_1 B_2$,$\triangle A_3 B_2 B_3$ 均为蓝色三角形. 这样,$\triangle A_1 B_1 B_2$ 和 $\triangle A_2 A_3 B_3$ 是两个独立的蓝色三角形.

于是,我们证明了 $m=2$ 时的最小自然数为 $n=8$.

假设对于 $m=k \geq 2$ 时,所求最小正整数 $n=3k+2$,现在考虑 $m=k+1$. 二色 K_{3k+5} 中自然存在一个单色三角形. 除这个三角形以外,还有 $3k+2$ 个节点. 由归纳假设,由这些节点组成的 K_{3k+2} 中有 k 个点不交的单色三角形,连同最初的那个三角形就形成了 $k+1$ 个点不交的三角形.

另一方面,我们考虑这样的二色 K_{3k+4}. 像开始一样,取其中两个节点 A_1, A_2,并且将其边 $A_1 A_2$ 染成蓝色,然后将其余的节点形成的 K_{3k+2} 的边全部染成蓝色,将介于 A_1, A_2 与 K_{3k+2} 之间的边都染成红色. 于是,这个二色 K_{3k+4} 中没有红色三角形,且任何 $k+1$ 个单色三角形中至少有两个有公共点. 于是这个二色 K_{3k+4} 中没有 $k+1$ 个点不交的单色三角形. 因此,此时最小的自然数 $n=3k+5$. 由数学归纳法原理,所求最小正整数为

$$n = \begin{cases} 3m+2, & m \geq 2, \\ 6, & m=1. \end{cases}$$

第七讲 拉姆齐问题

点评 细心的读者不难看出,上述证明过程中最为困难的是证明当 $m=2$ 时 $n=8$. 这个证明过于复杂. 如果使用反证法,我们可以得到一个很好的结构,利用这个结构就可以快速地证明它. 下面是这个证明的框架.

1. 假定结论不成立,则 K_7 的任何二边染色中,没有两个独立的单色三角形. 任取两个节点 A_1,A_2,不妨设边 A_1A_2 为红色. 于是,余下节点形成一个二色的 K_5,其中不含有单色三角形. 在此基础上,K_5 的边集合可以唯一地分解成两个边不交的长为 5 的红蓝圈. 我们定义 K_5 的这样的二边染色**为坏的染色**.

2. 注意到在反证假设前提下,上述结构对于 K_7 的任何两个节点与其外的 K_5 都是坏的染色,即这个具有坏染色的 K_5 的单色边决定一个 2-正则子图(这个性质十分重要).

3. K_7-A_1 的单色三角形必然要过 A_2,于是对于 K_7 的任何两个节点,都有三角形过其中某个节点.

利用上述结构读者可以很快得出矛盾!

知识桥

下面这个结果对于估计完全图随机 2-边染色中单色三角形的数目十分有用.

定理 7-23 如果 $s \geq t \geq 1, s \geq 2$,则 $r(sK_3, tK_3) = 3s+2t$.

证明:令 $G = K_{3s-1} \cup (K_1 + E_{2t-1})$,则 G 中不含 s 个独立的三角形,而 $\overline{G} = E_{3s-1} + (K_1 \cup K_{2t-1})$ 不含 t 个独立三角形. 因此,$r(sK_3, tK_3) \geq 3s+2t$.

容易证明:$r(2K_3, K_3) = 8, r(2K_3, 2K_3) = 10$. 因此,反复利用定理

7-20,可以得到 $r(sK_3,K_3)\geq 3s$. 而只要对于 $s\geq 1, t\geq 1$,我们能够证明
$$r((s+1)K_3,(t+1)K_3)\leq r(sK_3,tK_3)+5,$$
就完成了定理的证明.

为了看清楚这一点,令 $n=r(sK_3,tK_3)+5$,并且考虑 K_n 的一个红蓝两色随机边染色. 在 K_n 中取一个单色的(比方说红色的)三角形 K_r. 如果 K_n-K_r 包含一个红色的 sK_3,证明结束. 否则, K_n-K_r 包含一个蓝色的三角形 K_b(它甚至还包含蓝色 tK_3). 我们可以假设从 K_r 到 K_b 的 9 条边中有 5 条是红色的边. 这些边中至少有 2 条与 K_b 的同一个节点关联,而它们与 K_r 的一条边一起构成一个红色三角形 K_r^*,此三角形与 K_b 有一个公共节点. 因为 $K_n-K_r^*-K_b$ 有 $r(sK_3,tK_3)$ 个节点,它们与 K_r^* 和 K_b 都没有公共节点,故 K_n 中要么有一个红色的 $(s+1)K_3$,要么有一个蓝色的 $(t+1)K_3$. 证毕.

仔细推敲前面两个定理的证明,我们不难发现,可以在 $\max\{s,t\}\geq \max\{p,q\}$ 时,得到 $r(sK_p,tK_q)$ 的一些较好的界. 令 $p,q\geq 2$ 是固定的,选择 t_0,使得
$$t_0\min\{p,q\}\geq 2r(K_p,K_q).$$

记 $C=r(t_0K_p,t_0K_q)$,则有下面的定理.

定理 7-24 如果 $s\geq t\geq 1$,则
$$ps+(q-1)t-1\leq r(sK_p,tK_q)\leq ps+(q-1)t+C.$$

证明:图 $G=K_{ps-1}\cup E_{(q-1)t-1}$ 证明了第一个不等式.

像前面的证明一样,我们固定 $s-t$,并且对 t 用归纳法. 依据定理 7-20,当 $t\leq t_0$ 时有
$$r(sK_p,tK_q)\leq (s-t)p+r(tK_p,tK_q)\leq ps+C.$$

现在对第二个不等式进行归纳证明.

假设 $t\geq t_0$,并且定理中第二个不等式对于 s,t 成立,而对于 $s+1$, $t+1$, G 是一个阶数为 $n=p(s+1)+(q-1)(t+1)+C+1$ 的反例. 那么有 $(s+1)K_p\not\subset G, (t+1)K_q\not\subset \overline{G}$. 假设任何一对 G 中的 K_p 和 $\overline{G}$ 中的 K_q 均没有公共节点. 用 V_p 表示 G 中各 K_p 子图中节点的集合,并且记 $V_q=V(G)-V_p, n_p=|V_p|, n_q=|V_q|$,则任何 $x\in V_q$ 均不能与 V_p 的多余 $r(K_{p-1},K_q)$ 个节点联结! 否则,要么 G 中有一个 K_p 包含 x,要么 $\overline{G}$

中存在一个 K_q 包含 V_p 的节点. 与此类似, 每一个节点 $y \in V_p$ 与 V_q 的至多除 $r(K_p, K_{q-1})$ 个节点外的全部节点相连. 因此,
$$n_q r(K_{p-1}, K_q) + n_p r(K_p, K_{q-1}) \geqslant n_p n_q.$$

但是, 这是不可能的. 因为 $n_p \geqslant sp, n_q \geqslant tq$, 故 $n_p \geqslant 2r(K_{p-1}, K_q)$, 且 $n_q \geqslant 2r(K_p, K_{q-1})$. 这样, 我们可以找到 G 的一个 K_p 与 $\overline{G}$ 的一个 K_q, 它们有公共节点. 除去这些子图的 $p+q-1$ 个公共节点时, 发现剩下部分 H 满足 $sK_p \not\subset H, tK_q \not\subset \overline{H}$. 但是, $|V(H)| = ps + (q-1)t + C + 1$, 而这是不可能的. 证明完毕.

习题 7

1. 在 3×4 cm 的矩形中放置 6 个点. 证明:可以找到 2 个点,其距离不大于 $\sqrt{5}$ cm.

(第 15 届全苏数学奥林匹克竞赛十年级试题)

2. 已知平面上有两个不同的点 O 和 A. 对于平面上不同于 O 的每一个点 X,由 OA 按照逆时针方向到 OX 的角度的弧度用 $\alpha(X)$ 表示 $(0\leqslant\alpha(X)<2\pi)$. 设 $C(X)$ 是以 $OX+\dfrac{\alpha(X)}{OX}$ 的长为半径的圆,平面上的每一个点用有限多的颜色之一来染色. 证明:存在一点 $Y,\alpha(Y)>0$,它的颜色出现在圆 $C(X)$ 上.

(第 25 届 IMO 试题)

3. 在边长为 9 的正方形(包括边界)中任取 30 个不同的整点. 证明:其中一定有 4 个点组成的中心对称图形,且其对称中心也为整点.

4. 证明:对 K_{10} 的边进行随机红蓝二边染色,其中一定会有一个红色的 K_3 或一个蓝色的 K_4.

5. 证明:对 K_{20} 的边进行随机红蓝二边染色,其中一定会有一个红色的 K_4 或一个蓝色的 K_4.

6. 证明:19 个人中一定有 3 个人相互认识或者 6 个人互不认识.

7. 证明:$r(3,5)=14$.

8. 证明:一个有理数的十进制小数展开式自某一位后必然是循环的.

9. 证明:对于任意一个自然数 n,一定存在 n 的一个倍数,使得它只由数字 7 和 0 组成.

10. 证明:将 K_7 的边进行红蓝随机染色,其中一定有 3 个同色三角形.

11. 证明:在任何一个凸 $2n$ 边形中,总有一条对角线不与任何一条边平行.

12. 在边长为 1 的正方形中,放有 51 只小虫. 证明:任何时候都至少有 3 只小虫可以被一个半径为 $\frac{1}{7}$ 的圆所覆盖.

13. 设 n 是不可以被 2,5 所整除的正整数. 证明:存在 n 的某个倍数,全由数字 1 所组成.

14. 设 S 是 25 个点组成的集合,在 S 的任何三元子集合中,总有两个点之间的距离小于 1.证明:存在 S 中的 13 个点,它们可以被一个半径为 1 的圆所覆盖.

15. 证明:在任何一个凸六边形中,总有一条对角线,它切出的一个三角形面积不大于六边形面积的 $\frac{1}{6}$.

16. 证明:一个凸六边形中,如果所有对角线切出的三角形面积不小于六边形面积的 $\frac{1}{6}$,则所有对角线都过同一点.

17. 证明:在 10 个不同的两位数中,总有两个不相交的非空子集合,使得集合中所有数的和相等.

18. 在 m 张卡片的每一张上都标有 $1,2,\cdots,m$ 中的一个数. 如果任何一批卡片上所标数的和都不是 $m+1$ 的倍数,证明:每一张卡片上的数都是同一个数.

19. 设 $a_1,a_2,\cdots,a_{100}$ 和 $b_1,b_2,\cdots,b_{100}$ 是集合 $\{1,2,\cdots,100\}$ 上的两个排列. 证明:乘积 $a_1b_1,a_2b_2,\cdots,a_{100}b_{100}$ 中总有两个数被 100 所除的余数相同.

20. n 个正整数 $a_1 \leqslant a_2 \leqslant \cdots \leqslant a_n \leqslant 2n$ 中,任何两个数的最小公倍数都大于 $2n$. 证明: $a_1 > \left[\frac{2n}{3}\right]$.

21. 求最小正整数 n,使得在红蓝二色 K_n 中,总存在两个具有同色的没有公共节点的三角形.

(1991 年中国国家集训队测试题)

22. 求最小正整数 n,使得在红蓝二色 K_n 中,总存在两个单色的三角形,它们恰好有一个公共节点.

(1991 年中国国家集训队测试题)

23. 求最小整数 n,使得在有 10 个节点、n 条边的二色简单图中,总是存在单色三角形或单色四边形.

(1996 年中国国家集训队测试题)

24. n 个点中任意三点不共线,每两点之间用线段相连. 用红蓝两色给线段染色,若对于任何染色,一定存在 12 个同色三角形,求 n 的最小值.

25. 对 K_{10} 的边进行任意红、黄、蓝三色染色. 若过某顶点的 9 条边同色,求证:其中必有 4 个同色三角形.

26. 给出一个 4 色 K_{25},使得其中不含有单色三角形.

第八讲　图的染色问题

§8.1　图的两种染色概念

如果我们要安排一次会议的议程,使得与会者都可以听他们要听的演讲,不发生冲突.假设有足够的演讲厅,会议能够举行任意次演讲,会议的议程将持续多久?

我们用图论的术语来描述这个问题:设 G 是一个图,其各节点是各个演讲厅,当且仅当有一个与会者希望能听到两个演讲时,两者之间用边相连.将 $V(G)$ 分解成 k 个子集合

$$V(G)=V_1+V_2+\cdots+V_k, V_i \cap V_j=\varnothing, i\neq j,$$

使得同一个 $V_i(1\leqslant i\leqslant k)$ 中的两个节点之间没有边相连(即无人去听同一集合内的演讲).我们希望确定上述条件下最小的数值 k.用 $\chi(G)$ 来表示这个最小数值 k,称其为图 G 的色数(严格地讲,是 G 的节点色数).

这个术语起源于 $\chi(G)$ 的一般定义:图 G 的一个染色是指对 G 的每一个节点都指定一种颜色,使得同一种颜色的节点之间没有边相连. 而 $\chi(G)$ 则是所需颜色数的最小值.为叙述方便,我们说一个图 G 是可以 k-染色的,是指存在一个从 $V(G)$ 到 $\{1,2,\cdots,k\}$ 的映射 c,使得对于每一个 $j\in\{1,2,\cdots,k\}$,集合 $c^{-1}(j)$ 是 G 中的独立集合.如果图 G 是 k-染色的,那么它一定是 $(k+1)$-染色的.由此看来,**节点染色**与独立集有关.

又如,n 个实业家中的每一个都希望同其他一些人举行机密会谈.假设每一次会谈持续一天,并且每一次会谈恰好有两个实业家参加,会

谈多少天才能结束?

对于这种问题我们可以用图论的概念描述如下:考虑图 H,其节点对应于 n 个实业家,当且仅当两个实业家希望举行会谈时两个节点有边相连.于是,上面的问题就是要求出 H 的一个边染色中所用到的数目最小值.所谓 H 的一个边染色,是指将 H 的每一条边指定一个颜色,使得同一种颜色的边之间没有公共节点,即同色边形成我们在前面所讲的一个对集.

我们用 $\chi'(H)$ 来表示这样的最小数值,称为 H 的**边色数**.由此看来,图的**边染色**与对集有关.

§8.2 图的节点染色

我们用 $\alpha(G)$ 来表示图 G 的最大独立集合中的节点数目,而用 $\omega(G)$(称为 G 的团数)表示 G 中最大节点数的完全子图中的节点数目. 下面的两个结论可以从定义直接得到.

定理 8-1 在任意 n 阶图 G 中有 $\chi(G) \geqslant \omega(G)$,$\chi(G) \geqslant \dfrac{n}{\alpha(G)}$.

定理 8-2 任何一个 m 边简单图 G 的色数满足条件:
$$\chi(G) \leqslant \frac{1}{2} + \sqrt{2m + \frac{1}{4}}.$$

一般地讲,确定一个图的色数是十分困难的问题. 现在已经知道,关于图的色数的判定问题是 NP-完备的(即这一类问题与最为困难的几百个数学问题的难度是等价的). 从目前的数学研究水平和基础来看,要想在短期内解决图的色数问题是几乎不可能完成的任务. 但是,有一些图类的色数却是可以很快被确定下来的.

例如,一个图是二部图的充分必要条件是它可以 2-染色的. 进一步地,存在多项式算法可以判定一个图是不是 2-色图.

例 1 图 G 的色数 $\chi(G)$ 可以大于 $\omega(G)$. 令 $G = C_{2r+1} \vee K_s$ 是 $(2r+1)$-圈 C_{2r+1} 与 K_s 的合成图(将这两个图中所有可能的节点之间连上边),则 $\omega(G) = s+2$. 证明:$\chi(G) = s+3$.

证明 由于 $\chi(K_s) = s$,$\chi(C_{2r+1}) = 3$,且 C_{2r+1} 的每一个节点都与 K_s 的每一个节点有边相连,自然有 $\chi(G) \geqslant s+3$. 但此时又有 $\chi(G) \leqslant s+3$,

因此 $\chi(G)=s+3$.

> **点评** 这可不是一个特殊的现象. 由此我们会想到是否有 $\chi(G \vee H)=\chi(G)+\chi(H)$? 这里要涉及一个问题:图的运算与其色数之间的关系.

例 2 证明: $\chi(G \vee H)=\chi(G)+\chi(H)$.

证明 设 $\chi(G \vee H)=k, \chi(G)=k_1, \chi(H)=k_2$. 容易看出 $k \leqslant k_1+k_2$. 设 $k_1 \leqslant k_2$. 对于 $\chi(G \vee H)$ 的任何一个 k-染色 c, 必定诱导出 H 上的一个 $k_2'(<k)$-染色 c_2. 当我们给 H 染色后, 由于 G 中每一个节点都与 H 中每一个节点有边相连, 因此 G 不能使用与 H 相同的颜色给节点染

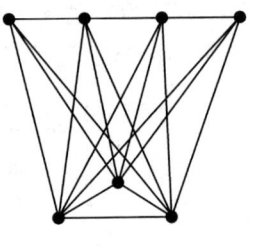

图 8-1

色. 于是由 c 决定的 G 中染色 c_1 所使用的颜色数目 k_1 不能小于 $\chi(G)$. 于是有 $k \geqslant k_1+k_2$. 因此, $k=k_1+k_2$.

> **点评** 由此我们可以决定一些十分复杂的图的色数. 例如, 图 8-1 的色数为 3.

知识桥

下面我们来看另外一种运算中图的色数是怎样发生变化的.

首先, 我们来定义一下图的笛卡儿乘积的概念. 给定两个不相交的图 G 和 H, 乘积图 $G \times H$ 是这样一个图: 它的节点集为 $V(G) \times V(H)$, 任意节点对 $(g,h), (g',h') \in V(G) \times V(H)$, $((g,h),(g',h')) \in E(G \times H) \Leftrightarrow g=g', (h,h') \in E(H)$ 或 $h=h', (g,g') \in E(G)$. 容易看出, 超立方体 $Q_n = Q_{n-1} \times K_2$, 一个 $m \times n$ 的平面网格是 $P_m \times P_n$.

直观地看，$G\times H$ 是这样得到的：首先制造 $|V(H)|$ 个 G 的拷贝，然后在每一对（可能）拷贝中选取第一个坐标相同而第二个坐标有 $E(H)$ 中的边相连的节点对，用边联结它们。下面我们来看一下 $C_3\times C_4$ 的构造，如图 8-2 及图 8-3 所示。

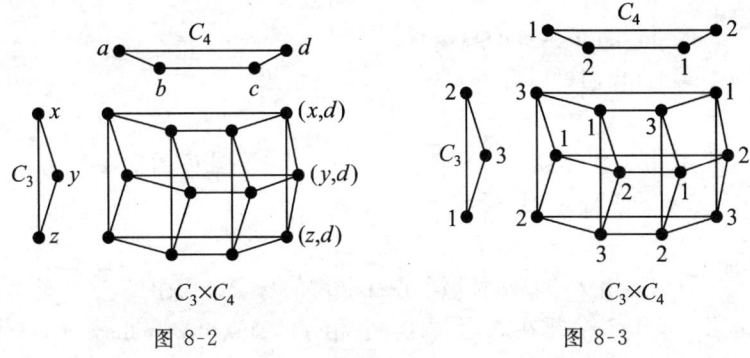

图 8-2　　　　　　　　　　图 8-3

关于乘积图 $G\times H$，维津（Vizing）和阿伯斯（Aberth）分别在 1963 年和 1964 年独立地给出了它的色数。

定理 8-3　$\chi(G\times H)=\max\{\chi(G),\chi(H)\}$.

证明： 令 $k=\max\{\chi(G),\chi(H)\}$. 为证明上界，我们利用 G 和 H 的最优染色（用与它们的色数同样多的颜色去染色）。设 g 是 G 的 $\chi(G)$-染色，h 是 H 的 $\chi(H)$-染色.

令 $f(u,v)$ 是 $g(u)+h(v)$ 模 k 的同余类，这样就定义了 $G\times H$ 的一个染色。因此，f 给出了 $V(G\times H)$ 的每一个来自一个 k 元的集合。

我们断言 f 是 $G\times H$ 的一个节点染色。如果节点 (u,v) 和 (u',v') 在 $G\times H$ 中是相邻的，则 $g(u)+h(v)$ 和 $g(u')+h(v')$ 在一个加数上相同，而另外一个加数的差介于 1 和 k 之间。由于这两个和的差介于 1 和 k 之间，因此它们在不同的（模 k）同余类中。证毕.

下面我们介绍关于估算图的色数的贪心算法.

贪心算法

设 $V(G)$ 中节点的一个排序为 $v_1,v_2,\cdots,v_n$. 按照这个顺序依次为节点 v_i 分配一个最小颜色标记，要求该标记在排于 v_i 之前且与 v_i 相邻的节点中未被使用过.

 图论

例3 证明：$\chi(G) \leqslant \Delta(G)+1$.

证明 这可以直接从贪心算法得到.

事实上，我们可以有下列更加一般的结果.

例4（韦尔什-鲍威尔（Welsh-Powell）） 设图 G 的次序列为 $d_1 \geqslant d_2 \geqslant \cdots \geqslant d_n$. 证明：$\chi(G) \leqslant 1+\max\{d_i, i-1\}$.

证明 我们运用贪心算法按照节点次非增的特点来为图染色. 当前考虑的是第 i 个节点 v_i，排在 v_i 之前且与它相邻的节点至多有 $\max\{d_i, i-1\}$ 个，因此在这些节点中使用过的颜色数目至多为 $\max\{d_i, i-1\}$. 于是命题得证.

点评 事实上，任何一个图都有一个节点排序，使得按照这个顺序进行贪心算法染色时，仅仅使用到 $\chi(G)$ 种颜色. 但是，问题的严重性在于，要想确定这个最优排序是十分困难的. 按照计算复杂性理论，这是几乎不可能完成的任务. 因为判定图的色数问题是 NP-困难的.

但是，对于我们在实际工作和生活中出现的问题，有些却是有好方法的. 例如下面介绍的一个应用，它要用到一个所谓的**区间图**（Interval Graphs）概念.

（寄存器分配问题） 计算机程序将变量的值存储在内存中. 为了进行算术计算，数值必须存储在更容易访问的存储单元里面，这样的存储单元被称为寄存器. 由于寄存器非常昂贵，因此必须高效率地使用它们. 如果两个变量从来不同时使用，则可以为它们分配同一个寄存器. 对于每一个变量，计算它第一次和最后一次被使

180

第八讲　图的染色问题

用的时间,在这两个时间构成的区间内变量是活跃的.

定义一个图,其节点就是这些变量,当且仅当相应的变量在某一个公共区间内部均是活跃的时,两个节点相邻.这些变量所需要的寄存器的(最少)数目就是这个图的色数.

我们下面转而研究区间图.设每一个区间为一个节点,如果两个区间有公共点(不空交),那么就在相应的节点之间连一条边,于是就形成了一个图,我们将它定义为区间图.关于区间图,我们有下面的结论.

例 5　证明:如果 G 是一个区间图,那么必有 $\chi(G)=\omega(G)$.

证明　我们使用贪心算法.根据区间图的表示法,以区间左端点的大小为节点排序.设节点 x 的颜色标记为 k,且 k 是所有节点颜色标记的最大数值.由于节点 x 没有被标记为更小的数值,这说明与 x 相应的区间的左端点 a 也属于其他的 $k-1$ 个区间,这些区间已经被标记为颜色 1 到 $k-1$.因此,这些区间均包含点 a.这样得到一个 k 团,它包含 x 和 x 的相邻节点(已经被标记为颜色 1 到 $k-1$).因此,$\omega(G) \geqslant k \geqslant \chi(G)$.由于 $\omega(G) \leqslant \chi(G)$,故 $\chi(G) = \omega(G)$,这是一个最优染色.

点评　(1) 贪心算法运行速度非常快.从某种程度上讲,它是一种"在线"算法(On-line algorithm).因为即使每一步只看到一个新节点,它也不能在不修改以前节点的染色方案的情况下产生真的图染色.对于随机图的一个随机节点顺序,贪心染色算法使用的颜色总数几乎总是所需要量的最少颜色总数的 2 倍.然而,如果给定的节点顺序很糟,则贪心算法对树的染色可能要使用很多颜色.

(2) 因为区间图的任何点导出子图还是区间图,$\chi(H) = \omega(H)$ 对于每一个点导出子图成立.所以每一个区间图都是完美图(Perfect graph).

例 6（排课问题） 某大学要安排一天的讲座,每一次讲座所需要的时间都用特定长的时间区间表示(如图 8-4 所示).在同一时间内开讲的讲座必须安排在不同的教室内进行.问:至少需要多少间教室? 我们可以发现一个最优的讲座安排计划吗?

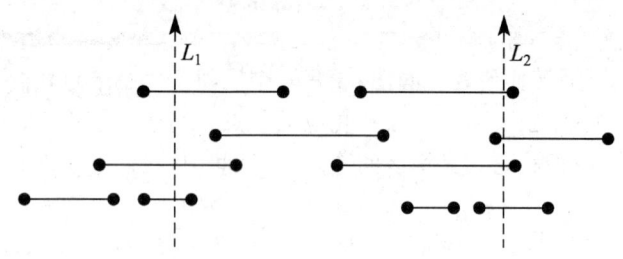

图 8-4

解 由于每一个区间图都是完美图（上例结论）,为了求出最少的教室数目,我们只要求出这个区间图的最大完全子图的阶就可以了.利用一根竖直向上的直线自左向右进行扫描,我们可以得到直线与每一个区间的交点.如果在一个移动直线的过程中我们获得了最多的交点,那么这个直线上的交点数目就是图的最大完全子图的阶.从图中可以看出,直线 L_1 与 L_2 上的交点数目是不同的. L_2 上的 4 个交点数表明:这个区间图的色数是 4,即最优安排是使用 4 个不同的教室.

> **点评** 在这个解题模式中我们发现了一个用于计算区间图的点染色数的多项式算法.

例 7 证明:如果 H 是一个 k-临界图,那么 $\delta(H) \geqslant k-1$.

证明 任取一个 H 的节点 x,由于 H 的临界性,$H-x$ 是可以 $k-1$ 染色的.如果 $d_H(x) < k-1$,则用于对 $H-x$ 染色的 $k-1$ 种颜色不可能都在 $N(x)$ 中使用.这样,就可以为节点 x 指定一个没有在 $N(x)$ 中出

现的颜色.于是得到 H 的一个 $k-1$ 染色,与 $\chi(H)=k$ 相违.

下面这个结果更加重要,它可以从例 7 直接得到.

定理 8-4(塞凯赖什-维尔夫(Wilf)) 对于任何图 G,都有 $\chi(G)\leqslant 1+\max\limits_{H\subseteq G}\delta(H)$.

证明:令 $k=\chi(G)$,而 H' 是 G 的一个 k-临界子图.由例 7 可得
$$\chi(G)-1=\chi(H')-1\leqslant\delta(H')\leqslant\max\limits_{H\subseteq G}\delta(H).$$

下面这个结果有点令人吃惊,表明了图的色数与有向路长度之间的关系.

定理 8-5(加莱-罗伊-维塔弗(Gallai-Roy-Vitaver)) 设 D 是图 G 的一个定向,其中最长有向路的长为 $l(D)$,则 $\chi(G)\leqslant 1+l(D)$,而且等号对于 G 的某一定向成立.

证明:设 D' 是 G 的定向 D 中不含有有向圈的极大子图.注意到 D' 必须包含 G 的所有节点.现在我们给图 G 的节点实行一种染色.令 $f(v)$ 是等于 1 加上 D' 中以 v 为终点的一条最长有向路的长度,这样就为 $V(G)$ 中的每一个节点进行了染色(即为每一个节点指定一个自然数).

设 P 是 D' 中的一条路,且 u 是这条路径的起点.D' 中以 u 为终点的路径不含 P 中其他节点(因为 D' 中没有有向圈).进而,每一条以 u 为终点的路径(包括最长的那条)可以沿 P 进行延伸加长.这意味着 f 沿 D' 中的每一条路径都是严格递增的.

染色 f 在对 $V(D')$ 进行染色时使用了从 1 到 $1+l(D')$ 这些颜色.我们可以断言:f 是 G 的一个恰当染色.对于任意 $uv\in E(D)$,在它的两个节点之间存在 D' 中的一条路径(因为 uv 要么是 D' 的一条边,要么将它加入到 D' 内会有有向圈).这表明:$f(u)\neq f(v)$,因为 f 沿着 D' 中的路径是递增的.

为了证明第二个结论,我们来构造一个 G 的定向 D^*,使得 $l(D^*)\leqslant\chi(G)-1$.设 f 是 G 的一个最优染色.对于 G 中的每条边 uv,规定当

且仅当 $f(u)<f(v)$ 时,它在 D^* 中的方向是从 u 到 v. 由于 f 是一个恰当染色,因此上述做法定义了 G 的定向. 由于染色 f 中使用的颜色标记沿着 D^* 中的每一条路径递增,而且 f 中只使用了 $\chi(G)$ 种颜色,因此可以得到 $l(D^*) \leqslant \chi(G)-1$. 证毕.

作为这个结果的一个应用,我们可以很快知道,一个二部图的色数不超过 2. 下面我们将要介绍的是著名的布鲁克斯(Brooks)定理,它是图的节点染色理论中的一个重要定理.

定理 8-6(布鲁克斯定理) 如果 G 是一个连通图,它既不是完全图也不是奇长圈,则 $\chi(G) \leqslant \Delta(G)$.

证明:方法一 设 $k=\Delta(G) \geqslant 3$. 我们使用贪心算法来证明. 给所有节点排序,使得对于每一个节点,排在它之前且与它相邻的节点数目不超过 $k-1$.

如果 G 不是一个正则图,则可以选择一个次数小于 k 的节点作为 v_n. 由于 G 是连通的,可以将 v_n 扩张成为一个支撑树. 从 v_n 遍历这个树时,每次到达一个节点,就将该节点的编号设置为前一个节点的编号减 1. 在得到的节点序列 $v_1, v_2, \cdots, v_n$ 中,除 v_n 外,每一个节点都有一个与之相邻的节点位于从它到 v_n 的路径上. 因此,每一个节点最多有 $k-1$ 个编号比其小的相邻节点. 这样,贪心染色算法最多使用 k 种颜色.

以下考虑 G 是 k-正则图的情形. 设 G 有一个割点 x, G' 是 $G-x$ 的一个分支和这个分支与 x 之间的所有连边形成的子图. 在 G' 中,节点 x 的次小于 k. 因此,前一段的方法可以得到 G' 的一个恰当染色. 所有由 $G-x$ 的分支及它们联结 x 之间的边形成的子图都这样处理后,可以得到 G' 的一个 k 染色.

因此,我们可以假定 G 是 2-连通图. 在 G 的任何一个节点序列中,最后一个节点有 k 个与之相邻的节点排在它前面. 只要染色时为两个与 v_n 相邻的节点安排相同的颜色,则贪心算法仍然适用.

特别地,假定某一个节点 v_n 有两个相邻的节点 v_1, v_2,使得 $v_1 v_2 \notin E(G)$,且 $G-\{v_1, v_2\}$ 仍然连通. 对于这种情况,我们用 $3, 4, \cdots, n$ 对 $G-\{v_1, v_2\}$ 的支撑树中的节点编号,使得沿到达根 v_n 的路径上的编号递增. 由前面的讨论知,对于 v_n 以前的每一个节点,最多有 $k-1$ 个编号比其他编号小的相邻节点.贪心染色算法对与 v_n 相邻的节点进行染色时,最多使用 $k-1$ 种颜色,因为 v_1,v_2 使用一样的颜色.

于是,我们只要证明:对于任意的 k-正则 2-连通图 ($k\geqslant 3$),上述的三元组 v_1,v_2,v_n 存在.取节点 x,如果 $\kappa(G-x)\geqslant 2$,则令 v_1 为 x,而 v_2 是到 x 距离为 2 的一个节点.这样的 v_2 存在,因为 G 是正则的但不是完全图.再令 v_n 是与 v_1,v_2 均相邻的节点.

如果 $\kappa(G-x)=1$,则令 $v_n=x$.由于 G 没有割点,因此在 G 的每一个块中均有 x 的相邻节点. x 在这样两个块中的相邻节点是不相邻的.而且 $G-\{x,v_1,v_2\}$ 是连通的,因为在这些块中没有割点, $k\geqslant 3$.因此,除了 v_1,v_2 外, x 还有其他相邻的节点(如图 8-5).于是 $G-\{v_1,v_2\}$ 也是连通的.证毕.

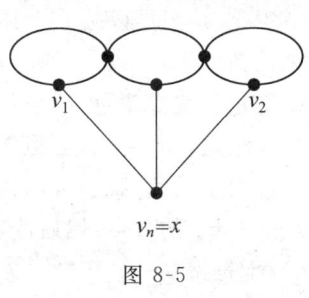

图 8-5

因为布鲁克斯定理是如此基本而重要,我们在此提供另外一个证明,它取自图特的著作《图论》($Graph\ Theory$),从中我们可以领略大师们的方法和观点.

方法二 一个明显的结果是,我们可以使用 $k+1$ 种颜色给 G 进行节点染色.如果可能的话,我们取 G 是节点数最少的一个反例.在此条件下,我们将要构造 G 的一个 $(k+1)$-染色,其中颜色 1 到 k 被称为正常颜色,而 $k+1$ 为临界颜色.

设 L 是 G 中的一条 $(x-y)$-路,则可以从给定的 $(k+1)$-染色中构造一个新的 $(k+1)$-染色,使得:(1)变化的颜色仅仅发生在 L 中;(2)临界颜色除 x 外,不会出现在 L 的其他节点中(x 可以接受任何颜色).

我们将 L 的节点按照次序排列成以下序列:

$$(a_0,a_1,\cdots,a_s),$$

其中 $a_0=y, a_s=x$. 我们按照下列要求重新给 L 的节点染色.

(1) 给 a_0 指定一个这样的正常颜色:它在 a_0 的邻域中除 a_1 外未被使用过(可能在 a_1 中出现).这是可以做到的,因为 $d(a_0)\leqslant k$.

(2) 按照这样的原则向前推进,一般地,设已经给 $a_j (1<j<s-$

2)染好了颜色,然后给 a_{j+1} 指定一个这样的正常颜色:它在 a_{j+1} 的邻域中除 a_{j+2} 外未被使用过(可能在 a_{j+2} 中出现).这是可以做到的,因为 $d(a_{j+1})\leqslant k$.

(3) 当 a_{s-1} 被染好颜色后,再给 a_s 一个颜色,它不在其邻域中出现(可以是临界颜色).

不难看出,上述重新染色是完全可以做到的.对于 G 的任何一个节点 x,我们可以按照上述方法进行重新染色.于是,可以得到 G 的一个重新 $(k+1)$-染色,使得其中只有节点 x 使用到临界颜色,而且无法排除这个临界颜色.这个节点 x 被称为临界节点.

结论 1:G 是 k-正则图.

否则的话,我们可以构造 G 的一个临界染色,使得 x 为唯一可能接受 $k+1$ 的节点.然后改变 x 的颜色为正常颜色(因为 x 的次不超过 k),于是得到一个正常的 k-染色,与 G 的定义相违.

结论 2:G 是 2-连通图.

这个结果是显而易见的.

结论 3:G 是 3-连通图.

如果不然,那么 G 有一个 2-分离 (H,K),使得 $H\cap K=\{x,y\}$,其中 H,K 都是 G 的连通子图.如图 8-6,设 $G_1=G+(x,y)$,$H_1=H+(x,y)$,$K_1=K+(x,y)$,于是 H,K 都含有不是 x,y 的节点.因此,H_1,K_1 中最大次不超过 k.

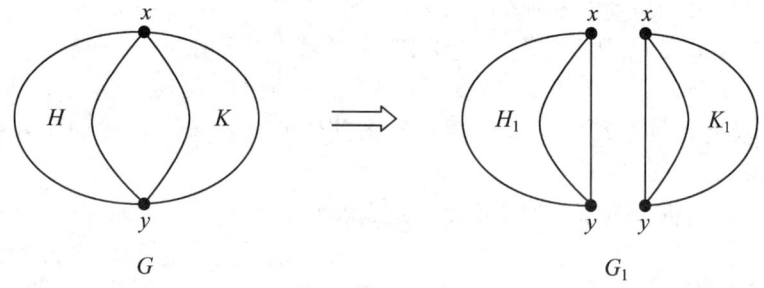

图 8-6

首先假定 H_1 和 K_1 都不是 $(k+1)$-团,于是它们都可以被正常 k-染色,从而 G 也有正常 k-染色,与 G 的定义相违.

其次,我们可以在不失一般性的前提下假定 H_1 是一个 $(k+1)$-

团. 如果那样的话, H 就有一个 k-染色 Q_1, 使得 x 和 y 接受同一种颜色. 进一步地, x 和 y 在 K 中的次都是 1. 我们将 x 和 y 粘合成一个节点, 得到子图 K_0, 它的节点最大次是 k, 并且新节点的次为 2. 因此, K_0 有一个 k-染色. 于是导致了 K 的一个 k-染色 Q_2, 使得 x 和 y 接受同一种颜色. 我们将 Q_1 与 Q_2 合并后得到 G 的一个 k-染色, 与假定相违.

现在 G 至少有 $k+1$ 个节点. 我们能够找到两个不相邻的节点 t 和 u (否则, G 是一个 $(k+1)$-团). 如前分析, 可以构造一个临界染色, 使得 t 为临界节点. 因为 u 与它的邻域中的节点接受的都是正常颜色, 在 $N(u)$ 中必然有两个节点 v 和 w 接受同一种颜色. 设 T 和 U 分别是与 t 和 u 相关联的边的集合. 由于 G 是 3-连通图, 由门格定理, G 中有 3 条内部不相交的 $(t-u)$-路, 因而有一条 $(t-u)$-路 L 不含有 v 和 w. 如前分析, 改变 L 中的颜色后可以得到 G 的一个新的临界染色, 使得其中的临界节点是 u. 现在, 与 u 相关联的节点是正常颜色, 它们至多使用了 $k-1$ 种颜色. 我们给 u 以余下的一种颜色后就得到 G 的一个正常 k-染色. 这与我们先前的假设相违. 定理得证.

方法二中实际运用了一个色临界图的结构. 这个结构以后还要反复用到. 在 G 没有较大的团时, 色数上界 $\chi(G) \leqslant \Delta(G)$ 是可以进一步得到改进的. 布鲁克斯定理表明: 完全图和奇长圈只能是 $(k-1)$-正则的 k-临界图. 加莱在 1963 年将这个定理的结论加强到 "k-临界图中由次为 $k-1$ 的节点诱导出的子图中, 每一个块要么是完全子图, 要么是奇长圈." 另外, 布鲁克斯定理还表明: "只要 $3 \leqslant \omega(G) \leqslant \Delta(G)$, 则 $\chi(G) \leqslant \Delta(G)$."

以下是几个关于染色问题的猜想.

博罗金-科斯托切卡 (Borodin-Kostochka) 猜想 当 $\Delta(G) \geqslant 9$ 时, 如果 $\omega(G) < \Delta(G)$, 则 $\chi(G) < \Delta(G)$.

注意: 有例子表明 $\Delta(G) \geqslant 9$ 这个条件是必要的. 另外, 1998 年里德 (Reed) 证明了 "当 $\Delta(G) \geqslant 10^{14}$ 时, 上述猜想成立."

里德猜想 $\chi(G) \leqslant \left\lceil \dfrac{\Delta(G) + \omega(G) + 1}{2} \right\rceil$.

豪约什 (Hajos) 猜想 如果 G 是一个 k-色图, 那么 G 中一定含有一个 K_k 的细分图.

关于豪约什猜想,迪拉克于 1952 年证明了当 $k=4$ 时是正确的,即有下面的定理.

定理 8-7(迪拉克) 色数至少为 4 的任意图都含有一个 K_4 的细分图.

证明:我们对图 G 的阶数进行归纳证明. 如果 $|V(G)|=4$,则 $G=K_4$,结论成立.

设 $|V(G)|>4$. 由于 $\chi(G)\geqslant 4$,可以取 G 的一个 4-临界子图 H. 由布鲁克斯定理的第二个证明可以知道,$\kappa(H)\geqslant 3$. 选定节点 $x\in V(H)$. 由于 $H-x$ 是 2-连通的,H 中有一个圈 C 的长至少为 3. 由门格定理,从 x 到 C 有 3 条内部不相交的路. 在此结构下,H 自然有 K_4 的细分子图. 证毕.

关于豪约什猜想的研究进展,目前仅知道 $k=5,6$ 时仍然是一个公开问题. 而其他数值,特别是 $k\geqslant 7$ 时,1979 年卡特林(Catlin)举出无穷多的反例说明它是不成立的. 与豪约什猜想平行的有著名的哈德维格(Hadwiger)猜想.

哈德维格猜想 任何一个 k-色图都含有一个子图以 K_k 为子式(K_k-Minor).

值得注意的是,这个猜想与许多图论中的重大问题有关联. 例如,$k=4$ 时就是定理 8-5. $k=5$ 时等价于著名的四色定理. $k=6$ 时西摩与托马斯证明了它的正确性. 对于其他数值,目前还是公开问题. 根据博洛巴什分析,哈德维格猜想是图论历史中最困难的问题之一. 以下是这一领域研究的一些进展.

定理 8-8(迪拉克-云格(Jung) 1965) 只要图 G 的色数充分地大,那么 G 中一定会有 K_k 的细分图(K_k 拓扑子图).

定理 8-9(马德(Mader),托马森 1967,1988) 设 F 是一个图,G 是任意一个满足 $\delta(G)\geqslant 2^{e(F)}$ 的图,那么 G 中一定有一个 F-拓扑子图.

证明:先证一个结论. 如果 G 是一个最小次为 $\delta(G)\geqslant 2k$ 的简单图,则 G 中含有不相交的子图 G' 和 H,使得:

1. H 是连通的;
2. $\delta(G')\geqslant k$;
3. G' 的每一个节点在 H 中都有相邻的节点.

事实上,我们可以假定 G 是连通图.将子图 A 中的边全部收缩成为一个节点,然后删除多余的重复边,此时形成的图用 $G \cdot A$ 表示.考虑 G 中所有这样的连通子图 A,使得 $G \cdot A$ 至少含有 $k(|V(G)|-|V(A)|+1)$ 条边.不难看出,这样的子图是存在的.我们选取具有这样性质的一个极大子图 H.

设 H 之外与 H 的某一个节点相关联的节点集合为 S,且 $G'=G[S]$.我们只要能证明 $\delta(G') \geqslant k$ 就行.对于任意节点 $x \in V(G')$,它有一个邻域中的节点 $y \in V(H)$.在 $G \cdot (H \cup (x,y))$ 中,原来 G' 中与 x 关联的边在 $G \cdot H$ 中都变成了联结 $V(G')$ 和 H 的边,并且边 (x,y) 也被收缩掉了.因此,$e(G \cdot H) - e(G \cdot (H \cup (x,y))) = d_G(x) + 1$.由 H 的定义知,这个差值大于 k,因而 $\delta(G') \geqslant k$.

有了上述结论,我们可以完成定理的证明了.不妨假定 $m \geqslant 2$.由结论知,可以选择 G 中不相交的子图 G' 和 H,使得 $\delta(G') \geqslant 2^{m-1}$,且 G' 的每一个节点在 H 中都有节点关联.

如果 F 中有边 $e=(x,y)$,使得 $\delta(F-e) \geqslant 1$,则由归纳假定,在 G' 中得到 $F-e$ 的一个细分 J,J 中有两个节点分别表示 x 和 y.这两个节点之间有一条 H 的路,将其加入到 J 中就得到 F 的一个细分.

如果 $\delta(F-e)=0$,则 F 的每一条边都与某一个叶子关联.现在 F 是由一些星型构成的森林,根据我们以前得到的结果,条件 $\delta(G) \geqslant 2^m \geqslant 2m$ 可以保证 G 中有 F 的拷贝.

注意:F 是完全图时特别有意思.此时令 $f(k)$ 是使次至少为 d 时一定含有 K_k 细分图的图的最小 d 值.这样,由定理 8-7,$f(k) \leqslant 2^{C_k^2}$.目前已经知道:$f(k) \leqslant ck^2$,其中 c 是一个常数.一个明显的结果是:当 $m = \dfrac{k(k+1)}{2}$ 时,$K_{m,m-1}$ 中没有 K_k 的细分,于是有 $f(k) \leqslant \dfrac{k^2}{8}$.

下面是 1998 年德国数学家马德得到的一个十分惊人的结果,它解决了迪拉克 1964 年提出的一个猜想.

定理 8-10(马德 1998) 如果 G 是一个边数至少是 $3n-5$ 的简单 n 阶图,那么 G 中一定含有一个 K_5-拓扑子图.

下面我们来考察节点染色问题的另外一个方面.由于 $\chi(G) \geqslant \omega(G)$,一个具有较大团数的图一定有较大的色数.布鲁克斯定理表明:

如果图的色数比较大,那么它的最大次也应该比较大.一个大色数图的边数是否一定与其边数大小有关呢?下面这个梅切尔斯基(Mycielski)的研究结果表明:事情远非如此.图的色数与边数没有必然关系.图的色数与短圈长短也没有关系.

定理 8-11 对于任意的自然数 k,存在一个不含有三角形的 k-色图.

证明: 对于 $k=1,2$,K_1 和 K_2 可以满足要求.

对于一般的 k,我们用归纳法进行构造.设我们已经得到图 G_k 不含有三角形且色数为 k.将 G_k 的节点一一列出:$v_1,v_2,\cdots,v_n$.

我们构造 G_{k+1} 如下:

加入 $n+1$ 个新节点 $u_1,u_2,\cdots,u_n,v$.对于每一个 $1\leqslant i\leqslant n$,将 u_i 与 v_i 领域内的每一个节点相关联,同时将 u_i 与 v 相关联.于是得到一个新图 G_{k+1}.图 8-7 表明了构造过程.

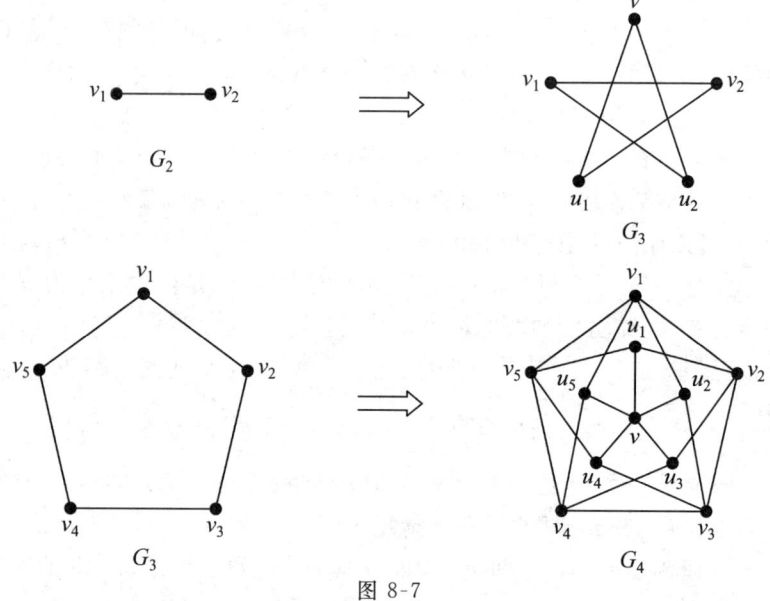

图 8-7

结论 1 G_{k+1} 没有三角形.

结论 2 G_{k+1} 是 $(k+1)$-色图.

为了说明这一点,我们注意到 G_{k+1} 是可以 $(k+1)$-染色的(因为 G_k 的 k-染色可以被扩张成为 G_{k+1} 的 $(k+1)$-染色,只要将每一个 u_i 染成与 v_i 颜色相同即可,然后将 v 染成新颜色).

以下只要证明 G_{k+1} 不可以 k-染色. 如果不然,我们可以将 v 的颜色选为 k. 容易看出:每一个 u_i 的颜色不能是 k. 现在,我们将每一个具有颜色 k 的节点 v_i 的颜色换成与 u_i 相同的颜色,这样就导致了 G_k 的一个 $(k-1)$-染色,与 G_k 的定义相违. 这就证明了
$$\chi(G_{k+1})=k+1.$$

上述定理证明中所用到的构造大色数图的方法就是著名的梅切尔斯基构造法. 目前已经出现了与此方法有关的数学竞赛试题,这是十分值得注意的. 另外,爱尔特希于 1961 年使用概率方法证明了如下结论:对于任意给定的一对自然数 $k,l \geqslant 2$,存在一个围长(最短圈长)为 k、色数为 l 的图.

下面这个结果多少有一些令人吃惊. 因为它表明:有向图的点色数居然与它的路长有关系.

定理 8-12(罗伊-加莱定理 1967—1968) 对于任何一个有向图 $\vec{G}=(V,\vec{E})$,其相应的无向图 G 的色数为 $\chi(G)$,则在 $\vec{G}$ 上一定存在一条长度为 $\chi(G)-1$ 的有向路.

在证明这个结果之前,我们可以先来看一下它的实际效果. 对于 n 个节点的完全图 K_n,如果给每一条边都确定一个方向,得到一个有向图 $\vec{K_n}$,数学上称其为竞赛图(因为与体育比赛中的循环赛结构相同). 经典的有向图理论显示,每一个竞赛图 $\vec{K_n}$ 中都有一个哈密顿有向路. 这与 K_n 的点染色数为 n 不谋而合,体现出这个结果的最好可能性(这个结果的界是不可以改进的). 下面我们开始证明.

证明:令 $\vec{G'}=(V,\vec{E'})$ 是 $\vec{G}$ 中无有向圈的极大子图. 记 $\vec{G'}$ 中最长有向路的长为 k. 将 $\vec{G}$ 中的节点按照如下方式染色:如果在 $\vec{G'}$ 中由 v 开始的最长有向路长为 $i-1$,则将 v 染色 $i,i=1,2,\cdots,k+1$.

记 $V_i=\{v\in V|v$ 的色数为 $i\}$,往证 $V=V_1+V_2+\cdots+V_{k+1}$ 给出 G 的一个 $(k+1)$-染色.

结论 1 $\vec{G}$ 上任何一个有向路 $P(u,v)$ 的两个端点不同色.

令 $P(u,v)$ 的长度大于 0 而 $v \in V_i$,则在 $\vec{G}$ 中有有向路 $Q_i = v_1 v_2 \cdots v_i, v = v_i$. 因为 $\vec{G'}$ 中无有向圈,$P(u,v) + Q(v,v_i)$ 是从 u 到 v_i 的有向路,长度至少为 $i+1$,即 $u \notin V_i$.

结论 2 任何 $e \in E - E'$ 的两个端点不同色.

由 G' 的极大性,$G' + e$ 含有一个有向圈. 从而,在 G' 中有一条有向路联结 e 的两个端点. 由结论 1 即得 e 的两个端点不同色.

于是 $V = V_1 + V_2 + \cdots + V_{k+1}$ 是 G 的一个 $(k+1)$-染色. 故 $\vec{G}$ 中有一条长度 $k \geqslant \chi(G) - 1$ 的有向路.

§8.3 图的边染色

对于一个最大次为 $\Delta(G)$ 的图 G，它的边色数 $\chi'(G) \geq \Delta(G)$. 在这一方面，我们首先有下面的结果.

定理 8-13 设 $G=(V,V)$ 是一个二部图，则 $\chi'(G)=\Delta(G)$.

证明：我们对于图 G 的边数 $\|G\|$ 进行归纳证明. 如果 $\|G\|=0$，结论自然成立. 现在假定 $\|G\|>0$，而且结论对于边数较少的图均成立. 现在考虑边数为 $\|G\|$ 的图 G. 设 $\Delta=\Delta(G)$，并且取边 $(x,y)\in E(G)$. 由归纳假设，$G-(x,y)$ 有一个 Δ-边染色. 我们定义：凡是具有颜色 α 的边为 α-边.

在 $G-(x,y)$ 中，节点 x 和 y 中的每一个都至多与 $\Delta-1$ 条边相关联. 因此，存在 $\alpha,\beta\in\{1,2,\cdots,\Delta\}$，使得 x 不与 α-边关联，而 y 不与 β-边关联. 如果 $\alpha=\beta$，我们将 (x,y) 用 α 染色，可以得到 G 的一个 Δ-边染色. 以下假设 $\alpha\neq\beta$，而且 x 与一条 β-边关联.

我们可以将这条 β-边进行扩张，形成一个极大的 $\alpha-\beta$ 交错迹 W. 注意到这样的交错迹中没有节点会重复出现，W 是一条简单路. 进一步，W 不含有 y. 因为如果 W 含有 y，那么它将有一条含有 y 的 α-边（根据 β 的选择）. 于是，它有偶长圈，且 $W+(x,y)$ 是一个奇长圈. 我们将 W 上的边颜色施行 α 与 β 互换后，由 W 的极大性，$G-(x,y)$ 中的关联边上的颜色未发生变化. 这样，我们找到了 $G-(x,y)$ 的一个 Δ-边染色，使得节点 x 和 y 中的每一个都不与 β 边关联. 将 (x,y) 染成 β 后，得到 G 的一个 Δ-边染色.

注意：上述证明过程中使用的 W，实际上就是由 α 与 β 两色边组成的含有 x 的一个分支. 这样问题就变得十分清楚了.

定理 8-14（维津 1964） 任何一个图 G 的边色数满足：$\Delta(G)\leq \chi'(G)\leq\Delta(G)+1$.

证明: 与前一个定理的证明类似,我们对图 G 的边数 $\|G\|$ 进行归纳证明. 如果 $\|G\|=0$,结论自然成立. 现在假定 $\|G\|>0$,而且结论对于边数较少的图均成立. 现在考虑边数为 $\|G\|$ 的图 G. 以下我们对于 $(\Delta+1)$-边染色简称为染色,而凡是具有颜色 α 的边称为 α-边.

对于任何一条边 $e\in E(G)$,根据归纳假设,$G-e$ 有一个染色. 在这样一个染色中,每一个节点 v 处至多使用了 Δ 种颜色,因而有一种颜色 $\beta\in\{1,2,\cdots,\Delta+1\}$ 在 v 处不出现. 对于任何其他一种颜色 α,存在唯一一个起点是 v 的极大的 α-β **交错路**(注意:这个路可能退化成一个节点),我们称其为发自 v 的 α-β 交错路.

假设 G 没有染色,那么有下列结论成立:

对于任意边 $(x,y)\in E(G)$ 和任意的 $G-(x,y)$ 的染色,使得 α 在 x 处不出现且 β 在 y 处不出现,则 α 一定在 y 处出现,同时 β 一定在 x 处出现,而且这发自 y 的唯一一条 α-β 交错路一定在 x 处结束.

否则,我们沿着这条 α-β 交错路互换 α 与 β 的颜色后,可以得到 G 的一个正常 Δ-边染色,与假定相违.

如图 8-8,设 $xy_0\in G$ 是一条边. 由归纳假定,$G_0=G-xy_0$ 具有一个染色(正常 Δ-边染色)c_0. 设 α 为一种在 x 处不出现的颜色. 进一步,设 $y_0,y_1,\cdots,y_k$ 是一个与 x 相关联的极大节点序列,使得 $c_0(xy_i)$ 是 c_0 中在 y_{i-1} 处不出现的颜色,$i=1,2,\cdots,k$. 对于每个图 $G_i=G-xy_i$,我们可以定义一个染色 c_i 如下:

如果 $j\in\{0,1,\cdots,i-1\}$,且 $e=xy_j$,则 $c_i(e)=c_0(xy_j)$;否则,$c_i(e)=c_0(e)$.

注意:在每一个这样的染色 c_i 中,x 处不出现的颜色与 c_0 的相同.

现在,设 β 为 c_0 中在 y_k 处不出现的颜色. 显然,β 在 c_k 中也在 y_k 处不出现. 如果 β 也在 x 处不出现,我们可以用 β 给边 xy_k 染色,从而将 c_k 扩张成为 G 的一个染色. 因此,在每一个染色中,x 处都有一个 β 色边与之关联. 由 k 的极大性,存在一个数 $i\in\{1,2,\cdots,k-1\}$,使得 $c_0(xy_i)=\beta$.

设 P 为 $(c_k$ 中$)G_k$ 的一条发自 y_k 的 α/β-路. 由于 α 不在 x 处出现,由前面的结论,P 必定在 x 处结束,且与 x 关联的边色是 α. 由于 $\beta=c_0=(xy_{i-1})=c_0(xy_{i-1})$,这一条 α 就是边 xy_{i-1}. 然而,在 c_0 和 c_{i-1}

中,(由 β 的定义和 y_{i-1} 的定义知)β 不在 y_{i-1} 处出现. 我们考虑(c_{i-1} 中)G_{i-1} 的发自 y_{i-1} 的 α/β-路 P'. 由于 P' 是唯一被决定的,它发自 $y_{i-1}Py_k$. 注意到 P 上从 x 到 y_k 之间的边上 c_{i-1} 与 c_k 的染色相同. 但是在 c_0 中,因此也在 c_{i-1} 中,(由 β 的定义知)不存在 β-边. 因此,P' 又要在 y_k 处结束,与前面的结论相违.

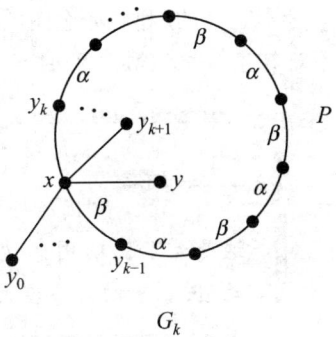

图 8-8　c_k 中的 α/β-路 P

维津定理的意义在于,根据边染色规则,所有的有限图被划分成为两部分:如果 $\chi' = \Delta$,则图是第一类的;否则,是第二类的. 怎样判定一个图的类型一直是染色理论中的一个基本问题,任何一类非平凡图类的发现都是很不容易的. 目前所知道的基本结论是悲观的. 因为人们已经知道这样的判定问题是 NP-困难的. 不过人们仍然在发现一些非平凡的图类.

以下是一道近期出版物(浙江大学出版社 2008 年出版的《染色与染色方法》,王慧兴主编)上出现的题目,选自河北少儿出版社《世界数学奥林匹克大辞典(组合卷)》. 作者由于对维津定理的不了解,导致了错误解答的发生.

例 1　把正 n 边形的每一条边和对角线都涂上一种颜色,使得这些线段中有公共点的任何两条线段都涂有不同颜色. 问:最少需要几种颜色?

(第 19 届全苏数学奥林匹克竞赛,1985)

解　题目原来给出的答案是:最少使用 n 种颜色. 细心的读者不难看出,这是一个 n 阶完全图的边染色问题. $n=4$ 时,使用 3 种颜色就可以了(因为 K_4 的边集合可以分解成为 3 个 1-因子的不交并). 因此,原答案是不正确的.利用完全图的因子分解(可以参见第五讲"对集问题")不难知道:$n \equiv 0 \pmod{2}$时,K_n是第一类的;否则,K_n是第二类的.

我们在解答过程中使用的是所谓的"因子分解"方法,而不是其他组合方法,这是为了说明图的边染色问题所涉及的范围极其广泛.图论中的许多重大问题都与(边)染色有关.

下面这个例子其实是一个数学定理,由柯尼希于1916年发现.关于它的证明有许多,我们利用对集方法来证明它.之所以选择彼得森图为研究对象,是因为关于它有太多的数学故事,尤其是它在现代图论研究理论中所起到的试金石的作用(有人曾经专门撰写过一本关于彼得森图理论的专著).人们在研究一个关于图的重要性质或结论时,首先会拿它来一试.例如,历史上人们曾经猜测:一个3-连通3-正则的图应该是哈密顿图.经过反复研究分析,发现它并不是哈密顿图,去掉任何一个节点后却是哈密顿图.

定理 8-15 设 G 是一个阶为 n,边数为 m 的图.如果
$$m > \frac{(n-1)\Delta(G)}{2},$$
则 $\chi'(G) = \Delta(G) + 1$.

证明:在 G 的任何一个边染色中,同一色的边数不多于 $\frac{n-1}{2}$.因此,用 $\Delta(G)$ 种颜色的边数不超过 $\frac{(n-1)\Delta(G)}{2}$.由于 $m > \frac{(n-1)\Delta(G)}{2}$,所以 $\chi'(G) = \Delta(G) + 1$.

这个结果说明,一个图的边数适当多时,就会成为第二类图.

第八讲 图的染色问题

例 2 Alvin(A)邀请 3 对夫妇到他的别墅住一个星期,他们是:Bob(B)和 Carrie(C),David(D)和 Edith(E),Frank(F)和 Gena(G). 由于这 6 位客人都喜爱网球运动,所以他们决定进行一些比赛. 6 位客人中的每一位都要与其配偶之外的每一位客人比赛. 另外,Alvin 将分别与 David,Edith,Frank,Gena 进行比赛. 若没有客人在同一天进行两场比赛,则要在最少天数内完成比赛,该如何安排?

解 构造一个比赛关系图 H,$V(H)=\{A,B,C,D,E,F\}$,当且仅当两个人进行一场比赛时,两个节点有边相连. 因此,问题要求我们确定 H 的边色数. 这里 $\Delta(G)=5$. 由维津定理,$\chi'(H)=5$ 或 6. 此外,H 的阶 $n=7$,边数为 $m=16$,满足条件 $m>\dfrac{(n-1)\Delta(G)}{2}$. 因此根据定理 8-15,$\chi'(H)=6$.

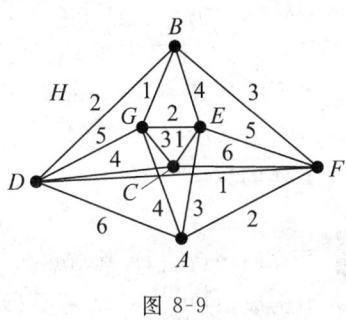

图 8-9

图 8-9 中给出了 H 的一个 6 边染色,从而也给出了一个具有最少天数(6 天)的时间安排表.

第 1 天:Bob-Gena,Carrie-Edith,David-Frank;

第 2 天:Alvin-Frank,Bob-David,Edith-Gena;

第 3 天:Alvin-Edith,Bob-Frank,Carrie-Gena;

第 4 天:Alvin-Gena,Bob-Edith,Carrie-David;

第 5 天:David-Gena,Edith-Frank;

第 6 天:Alvin-David,Carrie-Frank.

例 3 证明:彼得森图的边色数是 4.

证明 由维津定理,彼得森图 G 要么是 3-边可染色的,要么是 4-边可染色的. 如果是前者,那么 G 必然是有 1-因子分解的. 去掉一个一因子 M 后得到一个 2-正则子图(2-因子),它的每一个连通分支都是偶长圈. 如前所述,G 中没有哈密顿圈. 因此,$G-M$ 一定有两个连通分支

σ_1, σ_2. 注意到 G 中最短圈长度为 5,因此 σ_1, σ_2 是两个点不交的 5-圈,这与前面的分析相违. 因而, G 只能是 4-边可染色.

下面是关于彼得森图边色数的一个应用. 可以看出,如果不使用彼得森图模型,很难完成问题的解答.

例 4 有 5 个人被邀请参加桥牌比赛,他们分别是:Allen(A),Brian(B),Charles(C),Doug(D),Ed(E). 桥牌比赛是在两个 2 人组之间进行的,每一个 2 人组 $\{X,Y\}$ 都与其他 2 人组 $\{W,Z\}$ 比赛. 显然,W 与 Z 不可能是 X 和 Y. 若每一个 2 人组在同一天不能有多于一场比赛,则最少需要多少天可完成所有比赛?请建立相应的安排表. 该为此建立什么样的数学模型?

解 我们构造图 G,其节点集合由所有 2 人组构成,且用 XY,而不是 $\{X,Y\}$,表示一个节点. 在 G 中,当且仅当两个节点(2 人组)XY 和 WZ 将进行桥牌比赛时,它们是邻接的,如图 8-10 所示.

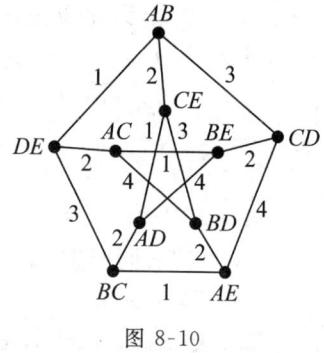

图 8-10

可以发现:图 G 就是彼得森图. 由于 G 是彼得森图,它的边色数是 4. 由此我们可以制定安排方案:

第 1 天:$AB-DE, AE-BC, AC-BE, AD-CE$;

第 2 天:$AB-CE, AC-DE, AE-BD, AD-BC, BE-CD$;

第 3 天:$AB-CD, BC-DE, BD-CE$;

第 4 天:$AC-BD, AD-BE, AE-CD$.

例 5 证明:如果 G 是一个二部图,则 $\chi'(G) = \Delta(G)$.

证明 由第五讲例 1 可知,一个正则二部图可以分解成为若干个 1-因子的并. 因此,我们只用证明:对于最大次为 k 的二部图 G,必然存在一个 k-正则二部图 H 以 G 为子图.

为构造这样一个二部图,首先在 G 的较小的部集中添加一些节点.如果必要,可以使得两个部集的大小相等.如果所得到的图 G' 不是正则的,则每一个部集中均有次小于 k 的节点.以这样两个节点为端点,添加一条边.这样继续添加边,直到图变成 k-正则的,最后得到的图就是 H.

这个解答具有十分高的技巧性,可是仍然不具有很强的图论味道.下面我们提供一个更强的结果,从它出发可以推出定理 8-15.我们十分喜欢它的证明,其中包含了著名的匈牙利方法.

例 6 设 $G=(X,Y,E)$ 是一个二部图,它的最大次为 Δ.证明:G 有一个对集可以饱和所有最大次节点.

证明 任取 G 的一个最大对集,设为 $f=\{x_i y_i | 1 \leqslant i \leqslant \beta\}$.令
$$X_1=\{x_1,x_2,\cdots,x_\beta\}, Y_1=\{y_1,y_2,\cdots,y_\beta\}.$$

记 $f(x_i)=y_i, 1 \leqslant i \leqslant \beta$.令 $X'=\{x | x \in X, |N(x)|=d(x)=\Delta\}$,即 X 中所有 G 里面最大次节点的集合.我们首先要进行调节,使得 $X'-X_1$ 中的节点全部进入 X_1 中来,同时保持 Y_1 不变.将 f 中的边用粗边表示,其他边用细边表示.任取节点 $x_0 \in X'-X_1$,则从 x_0 发出 Δ 条细边,这些细边的 y 终点全部进入 Y_1(即 $N(x_0) \subseteq Y_1$),否则将会有更大的对集.一般地,含有 x_0 为起点的任何一个极大交错链(由细-粗边形成的路)的终点必然是 X_1 中的节点(否则,有可扩张的交错链,从而有更大的对集).

现在假定有某个交错链在依次经过了 $X_1 \cap X'$ 中的若干个节点 $x_{i_1},x_{i_2},\cdots,x_{i_k}$ 之后终于以某条粗边首次遇见了不属于 X' 的节点 x',那么作链的过程就此停止.对于所得到的交错链,在其中将粗边和细边进行互换,则得到的新对集仍然是一个最大对集.不过它含有更多 X' 中的节点,而同时保持 Y_1 不变.这样一来,我们就可以将 X' 里面的节点全部换进 X_1 中.但是我们还需证明所说的这种交错链必定存在.如果所说的这种交错链不存在,那么只能是交错链经过若干个 X' 中的节点 $x_{i_1},x_{i_2},\cdots,x_{i_k}$ 之后总发现从 x_{i_k} 出发的细链全部都回到了已经用过的 y 节点.于是在 X' 中必然有一组节点 $x_{j_1},x_{j_2},\cdots,x_{j_l}$,使得
$$N(\{x_{j_1},x_{j_2},\cdots,x_{j_l}\}) \cup \{x_0\})=\{y_{j_1},y_{j_2},\cdots,y_{j_l}\}.$$

这样，从 $x_0, x_{j_1}, x_{j_2}, \cdots, x_{j_l}$ 这 $l+1$ 个节点，每一个发出 Δ 条边，共发出了 $(l+1)\Delta$ 条边，它们全部进入了 Y_1 中的 l 个节点. 因此，必然有一个 y 节点接受了至少 $\Delta+1$ 条边，与 Δ 的定义相违. 这就证明了所说交错链的存在性.

注意到上面的对换过程中 Y_1 并未发生变化，因而在将 X' 中节点全部换入 X_1 之后，用同样方法可以将 Y 中全部次为 Δ 的节点换入 Y_1. 这就完成了所要求的对集.

点评 上述集合 $x_{j_1}, x_{j_2}, \cdots, x_{j_l}$ 恰好是由从 x_0 出发的所有可能交错链中的 Y_1 中节点所决定. 另外，这个证明过程可以从任何一个极大对集出发. 不难看出，由此可以导致一个有效算法(即复杂性为多项式级别的算法)用以完成上述任务. 以此为依据，我们可以编制如下的例子(如果不使用图论知识是很难完成证明的).

1. 联邦 AB 由 A 和 B 两个共和国组成，每一条道路都联结属于不同共和国的两个城市. 已知每一个城市都至多可以通向 10 个城市. 试证：在联邦 AB 的地图上，可以将每一条道路都涂上 10 种颜色之一，使得出自每一个城市的任何两条道路都涂有不同颜色.

(1990 年圣彼得堡数学奥林匹克竞赛)

2. 有一群男女参加一个舞会. 规定：同性朋友之间不允许跳舞，而舞伴之间必须是相互认识的熟人. 证明：一定存在一种安排，使得有最多异性朋友的人可以在同一时间内跳舞.

§8.4 图的色多项式

在目前的高中数学联赛中出现了一批与图的色多项式有关的题目.以下就是出现在1995年全国高中数学联赛中的试题.

例1 将一个四棱锥的每一个顶点染色,要求同一条棱上的两个顶点异色.如果只有5种颜色可供选用,一共有多少种不同的染色方法?

解 这个四棱锥的每一个顶点都是可以识别的,即可以给每一个顶点都标上不同的字符:四棱锥 $S-ABCD$. 用穷举法(这是原来的解法). 首先,S 有5种不同的染色法. 对于 S 的任意一种染色,考虑四边形 $ABCD$ 的染色法. 如 A,C 同色,一共有 4×3^2 种染色法;如 A,C 异色,一共有 $A_4^2 \times 2^2$ 种染色法. 所以,一共有 $5 \times (4 \times 3^2 + A_4^2 \times 2^2) = 420$ 种不同的染色方法.

点评 上述解答是有局限性的. 如果我们考虑的是一个 n 棱锥,并使用 k 种颜色染色,这种穷举的办法就会失效. 这个四棱锥 $S-ABCD$ 实际上就是图论中的轮形图 $W_{1,4}$,它有4条辐. 对于一般的有 n 条辐的轮形图 $W_{1,n}$,如果使用 k 种颜色给它染色,有

$$\pi_k(W_{1,n}) = k(k-2)^n + (-1)^n k(k-2)$$

种不同的染色法.

图论

对于一般的图染色,我们可以考虑所谓"色多项式问题".这里限制在标号图范围内(即所有节点都是有区别的).容易看出,用 k 种颜色给 n 个节点的空图 $\overline{K_n}$ 染色的方法数目为 k^n,而用 k 种颜色给 n 个节点的完全图 K_n 染色的方法数目是 $k(k-1)\cdots(k-n+1)$.一般来说,关于图 G 的不同染色数目 $\pi_k(G)$ 存在一个简单的递推公式.

定理 8-16 设 G 是简单图,则对于 G 的任何边 e,都有
$$\pi_k(G)=\pi_k(G-e)-\pi_k(G\cdot e).$$

利用这个简单的公式可以顺利推导出下列推论.

推论 8-17 一个 n 阶树 T 的色多项式为 $\pi_k(T)=k(k-1)^{n-1}$,一个长为 n 的圈 C_n 的色多项式为 $\pi_k(C_n)=(k-1)^n+(-1)^n(k-1)$,一个具有 n 条辐的轮图 $W_{1,n}(=C_n\vee K_1)$ 的色多项式为 $\pi_k(W_{1,n})=k(k-2)^n+(-1)^n k(k-2)$.

一个图 G 与一个点的完全图 K_1 的合成图 $G\vee K_1$,是将 K_1 的唯一一个节点向 G 的每一个节点连边后所得的图,它的色多项式为 $\pi_k(G\vee K_1)=k\pi_{k-1}(G)$.运用这个结论我们可以解决下列数学竞赛中的染色问题.

例 2 设有一个圆盘,将它分成 $n(\geqslant 2)$ 个全等的小扇形 $F_1,F_2,\cdots,F_n$.现在用 m 种颜色给每一个小扇形染色,使得相邻的扇形接受不同颜色.问:一共有多少种染色法?

解 使用递归数列方法.设一共有 a_n 种染色法,则第一个小扇形有 m 种方法,第二个小扇形有 $m-1$ 种方法……第 $n-1$ 个小扇形有 $m-1$ 种方法.从形式上看,第 n 个小扇形有 $m-1$ 种方法染色.将最后一个小扇形的染色分成两类:第一类是与第 $n-1$ 个小扇形同色,有 a_{n-1} 种染色法;第二类是与第 $n-1$ 个小扇形异色,有 a_n 种染色法.从而有
$$a_n+a_{n-1}=m(m-1)^{n-1}.$$

为解出这个数列,我们令 $b_n=\dfrac{a_n}{(m-1)^n}$,则有

第八讲　图的染色问题

$$b_n - 1 = -\frac{1}{m-1}(b_{n-1} - 1).$$

$\{b_n - 1\}$ 是一个公比为 $-\frac{1}{m-1}$ 的等比数列. 利用 $b_2 = \frac{m}{m-1}$，可得 $a_n = (m-1)^n + (-1)^n(m-1).$

§8.5 群论方法

在几何结构方面有一类计数问题,它与几何构型的染色计算有关.这就是所谓的"波利亚定理". 匈牙利裔美国著名数学家波利亚(George Polya,1887—1985)在研究了一系列计数问题后,通过把生成函数的思想、群论的观点以及适当赋权的手法有机结合起来,在 1937 年建立了一个非常杰出的定理,通常被称为波利亚计数定理.这个定理是关于等价类计数的主要理论基础.本节将介绍这一定理及它的应用实例,同时结合目前高中数学联赛中出现的一些与波利亚定理(即所谓群论方法)有关的竞赛题目.

应用波利亚定理有两个关键:首先必须把问题表述成为定理所用的数学形式,然后要确定相应置换群的指标函数.如果能做到这一点,问题自然迎刃而解了.

波利亚定理的使用一般经过以下过程:

第一步 计算几何构型上的所有置换(变换)G;

第二步 将所有这些置换分类,记录下其中长度为 i 的轮换个数 $k_i(i=1,2,\cdots,n)$;

第三步 设计生成函数:
$$P_G(x_1,x_2,\cdots,x_n)=\frac{1}{|G|}\sum_{k_1+2k_2+\cdots+nk_n}|G\cap\Omega_{k_1,k_2,\cdots,k_n}|x_1^{k_1}x_2^{k_2}\cdots x_n^{k_n},$$
其中 $\Omega_{k_1,k_2,\cdots,k_n}$ 是(S_n 中)所有这样的置换全体:每一个置换恰好有 k_i 个 i-轮换($i=1,2,\cdots,n$);

第四步 (1) 如果要求计算使用 R 种颜色的总的染色方法数目,则为 $P_G(R,R,\cdots,R)$;

(2) 如果要求计算恰好有 k_1 个第 1 种颜色,k_2 个第 2 种颜色……k_n 个第 n 种颜色的染色方法总数,则计算 $P_G(r_1,r_2,\cdots,r_n)$ 中单项式

$x_1^{k_1} x_2^{k_2} \cdots x_n^{k_n}$ 的系数,这里 $r_i = x_1^i + x_2^i + \cdots + x_n^i$.

注意:在上述操作过程中有一些概念尚待定义. 不过,我们可以通过具体的实例来讲明这个操作过程中概念的使用. 其次,公式 $P_G(R,R,\cdots,R)$ 就是历史上有名的伯恩赛德(Burnside)定理,只不过后者一般不是以这种形式出现. 而公式 $P_G(r_1,r_2,\cdots,r_n)$ 则提供任意特定染色的方法数目.

例 1 用红(R)、蓝(B)、绿(G) 3 种颜色给一个三角形的顶点染色,有多少种方法? 如果用 2 个 G、1 个 R 呢?

解 设三角形 $C_3 = (1,2,3)$,则它的自同构群和循环指标函数分别为
$G = Aut(C_3) = \{(1)(2)(3), (123), (132), (1)(23), (2)(13), (3)(12)\}$,$|G| = 6$.

$$P_G(x_1, x_2, x_3) = \frac{1}{6}(x_1^3 + 3x_1^1 x_2^1 + 2x_3^1).$$

根据波利亚定理,3 种颜色一共有

$$P_G(3,3,3) = \frac{1}{6}(3^3 + 3 \times 3 \times 3 + 2 \times 3) = 10$$

种不同的染色方法,它们如图 8-11 所示.

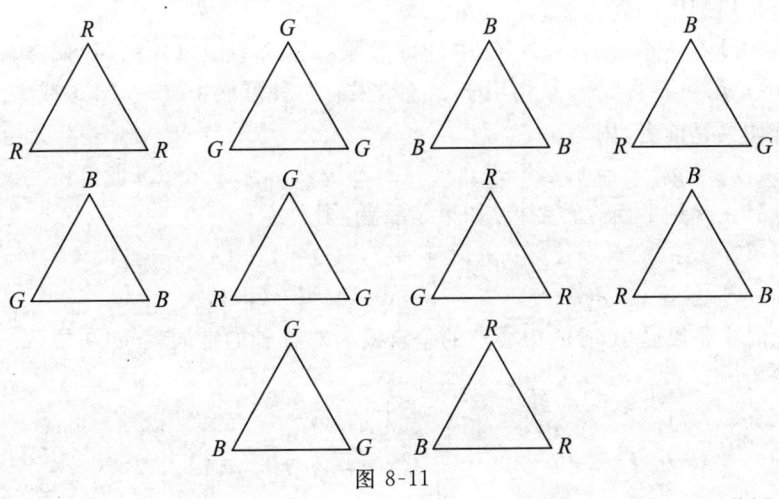

图 8-11

图论

如果恰好使用 2 个 G、1 个 R,则计算
$$P_G((R+G+B),(R^2+G^2+B^2),(R^3+G^3+B^3))$$
中 G^2R 的系数,它是 $\frac{1}{6}(3+3)=1$.

 这是一个小小的例子,从中我们可以看出波利亚定理的真谛.

(1) 如果计算所有可能的 3 种颜色对于 C_3 的不同染色,则是一个整体的统计行为,得出的是一个平均值.

(2) 在计算过程中图的节点之间的联结性并未考虑在内(因此,其中必有许多非正常染色).

(3) 最后,也是尤其重要的是,原来的几何结构 C_3 并未被标号. 可是为了计算,将其每一个顶点实行标号,然后在考虑图的各种自同构变换时将标号的作用抹掉(这可以从上述图表提供的结果中看出).

模型 0(项链问题) 下面我们考虑一般的正 n 边形 $D_n=(1,2,\cdots,n)$ 上的自同构群 $Aut(D_n)$. 这里不采用经典的群论中所使用的穷举法,而是使用图的同构概念.

设 $G=Aut(D_n)$,在 G 中任取置换 $\sigma\in G$. 设 $\sigma(1)=i$,我们考虑 $\sigma(2)$. 由于是自同构,σ 作用于 2 的结果有两种可能:$\sigma(2)=i+1$ 或 $i-1$. 如果是前者,则
$$\sigma=g^{i-1}(i=1,2,\cdots,n), g=(1,2,\cdots,n), i \text{ 对 mod } n \text{ 取值},$$
此时 σ 就是平面旋转变换. 如果是后者,则
$$\sigma(3)=i-2,\cdots,\sigma(i-1)=2,\sigma(i)=1, \sigma(n)=i+1,$$
$$\sigma(n-1)=i+2,\cdots,\sigma(k)=i-k+1,\cdots$$
此时 σ 是以弦 $(1,i)$ 的中心点的垂直线为对称轴的空间旋转,可以表示成为
$$\sigma_i=\begin{pmatrix} 1 & 2 & 3 & \cdots & i-1 & i & i+1 & i+2 & \cdots & n \\ i & i-1 & i-2 & \cdots & 2 & 1 & n & n-1 & \cdots & i+1 \end{pmatrix}$$

$$= \begin{pmatrix} 1 & 2 & 3 & \cdots & i-1 & i \\ i & i-1 & i-2 & \cdots & 2 & 1 \end{pmatrix} \begin{pmatrix} i+1 & i+2 & \cdots & n \\ n & n-1 & \cdots & i+1 \end{pmatrix},$$

如图 8-12 所示.

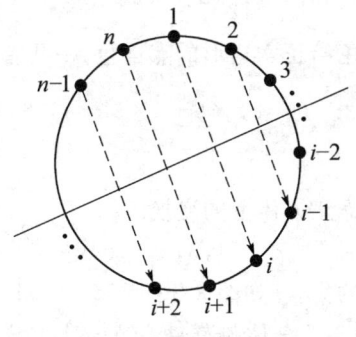

图 8-12

如果 $n=2m$,则

$\sigma_1=(1)(2,2m)(3,2m-1)\cdots(m,m+2)(m+1) \mapsto x_1^2 x_2^{m-1}$,

$\sigma_2=(1,2)(3,2m)(4,2m-1)\cdots(m+1,m+2) \mapsto x_2^m$,

$\sigma_3=(1,3)(2)(4,2m)(5,2m-1)\cdots(m+1,m+3)(m+2) \mapsto x_1^2 x_2^{m-1}$,

$\cdots$

$\sigma_{2m-1}=(1,2m-1)(2m)(2,2m-2)(3,2m-3)\cdots(m,m+1)(m) \mapsto x_1^2 x_2^{m-1}$,

$\sigma_{2m}=(1,2m)(2,2m-1)(3,2m-2)\cdots(m,m+1) \mapsto x_1^2 x_2^{m-1}$,

$G=\{e,g,g^2,\cdots,g^{2m-1},\sigma_1,\sigma_2,\cdots,\sigma_{2m}\}$,

$|G|=4m$.

如果 $n=2m+1$,则

$\sigma_1=(1)(2,2m+1)(3,2m)\cdots(m+1,m+2) \mapsto x_1^1 x_2^m$,

$\sigma_2=(1,2)(3,2m+1)(4,2m)\cdots(m+1,m+3)(m+2) \mapsto x_1^1 x_2^m$,

$\sigma_3=(1,3)(2)(4,2m+1)(5,2m)\cdots(m+2,m+3) \mapsto x_1^1 x_2^m$,

$\cdots$

$\sigma_{2m}=(1,2m)(2,2m-1)(3,2m-2)\cdots(m+1,m)(2m+1) \mapsto x_1^1 x_2^m$,

$\sigma_{2m+1}=(1,2m+1)(2,2m)(3,2m-1)\cdots(m+2,m)(m+1) \mapsto x_1^1 x_2^m$,

$G=\{e,g,g^2,\cdots,g^{2m},\sigma_1,\sigma_2,\cdots,\sigma_{2m+1}\}$,

$|G|=4m+2$.

读者可以根据具体的问题确定相应变换群的循环指标. 例如, 当 $n=6, m=3$ 时, 正六边形的自同构群的循环指标为

$$P_G(x_1, x_2, \cdots, x_6) = \frac{1}{12}(x_1^6 + 2x_6^1 + 2x_3^2 + 4x_2^3 + 3x_1^2 x_2^2).$$

如果用 6 种颜色给正六边形的点染色, 一共有

$$P_G(6,6,6,6,6,6) = \frac{1}{12}(6^6 + 2\times 6 + 2\times 6^2 + 4\times 6^3 + 3\times 6^2 \times 6^2) = 4291$$

种染色法.

下面我们来考虑正方体上的变换.

模型 1 设 $\Omega_1 = \{1,2,3,4,5,6,7,8\}$ 是正方体的 8 个顶点的集合 (如图 8-13 所示).

设 $G_1 = Aut(\Omega_1)$ 是全体旋转决定的群, 则这样的旋转有 24 种, 它们分别是:

(1) 恒等变换: $I = (1)(2)\cdots(8) \mapsto x_1^8$;

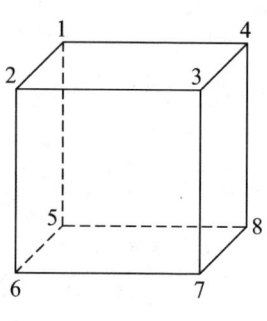

图 8-13

(2) 绕相对面的中点连线 $\pm 180°$ 旋转. 因为有 3 组相对面, 所以共有 3 个这样的变换, 其中一个是 $\pi_1 = (13)(24)(57)(68)$, 它们的贡献为 $3x_2^4$;

(3) 绕相对面的中点连线 $\pm 90°$ 旋转, 有 6 个这样的变换, 其中一个是 $\pi_4 = (1234)(5678)$, 它们的贡献为 $6x_4^2$;

(4) 绕相对棱的中点连线 $\pm 180°$ 旋转. 因为有 6 对相对棱, 所以共有 6 个这样的变换, 其中一个是 $\pi_{10} = (26)(48)(17)(53)$, 它们的贡献为 $6x_2^4$;

(5) 绕相对顶点 (大对角线) 的连线 $\pm 120°$ 旋转. 这里有 4 对顶点, 共有 8 个这样的变换, 其中一个是 $\pi_{16} = (1)(7)(524)(638)$, 它们的贡献为 $8x_1^2 x_3^2$.

综上所述, 所求循环指标为:

$$P_{G_1}(x_1, x_2, \cdots, x_8) = \frac{1}{24}(x_1^8 + 9x_2^4 + 6x_4^2 + 8x_1^2 x_3^2).$$

例 2 正方体的 8 个顶点处各嵌有一颗钻石, 有 m 种不同颜色的钻石可供选用. 求不同的嵌入方法数目 (假定 8 个顶点是没有区别的).

解 利用模型 1 可以知道，一共有

$$P_{G_1}(m,m,m,m,m,m,m,m) = \frac{1}{24}(m^8 + 17m^4 + 6m^2)$$

种不同方法数目.

模型 2 设 $\Omega_2 = \{e_1, e_2, \cdots, e_{12}\}$ 是正方体的 12 条棱的集合，$G_2 = \mathrm{Aut}(\Omega_2)$，则 G_2 的循环指标函数为

$$P_{G_2}(x_1, x_2, \cdots, x_{12}) = \frac{1}{24}(x_1^{12} + 3x_2^6 + 6x_4^3 + 6x_1^2 x_3^5 + 8x_3^4).$$

例 3 给定正方体，对其各棱染色，每条棱只染一种颜色，有 m 种颜色可以使用. 问：一共有多少种染色方法？

解 由模型 2 可知，一共有

$$P_{G_2}(\underbrace{m,m,\cdots,m}_{12\text{个}}) = \frac{1}{24}(m^{12} + 3m^6 + 6m^3 + 6m^7 + 8m^4)$$

种不同染色方法.

模型 3 设 $\Omega_3 = \{p_1, p_2, \cdots, p_6\}$ 是正方体的 6 个面的集合，$G_3 = \mathrm{Aut}(\Omega_3)$，则 G_3 的循环指标函数为

$$P_{G_3}(x_1, x_2, \cdots, x_6) = \frac{1}{24}(x_1^6 + 3x_1^2 x_2^2 + 6x_1^2 x_4^1 + 6x_2^3 + 8x_3^2).$$

例 4 给定正方体，对其表面染色，每面只染一种颜色，有 m 种颜色可以使用. 问：一共有多少种染色方法？如果 4 面染黑色、2 面染白色，一共有多少种染色方法？如果用 2 红、2 黄、2 绿给 6 个面染色，一共有多少种染色方法？

解 由模型 3 可知，如果使用 m 种颜色，一共有

$$P_{G_3}(m,m,m,m,m,m) = \frac{1}{24}(m^6 + 3m^4 + 6m^3 + 6m^3 + 8m^2)$$

$$=\frac{1}{24}(m^6+3m^4+12m^3+8m^2)$$

种不同的染色方法.

如果 4 面染黑(x)色、2 面染白(y)色,则所求数目是多项式

$$P_{G_3}(x+y,x^2+y^2,\cdots,x^6+y^6)$$
$$=\frac{1}{24}((x+y)^6+3(x+y)^2(x^2+y^2)^2+6(x+y)^2(x^4+y^4)$$
$$+6(x^2+y^2)^3+8(x^3+y^3)^2)$$

中 x^4y^2 的系数,它是 2. 图 8-14 表明了结果的正确性.

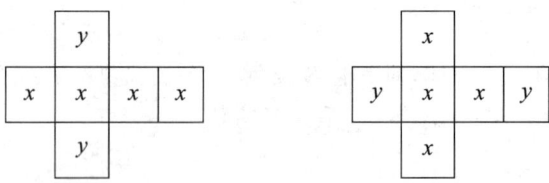

图 8-14

用红、黄、绿 3 种颜色时,分别对红、黄、绿赋权 x,y,z,则所求数目是多项式

$$P_{G_3}(x+y+z,x^2+y^2+z^2,\cdots,x^6+y^6+z^6)$$
$$=\frac{1}{24}((x+y+z)^6+3(x+y+z)^2(x^2+y^2+z^2)^2+6(x+y+z)^2 \cdot$$
$$(x^4+y^4+z^4)+6(x^2+y^2+z^2)^3+8(x^3+y^3+z^3)^2)$$

中 $x^2y^2z^2$ 的系数,它是 $\frac{1}{24}(90+3\times 6+6\times 6)=6$. 这 6 种不同的染色如图 8-15 所示(其中 $\bar{x}$ 表示 x 色面不相邻).

模型 4(分配问题) 令 $D=\{1,2,\cdots,n\}$,$R=\{1,2,\cdots r\}$,$G=S_n$. 如果把 D 中元素看成"球",R 中元素看成"盒子",则 R^D 中的元素 f 就是一个把 n 个不同的球放入 r 个不同盒子的一种分配方法,而 R^D 的一个 G-等价类就是把 n 个同样的球放入 r 个不同盒子的一种分配方法,所以其个数为 C_{n+r-1}^n. 如果在 R 上赋权 $w(i)=y_i(i=1,2,\cdots,r)$,则每一个 G-等价类,即每一个式样 F 的权 $W(F)=y_1^{k_1}y_2^{k_2}\cdots y_r^{k_r}(k_1,k_2,\cdots,k_r$ $\geq 0,k_1+k_2+\cdots+k_r=n)$,这时式样清单(循环指标函数的赋权)等于

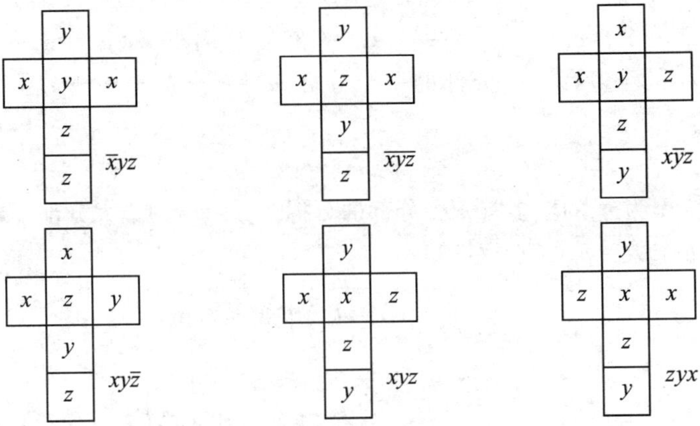

第八讲 图的染色问题

```
    y              y              x
 x  y  x        x  z  x        x  y  z
    z              y              y
    z  x̄yz         z  x̄yz           xȳz

    x              y              y
 x  z  y        x  x  z        z  x  x
    y              z              z
    z  xyz̄          y  xyz           y  zyx
```

图 8-15

$\prod_{j=1}^{n}(1+y_j z+y_j^2 z^2+\cdots)$ 中 z^n 的系数.

例5 求把 4 个球 a,a,b,b 分别放入 2 个不同盒子 A,B 中的不同分配方法数目.

解 令 $D=\{a_1,a_2,a_3,a_4\}, R=\{A,B\}, G=\{e,(a_1,a_2),(a_3,a_4),(a_1,a_2)(a_3,a_4)\}\subseteq S(D)$. 因为此时的指标函数为 $P_G=\frac{1}{4}(x_1^4+2x_1^2x_2^1+x_2^2)$,所以

$$P_G(x+y,x^2+y^2)=\frac{1}{4}((x+y)^4+2(x+y)^2(x^2+y^2)+(x^2+y^2)^2)$$
$$=x^4+2x^3y+3x^2y^2+2xy^3+y^4.$$

一共有 9 种分配方案,列举如下:

$aabb|\varnothing;\ aab|b;\ abb|a;\ aa|bb;\ ab|ab;$
$bb|aa;\ a|abb;\ b|baa;\ \varnothing|aabb.$

其中分隔线"|"左面是 A 盒,右面为 B 盒.

例6 设 $D=\{1,2,\cdots,n\}, R=\mathbf{N}, G=S_n$. 在 R 上赋值 $W(j)=$

$x^j (j \in \mathbf{N})$. 证明:对 $f \in R^D$ 和 $m \in \mathbf{N}$ 来说,$W(j) = x^j (j \in \mathbf{N}) \Leftrightarrow F(1) + f(2) + \cdots + f(n) = m$,从而一个 G-等价类 F 的权 $W(F) = x^m$ ——对应于 m 的至多有 n 个分部的一个分拆 $m = k_1 + k_2 + \cdots + k_{n_1}, k_1 \geq k_2 \geq \cdots \geq k_{n_1}, n \geq n_1$.

证明 因为 m 的至多有 n 个分部的分拆个数 $= m$ 的最大分部不超过 n 的分拆个数 $= p_n(m)$,故可知

$$\sum_{m=0}^{\infty} p_n(m) (= R^D \text{ 中式样清单})$$

$$= P_{S_n}\left(\frac{1}{1-x}, \frac{1}{1-x^2}, \cdots, \frac{1}{1-x^n}\right).$$

注意:我们规定 $p_n(0) = 1$. 因为

$$\sum_{m=0}^{\infty} p_n(m) x^m = \frac{1}{(1-x)} \times \frac{1}{(1-x^2)} \times \cdots \times \frac{1}{(1-x^n)},$$

所以

$$P_{S_n}(x_1, x_2, \cdots, x_n) = \sum \prod_{j=1}^{n} \frac{1}{\lambda_j!} \left(\frac{x_j}{j}\right)^{\lambda_j},$$

右边的和式是对方程 $\lambda_1 + 2\lambda_2 + \cdots + n\lambda_n = n$ 的所有非负整数解 $(\lambda_1, \lambda_2, \cdots, \lambda_n)$ 求和. 于是我们有

$$\frac{1}{(1-x)} \times \frac{1}{(1-x^2)} \times \cdots \times \frac{1}{(1-x^n)} = \sum \prod_{j=1}^{n} \frac{1}{\lambda_j!} \left(\frac{x_j}{j}\right)^{\lambda_j}.$$

如当 $n = 3$ 时,$\lambda_1 + 2\lambda_2 + 3\lambda_3 = 3$ 有 3 个解:$(3, 0, 0), (1, 1, 0), (0, 0, 1)$,于是有

$$\frac{1}{(1-x)} \times \frac{1}{(1-x^2)} \times \frac{1}{(1-x^3)}$$

$$= \frac{1}{6(1-x)^3} + \frac{1}{2(1-x)(1-x^2)} + \frac{1}{3(1-x)}.$$

§8.6 其他染色问题

例1 正九边形的 9 个顶点用红蓝两色之一染色,由 3 个同色顶点确定的三角形称为同色三角形.证明:由这 9 个顶点可以确定两个同色三角形,且这两个三角形全等.

(1993 年德国数学奥林匹克竞赛)

证明 9 个点中一定有 5 个同色点,不妨设它们为红色点 a,b,c,d,e. 以这 5 个点为基础可以构成 10 个红色三角形.下面证明:这 10 个三角形中有两个全等.

由正九边形的 9 个顶点可以构成 $C_9^3 = 84$ 个三角形.我们的理论依据是:如果有两个红色三角形,它们绕正九边形的中心 O 旋转时,都可与这 84 个三角形中的某一个重合,则这两个三角形就全等.让 10 个红色三角形绕中心 O 旋转,依次旋转 $40° \times k, k=1,2,\cdots,8$,共得 90 个红色三角形.因为 $\frac{90}{84} > 1$,由抽屉原理,这 90 个三角形中必有某两个与上述 84 个三角形中的某一个完全重合.因此,这两个红色三角形全等,并且是上述 10 个红色三角形中的某两个旋转得到的.

习题 8

1. 对于正整数 k,H 是一个阶数为 $4k+1$ 的 $2k$-正则图.设 G 是从 H 中去掉 $k-1$ 条独立边所得到的图.证明:$\chi'(G)=\Delta(G)+1$.

2. 在一条直线上给定 n 个点 $A_1,A_2,\cdots,A_n(n\geqslant 4)$,并将这些点都用 4 种颜色染色,且 4 种颜色都用上.证明:直线上必有一段,它含有 4 种颜色的点,其中 2 种颜色的点恰好各有一个,而另外 2 种颜色的点至少各有一个.

(1977 年捷克数学奥林匹克竞赛)

3. 在 10×20 的方格表中填入 200 个不同的数,在每一行中用红色标出 2 个最大的数,在每一列中用蓝色标出 2 个最大的数.证明:表中有不少于 3 个数,它们既被红色、又被蓝色所标出.

(1976 年第 39 届莫斯科数学奥林匹克竞赛)

4. 两块完全相同的国际象棋棋盘(8×8 个方格)重叠在一起,现在将其中一块绕中心旋转 $45°$.如果每一个方格的面积为 1,求这两块棋盘的所有相交的黑格部分的总面积.

(1981 年第 15 届全苏数学奥林匹克竞赛)

5. 将正方形 $ABCD$ 划分成为 n^2 个相等的小方格,把相对顶点 A 和 C 涂成红色,B 和 D 涂成蓝色,其他节点都任意涂上红蓝两色之一.证明:恰好有 3 个顶点同色的小方格的数目为偶数.

(1991 年中国初中数学联赛)

6. 设有一个圆盘,将它分成 n 个全等的小扇形.现在用 m 种颜色给每一个小扇形染色,使得相邻的扇形接受不同颜色.问:一共有多少种染色法?

7. 用 m 种颜色对一根长为 8 尺的棍子染色,每一尺着一色,相邻的二尺不能着同色.问:有多少种方法?

第九讲 平面图与多面体问题

§9.1 平面图与图的平面嵌入

如果能将一个图 G 画在平面上,使得它的边仅仅在端点处相交,则称这个图是**可以嵌入平面的**,或称其为**平面图**.

一个容易看出的事实是:并非所有的图都可以嵌入到平面上去.下面两个库拉托夫斯基(Kuratowski)图 K_5 与 $K_{3,3}$(见图 9-1)就不能嵌入到平面上.事实上,我们将会知道,这两个图

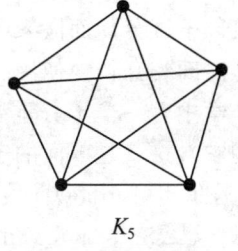
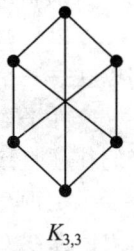

图 9-1

将是导致一个图无法嵌入到平面上的决定性因素.将图 G 嵌入到平面上后有许多新的结构会出现.例如,$R^2 - G$ 的每一个连通分支(区域)被称为 G 的一个**面**,于是就有欧拉公式成立:

$$|V(G)| - |E(G)| + |F| = 2,$$

其中 $V(G), E(G), F$ 分别是 G 的节点集合,边集合和面集合.这个公式是拓扑学中的基本公式之一,许多与低维拓扑学有关的数学结构都要用到此公式.值得注意的是,高中立体几何部分也介绍了欧拉公式,这个公式对于平面上的图和空间凸多面体都成立.原因何在?

下面我们将利用所谓"球极平面射影"来说明平面可嵌入图与球面可嵌入图是一样的.为了证明这一点,我们作一个称为球极平面射影的映射.考虑放在平面 P 上的一个球面 S,并且用 z 表示 S 上与 S 和 P

的切点正相对的点. 给出映射 $\pi: S\setminus\{z\} \to P$, 定义当且仅当 z, s, p 共线时 $\pi(s) = p$, 称 π 为从 z 出发的"**球极平面映射**", 在图 9-2 中作了直观说明.

定理 9-1 当且仅当图 G 可以嵌入到平面时, 它可以嵌入球面.

同样地, 我们可以将一个空间中的多面体 Ω 放入到一个球面内部, 利用球心向外的射影技术我们可以知道下面的推论.

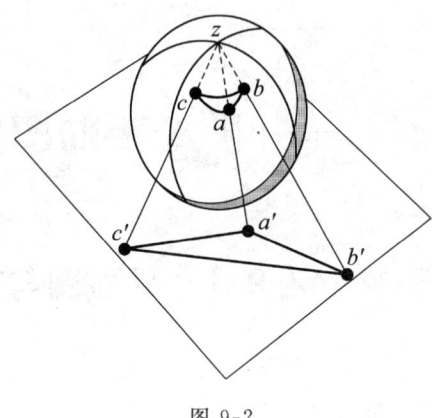

图 9-2

推论 9-2 当且仅当图 G 是一个空间多面体时, 它可以嵌入球面.

以后我们可以不区分球面嵌入图、平面嵌入图和空间多面体, 即可以在这三个概念之间相互切换使用.

在平面拓扑学中有一个十分重要而又明显的结果 (解决问题时人们往往直接利用它), 这就是下面的定理.

定理 9-3(若尔当(Jordan)曲线定理) 平面 R^2 上任何一个简单封闭曲线 C 将 R^2 分成三个部分: C 的内部 $\text{int}(C)$, C 的外部 $\text{ext}(C)$ 和 C. 特别地, 联结 $\text{int}(C)$ 中一个点 s 与 $\text{ext}(C)$ 中一个点 t 的任何一条曲线 γ 必定与 C 相交于某一点.

注意: 有时候我们也将 $\text{Int}(C) = C \cup \text{int}(C)$ 和 $\text{Ext}(C) = C \cup \text{ext}(C)$ 分别称为 C 的内部和外部. 实际上, 它们分别是 $\text{int}(C)$ 和 $\text{ext}(C)$ 的(拓扑意义下的)"闭包".

例1 证明: 库拉托夫斯基图 K_5 不是平面图.

证明 方法一 假定不然, 设 K_5 的 5 个节点为 $x_1, x_2, \cdots, x_5$. 任取一边 $e = (x_1, x_4) \in E(K_5)$, $K_5 - e$ 有一个平面三角剖分嵌入(如图 9-3 所示).

现在节点 x_2 和 x_4 分别在圈 $C=(x_1,x_3,x_5)$ 的内部和外部. 根据若尔当曲线定理,边 $e=(x_2,x_4)$ 一定要与 C 相交于一点,与假设相违.

方法二 利用欧拉公式. 假定不然,设它有 $|F|$ 个面,则根据欧拉公式,有 $5-10+|F|=2$,即它有 7 个面. 注意到 K_5 的最短圈长为 3,在每一个面上数边. 由于每一边位于两个面上,我们有

$$21 \leqslant 3|F| \leqslant \sum_{f \in F} |\partial f| = 2|E(K_5)| = 2 \times 10,$$

这个矛盾表明: K_5 不能嵌入到平面上.

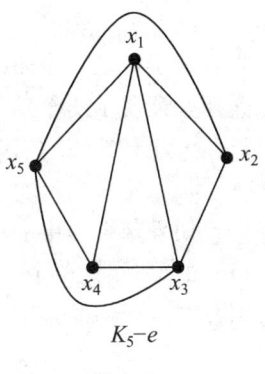

图 9-3

点评 (1) 两个证明所使用的数学工具完全不同. 前者利用的是平面的拓扑结构,而后者利用的是图 K_5 的组合结构.

(2) 在一般曲面 $\sum$ 上,嵌入图应该满足高维曲面上的欧拉公式:

$$\begin{cases} |V(G)|-|E(G)|+|F|=2-2g, \\ \qquad \sum \text{是亏格为 } g \text{ 的可定向曲面 } S_g, \\ |V(G)|-|E(G)|+|F|=2-h, \\ \qquad \sum \text{是亏格为 } h \text{ 的不可定向曲面 } N_h. \end{cases}$$

我们可以利用这个推广的欧拉公式直接证明:对于任何一个曲面 $\sum$,都有非常多的图无法嵌入到 $\sum$ 上. 事实上,对于简单图而言,只有边数较少时才有可能嵌入到给定的曲面上(即图的边越多,图越稠密,就越不可能嵌入到固定曲面上去).

(3) 图 G 嵌入到 $\sum$ 上除了要求边仅在节点处相交外,还要求 $\sum-G$ 的每一个连通分支都"连续收缩成为一个圆盘".

欧拉公式和导出的不等式虽然可以用来否定一些图的平面图,但是它对于肯定一个图是平面图却无能为力.1930 年波兰数学家库拉托夫斯基证明了一个简洁而漂亮的结果:所有非平面图都包含着 K_5 或 $K_{3,3}$ 作为子图.为了明确地叙述这个结果,首先给出两个图"同胚"的概念.

如果两个图中的一个图是由另一个图的边上插入一些新的顶点而得到的,那么这两个图称为**同胚**的(有的学者定义为"加细"或拓扑子图).图 9-4 中的两个图是同胚的.

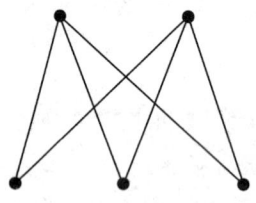 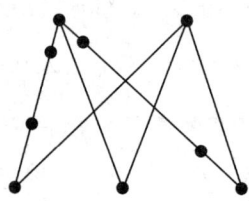

图 9-4

根据两个图同胚的概念,可以知道一个图的边上插入或删去一些度数为 2 的顶点后,不影响图的平面性.下面给出库拉托夫斯基定理.

定理 9-4(库拉托夫斯基定理) 当且仅当一个图不包含同胚于 K_5 或 $K_{3,3}$ 的子图时,它是平面图.

这个定理虽然很基本,但证明很长,在此从略.

例 2 下列两个图(见图 9-5)是平面图吗?

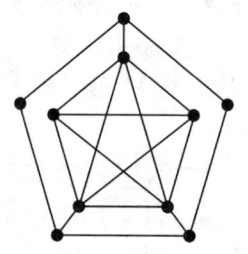 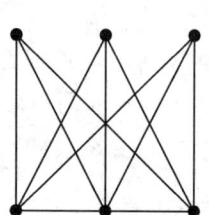

图 9-5

解 左图包含了一个 K_5 图,右图包含了一个 $K_{3,3}$ 图. 根据库拉托夫斯基定理,这两个图都是非平面图.

后人在研究这两个库拉托夫斯基子图时经常比较它们各自的关系和作用. 它们中到底哪一个对于图的非平面性的影响更大呢? 下面这个结果从某种意义上回答了这个问题.

定理 9-5 设 G 是一个阶数至少是 6 的 3-连通图. 如果 G 有 K_5 的剖分子图,那么它一定含有 $K_{3,3}$ 的剖分子图.

证明: 设 K 是 G 的一个 K_5 的剖分子图, 则 K 一定不是 G 的支撑子图, 从而 $G-K$ 有一个分支 B. 我们考虑由 K, B, 以及联结它们之间的所有边形成的子图 H. 容易看出, $E[B, K]$ 中至少有 3 条边, 而联结 K 和 B 的边在 K 内的端点不会全部位于 K 的一条路(对应于 K_5 的一条边)上(否则 G 不是 3-连通图). 在此结构下读者很容易找到 $K_{3,3}$ 的剖分图(这可以在图 9-6 中看出).

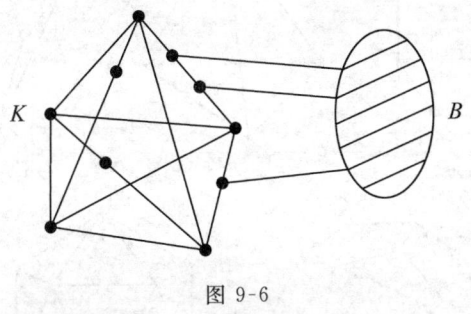

图 9-6

例 3 正多面体有几种? 它们的棱数、顶点数和面数各是多少? 每个顶点联结几条棱?

解 因为正多面体每个顶点处至少有 3 个面拼在一起,所以当正多边形的每个内角大于等于 $120°$ 时,显然形不成正多面体的顶点,所以只能考虑以正五边形、正方形和正三角形为基础搭成各种各样的正多面体.

(1) 以正五边形为面的多面体.

因为正五边形内角为 $\frac{3}{5}\pi$, 而 $\frac{3}{5}\pi \times 4 > 2\pi$, 所以以正五边形为面的正多面体每个顶点皆为 3 次, 于是 $3v=2e, \frac{5f}{2}=e$, 代入欧拉公式得

$$\frac{2}{3}e - e + \frac{2}{5}e = 2,$$

解得 $e=30, v=20, f=12.$

即以正五边形为面的正多面体只有一种, 它是 20 个顶点、30 条棱且每个顶点处有 3 条棱的正十二面体.

(2) 以正方形、正三角形为面的正多面体, 共有如图 9-7 所示的 4 种, 请读者自行证明. 从而正多面体只有 5 种.

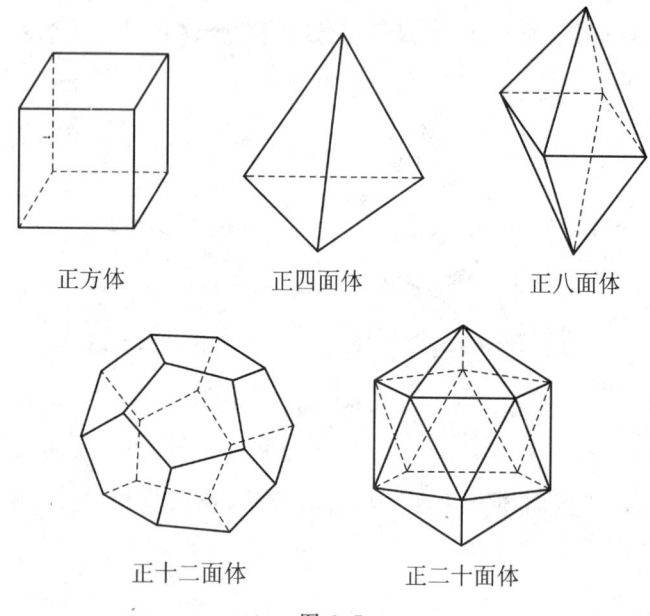

图 9-7

例 4 如果一个正方形被划分为 n 个凸多边形, 当 n 为定值时, 求这些凸多边形的边数的最大值.

解 由欧拉公式知,一个凸多边形被划分为 n 个多边形,则 $v-e+n=1$(因为 $f=n+1$). 由于一个正方形被划分为 n 个凸多边形,因此这些多边形的每个顶点,如果它不是正方形的顶点,则必是至少 3 个凸多边形的顶点. 用 A,B,C,D 分别表示正方形的顶点,用 v 表示除 A,B,C,D 外的任一顶点,则
$$d(v) \leqslant 3(d(v)-2).$$
由上式对除 A,B,C,D 外的所有点求和,得
$$2e-(d(A)+d(B)+d(C)+d(D))$$
$$\leqslant 3(2e-(d(A)+d(B)+d(C)+d(D)))-6(v-4),$$
于是
$$4e \geqslant 2(d(A)+d(B)+d(C)+d(D))+6(v-4).$$
由于 $d(A) \geqslant 2, d(B) \geqslant 2, d(C) \geqslant 2, d(D) \geqslant 2$,所以
$$2e \geqslant 8+3(v-4),$$
由
$$v-e+n=1,$$
得
$$3(e+1)=3v+3n \leqslant 2e+4+3n,$$
即
$$e \leqslant 3n+1.$$

过正方形的一边相继作 $n-1$ 条邻边的平行线,将这个正方形分为 n 个矩形,总边数为 $4+3(n-1)=3n+1$.

综上,所求边数的最大值为 $3n+1$.

定理 9-6 设 Ω 是一个多面体,用 n_k 表示其中 k-变形的数目,则有
$$3n_3+2n_4+n_5 \geqslant 12+n_7+2n_8+3n_9+4n_{10}+\cdots$$

证明: 考虑和式
$$\sum_{k \geqslant 7}(k-6) \times n_k = \sum_{k \geqslant 7} k \times n_k - 6\sum_{k \geqslant 7} n_k$$
$$= \sum_{k \geqslant 3} k \times n_k - \sum_{k=3}^{6} k \times n_k - 6\sum_{k \geqslant 7} n_k$$
$$= 2|E| - \sum_{k=3}^{6} k \times n_k - 6(|F| - \sum_{k=3}^{6} n_k)$$
$$= 2|E| - 6|F| + \sum_{k=3}^{6}(6-k) \times n_k$$

$$= 2|E| - 6|F| + 3n_3 + 2n_4 + n_5.$$

由欧拉公式知道,$2|E| \geqslant 3|V|$,而这就意味着 $2|E| - 6|F| \leqslant -12$,从而完成定理的证明.

> **点评**　(1) 这个结果表明:对于最小面次(长度)至少为 3 的简单平面嵌入图,其中一定有一个面的次很小.对偶地,一个最小次至少为 3 的简单平面图中一定会有一个节点的次不超过 5.这个特征是人们使用数学归纳法的基础之一.在后面我们将应用它来解决诸如平面五色定理等著名结果.
>
> (2) 从证明过程可以知道,当且仅当 $2|E| = 3|F|$,即 Ω 的每一个面都是三角形时,定理中的等式成立.
>
> (3) 它在一般曲面上也有平行的结果(读者可以利用曲面上的欧拉公式自己得出),从而每一个给定曲面上的嵌入图中一定会有相当数量的节点的次很小.

1968 年,两位苏联数学家科济列夫(Kozyrev)和格林贝格(Grinberg)给出了平面图具有哈密顿圈的一个必要条件.

定理 9-7(格林贝格定理)　如果一个平面图有哈密顿圈 C,用 f_i' 表示 C 内部的 i 边形的个数,用 f_i'' 表示 C 外部的 i 边形的个数,则

(1) $1 \cdot f_3' + 2 \cdot f_4' + 3 \cdot f_5' + \cdots = n - 2$;

(2) $1 \cdot f_3'' + 2 \cdot f_4'' + 3 \cdot f_5'' + \cdots = n - 2$;

(3) $1 \cdot (f_3' - f_3'') + 2 \cdot (f_4' - f_4'') + 3 \cdot (f_5' - f_5'') + \cdots = 0$,

其中 n 为 G 的顶点数,显然也是 C 的长.

证明:设 C 的内部有 d 条边.由于 G 是平面图,它的边都不相交,所以一条边把它经过的面分成两部分.设想这些边是一条一条地放进图里去的,每放进一条边都使 C 内部的面增加一个,因此 d 条边把 C 的内部分成了 $d+1$ 个面,于是 C 内部面的总数

$$f_2' + f_3' + f_4' + f_5' + \cdots = d + 1. \tag{1}$$

在 C 内每个 i 边形中记上数字 i,各面所记数字之和就是围成这些

面的边的总数. C 内部的每一条边都被数了两次, 而 C 上的 n 条边每条都只数了一次, 于是

$$2f'_2+3f'_3+4f'_4+5f'_5+\cdots=2d+n. \tag{2}$$

式(2)减去式(1)的两倍, 得

$$1\cdot f'_3+2\cdot f'_4+3\cdot f'_5+\cdots=n-2. \tag{3}$$

类似地可以推得

$$1\cdot f''_3+2\cdot f''_4+3\cdot f''_5+\cdots=n-2. \tag{4}$$

(3), (4)两式相减即得

$$1\cdot (f'_3-f''_3)+2\cdot (f'_4-f''_4)+3\cdot (f'_5-f''_5)+\cdots=0.$$

注意: 格林贝格定理经常被用来判定一个图的非哈密顿性.

例 5 证明: 如图 9-8 所示的格林贝格图无哈密顿圈.

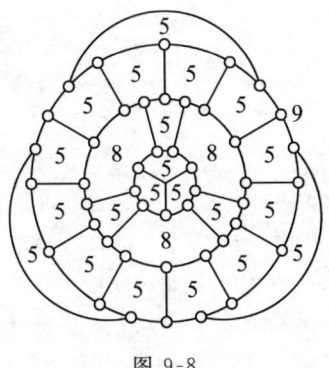

图 9-8

证明 设这个图有哈密顿圈. 因为它只有五边形、八边形和九边形, 根据格林贝格定理有

$$3(f'_5-f''_5)+6(f'_8-f''_8)+7(f'_9-f''_9)=0,$$

由此得 $7(f'_9-f''_9)\equiv 0\pmod{3}$,

这与 $f'_9-f''_9=1$ 矛盾.

故格林贝格图无哈密顿圈.

格林贝格定理有许多推广. 1982 年加拿大数学家扎克斯(J. Zaks) 在 J. of Combinatorial Theory Ser. B(32)第 95—97 页上发表一篇文章, 将它推广到如下形式.

定理 9-8(扎克斯 1982) 设 G 是一个含有 n 个点不交的圈的平面图, 这些圈中的任何一个都不能分离其他任何两个(即所有这些圈都分布在每一圈的外部). 如果 G 有 v' 个节点和 p'_k 个 k-边形位于这些圈的内部, 有 v'' 个节点和 p''_k 个 k-边形位于这些圈的外部, 则有 $p'_k+p''_k=p_k(k\geqslant 3)$, 且

$$\sum_{k\geqslant 3}(k-2)(p''_k-p'_k)=4(n-1)+2(v''-v').$$

推论 9-9(扎克斯 1982) 如果 G 是一个连通平面二部图,且满足条件:
$$\sum_{k\equiv 0(\bmod 4)} p_k \equiv 1(\bmod 2),$$
则 G 中没有 2-因子(每个节点的次均为 2 的支撑子图). 特别地,G 不是哈密顿图.

§9.2 平面嵌入图的染色问题

下面这个例子是关于平面三角剖分图(每一个面都是三角形的多面体)的 2-面染色问题的,尽管它以中学里面的立体几何形式出现(它选自王慧兴主编、浙江大学出版社出版的数学竞赛讲座《染色与染色方法》一书). 如果不将其上升到多面体理论或平面图染色理论的高度的话,是很难一下看出结果的.

例 1 将一个正方体的每一个侧面都用两个有公共斜边的全等直角三角形贴上,其中一个三角形是白色的,另一个是黑色的. 问:能否适当安排黑白两色,使得正方体的每一个顶点处的白角之和与黑角之和相等?

解 如果按照要求制作,可以得到一个平面三角剖分图 G,它的每一个节点的次不是 4 就是 6,因而是欧拉图. 由于我们知道:一个平面图当且仅当它是欧拉图时可以 2-面染色,因此这个问题在更广泛的意义下都有解.

平面上嵌入图的色数问题实际上是整个图论发展的动力之一. 多少年来,诸如"四色问题"这样的数学猜想的解决过程产生了许多十分重要的理论和方法(例如,图特当年为解决四色问题而开始创立完全不对称地图理论,根据地图理论,才在概率意义下证明了四色问题).

下面我们就直接讨论平面图(或多面体)的染色问题. 在这一方面,最直接的一个结果就是下列定理.

定理 9-10 (柯尼希) 一个平面嵌入图 G 是可以正常 2-面染色的充分必要条件是它是欧拉图(即每一个节点的次为偶数).

证明:如果 G 是 2-面可染色的,由于环绕每一个节点处有偶数

个角形区域,G 是欧拉图.反过来,假定 G 是平面欧拉图,我们可以选择一个面 f,将其边界 ∂f 看作一个圈.那么将 ∂f 的边去掉后的图也是平面欧拉图.由归纳假定,它是可以 2-面染色的.在其 2-面染色 c 中,f 所处的区域 σ 用 ∂f 的边分成若干块,给 ∂f 内部染上与 σ 不同的颜色,这样就得到 G 的一个正常 2-面染色.

下面我们再看一个与平面图 2-面染色有关的竞赛题目.

例 2 平面上给定 $n(n\geq 2)$ 条直线,其中任何两条不平行,任何三条不共点.它们将平面划分成为若干个小区域.试在每一个区域内部填写一个绝对值不大于 n 的非负整数,使得任何一条直线的同一侧所有区域中各数之和为零.

解 一个为人们关心的问题是:这个题目是怎样产生的?那个出题人为什么出这个题?它的背景是什么?如果我们将这个问题放到球面上去,让所有的直线对应于一些大圆(从拓扑学的观点看,这是完全允许的),将每一个交点看成一个节点,于是我们看到了一个平面 4-正则图 G,它是可以 2-面染色的.将每一个面用 -1 或 $+1$ 去染色,则每一个面 f 至多有 n 条边,n 个角形区域.如果 f 的颜色为 $-1(+1)$,则将其每一个角域放一个 $-1(+1)$.这样一来,每一个面各角域上数字之和是一个绝对值不超过 n 的整数.读者可以自己验证:这样的赋值完全符合题目要求.图 9-9 提供了一个具体的实例.

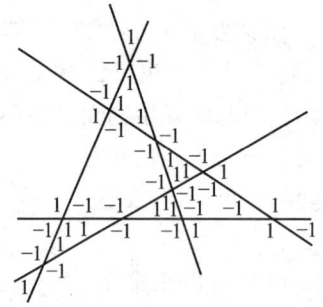
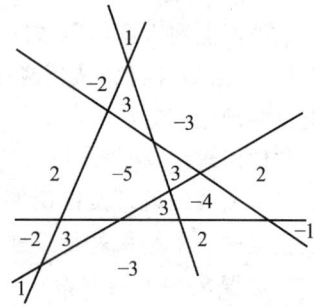

图 9-9

点评 这个例子中可以放松条件"没有三条直线交于一点"。多条直线交于一点时结论仍然成立,即可以完成下面的题目:

平面上给定 $n(n \geq 2)$ 条直线,其中任何两条不平行。它们将平面划分成为若干个小区域。试在每一个区域内部填写一个绝对值不大于 n 的非负整数,使得任何一条直线的同一侧所有区域中各数之和为零。

下面这个结果表明了一类平面图的面染色与节点染色之间的关系。

定理 9-11(希伍德 1898) 当且仅当一个平面三角剖分图 G 是欧拉图时,它可以正常 3-(点)染色。

证明:设 G 是一个平面三角剖分图,且可以 3-节点染色。对于每一个节点 $x \in V(G)$,$N(x)$ 中的节点自然形成一个圈。不难看出,这个圈必然是偶长圈,从而 G 是欧拉图。

反过来,假定 G 是平面嵌入的欧拉图,它的每一个面都是三角形。我们可以从一个固定节点和它的邻域中的节点出发。容易看出,这个圆盘扇形(又叫轮形)子图必定是可以 3-点染色的。然后再从圈上节点出发,重复这个扩张过程,我们可以完成对于整个图 G 的 3-点染色。

另外,我们可以用维津定理来说明。考虑 G 的几何对偶图 G^*,它是平面二部 3-正则图,满足维津定理条件。因而 G^* 是 3-边可染色图,从而有 1-因子分解。对于 G^* 的每一个节点 v^*,有 3 条边从 v^* 出发。设这 3 条边上的颜色分别为 $c_i+c_j, c_i+c_k, c_j+c_k$,则与 v^* 相关联的 3 个面上的颜色分别为 c_j, c_i, c_k(如图 9-10 所示)。

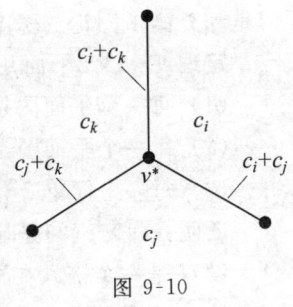

图 9-10

我们不难证明:上述对于 G^* 的 3-面染色是正常的,从而导致了 G 的一个 3-节点染色。这里,$c_i, c_j, c_k \in Z_3 =$

$\{\bar{0}, \bar{1}, \bar{0}\} = \frac{Z}{(3)}$(是三阶整数加法群).

下面这个结果可以用来判定一类平面图的 3-点可染色性.

定理 9-12(格罗茨奇(Grotzsch)1959) 每一个不含有 3-圈的平面图是 3-点可染色的.

例 3 假定平面上有若干单位正方形 C_1,$C_2,\cdots,C_n$,使得平面上每一个点至多被两个正方形所覆盖.证明:可以将它们分成 3 类,使得每一类中的正方形没有公共点.图 9-11 表明,3 是最好的下界.

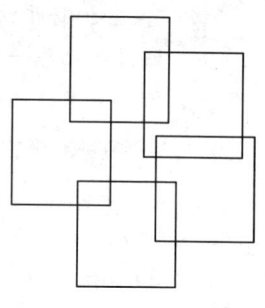

图 9-11

证明 将每一个正方形看成一个节点,当且仅当两个节点覆盖了一个公共点时它们有边相连.于是我们得到一个嵌入在平面上的图 G.由于正方形的边只有两种:要么竖直,要么水平,而平面上的点不可以被 3 个正方形所覆盖,所以 G 中没有 3-圈.G 是可以 3-点染色的图,就是可以将它的节点分成 3 个不交的子集合,使得每一个子集合中的节点间无边相连.对应的正方形同时也被分成 3 个不交的类,每一个类中的正方形之间没有公共点.

关于平面图的染色理论,下面的结果极其重要.它的证明很简单,但是却充满了图论的基本技巧.

定理 9-13 下面几个性质是等价的:

(1) 每一个平面图是 4-点可染色的;

(2) 每一个平面图是 4-面可染色的;

(3) 每一个简单 2-边连通 3-正则平面图是 3-边可染色的.

证明:(1)→(2)是显然的.我们先证明(2)→(3).

设 G 是一个嵌入在平面上的简单 2-边连通 3-正则图,它有一个正常的 4-面染色 c 使用了 4 种颜色 $c_0 = (0,0)$,$c_1 = (1,0)$,$c_2 = (0,1)$,$c_3 = (1,1)$,其坐标取自模 2 加法群 Z_2.我们现在完全定义了 G 的一个正常 3-边染色,这就证明了(2)→(3).

以下我们证明(3)→(1).假定(3)成立而(1)不成立,那么存在一个5-临界图(去掉任何一个元素后就是4-点可染色的图)G.我们可以进一步假定G是一个平面三角剖分图H的支撑子图(可以在G的每一个面内部不断加入新边,使每一个面都变成三角形).H的几何对偶图H^*是一个2-边连通的简单3-正则图.根据(3),H^*有一个正常的3-边染色(E_1,E_2,E_3).对于$i \neq j$,记H^*_{ij}为H^*的由$E_i \cup E_j$所导出的子图.由于H^*的每一个节点与一条i色边和一条j色边关联,H^*_{ij}是一个2-因子(即由若干个不相交的圈组成),从而它是2-面可染色的.设c_{ij}是H^*_{ij}的2-面染色.现在H^*的每一个面f为一个H^*_{12}的面f_{12}与一个H^*_{23}的面f_{23}的交集(即$f = f_{12} \cap f_{23}$).我们可以将f的颜色规定为$c(f) = (c_{12}(f_{12}), c_{23}(f_{23}))$.可以验证,$c$是$H^*$的一个正常2-面染色.由于$G$是$H$的子图,我们有:

$$5 = \chi(G) \leq \chi(H) = \chi^*(H^*) \leq 4,$$

这样,就证明了(3)→(1).

注意:一个3-正则图的3-边染色在图论上被称为泰特染色,它在图论发展历史上有着重要的作用.虽然泰特对于四色问题的证明有误,但是他所发展的一套染色概念仍然具有生命力.(例如,如果一个3-正则图具有泰特染色,它就有1-因子分解,而每一对1-因子决定了一个2-因子.历史上最为著名的无泰特染色的3-正则图就是彼得森图.)直到今天,人们依然在泰特的工作基础上研究问题.

定理9-14 每一个平面图是5-点可染色的.

证明:应用最小例反证法.假设结论不成立,则在所有非5-点可染色的平面图中,有一个阶数最小,设这个图为G.由于G不是5-点可染色的,它的阶数至少为6.

根据定理9-10,G中有一个节点(最小次节点)v的次≤ 5.显然,$G-v$是可以5-点染色的.给定$G-v$的一个5-点染色,如果v的次≤ 4,或者$d(v)=5$且$N(v)$中节点只接受4种颜色,则可以将$G-v$的5-点染色扩张成为G的5-点染色.因此,可以假定$d(v)=5$,且5种颜色都出现在$N(v)$中.我们可以将这个结构画出来.

如图9-12,假定$G-v$不含有节点都染成红或蓝的v_2-v_5路(所以在$G-v$中,没有同时包含v_2和v_5的肯普(Kempe)链).在此情形下，设 S 为通过红-蓝路连到 v_5 的 $G-v$ 中所有红色和蓝色节点的集合. 显然，$v_5 \in S$. 根据假定，$v_2 \notin S$. 互换 S 中节点的颜色，此时，v_5 被染成了红色，而 v_2 仍然是红色的，从而可以将 v 染成蓝色，这就得到 G 的一个 5-点染色，矛盾. 所以，$G-v$ 中一定有一条从 v_2 到 v_5 的红-蓝路 P. 同理，$G-v$ 中也有一条联结 v_1 和 v_3 的绿-黄路 Q. 可是根据若尔当曲线定理，$P \cap Q \neq \varnothing$，即存在节点同时被染成两种不同颜色. 证毕.

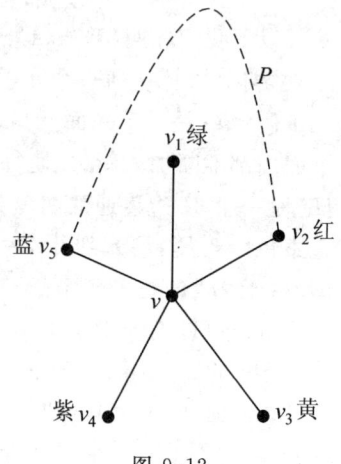

图 9-12

在平面五色定理证明过程中，我们看到了若尔当曲线定理的威力. 希伍德指出了肯普对于四色问题证明中的错误之后，转而研究一般曲面上图的染色问题，在 1890 年他猜想了一个著名的公式——希伍德公式. 他原来以为自己证明了这个公式，后来发现只证明了一个不等式.

定理 9-15 对于每一个正整数 k，

$$\chi(S_k) \leqslant \frac{7+\sqrt{1+48k}}{2},$$

其中 $\chi(S_k) = \max\{\chi(G)\}$，而 max 取遍嵌入到曲面 S_k 的所有图 G.

证明：设 G 可以嵌入到 S_k 上，且令 $h = \frac{7+\sqrt{1+48k}}{2}$. 由 h 的定义可以直接得到

$$6 + \frac{12(k-1)}{h} = h - 1.$$

以下证明 $\chi(G) \leqslant h$.

在 G 的所有诱导子图中，设 H 具有最大的最小次. 根据定理 8-7，$\chi(G) \leqslant 1 + \delta(H)$. 设 H 的阶为 n，边数为 m. 若 $n \leqslant h$，则 $\delta(H) \leqslant n-1 \leqslant h-1$，从而 $\chi(G) \leqslant h$. 因此我们可以假定：$n > h$.

由于 G 可以嵌入到 S_k 上，所以 H 也可以嵌入到 S_k 上. 运用 S_k 上的欧拉公式 $n-m+r=2-2k$，有 $k \geqslant \frac{m}{6} - \frac{n}{2} + 1$. 易见，$m \leqslant 3n + 6(k-$

1). 因此有
$$n\delta(H) \leqslant \sum_{v \in V(H)} d(v) = 2m \leqslant 6n + 12(k-1),$$
所以
$$\delta(H) \leqslant 6 + \frac{12(k-1)}{n} \leqslant 6 + \frac{12(k-1)}{h} = h - 1,$$
从而
$$\chi(G) \leqslant 1 + \delta(H) = h = \frac{7 + \sqrt{1 + 48k}}{2},$$
结论成立. 证毕.

根据上述定理,可知 $\chi(S_1) \leqslant 7$. 为了证明 $\chi(S_1) = 7$,我们要找到一个色数为 7 的图,它可以嵌入到 S_1 上. 考虑 7 阶完全图 K_7 在 S_1 上的如图 9-13 所示的一个嵌入:三角剖分嵌入.

证明该公式对于所有正整数的值成立是一个十分漫长的过程,同时也是现代拓扑图论的

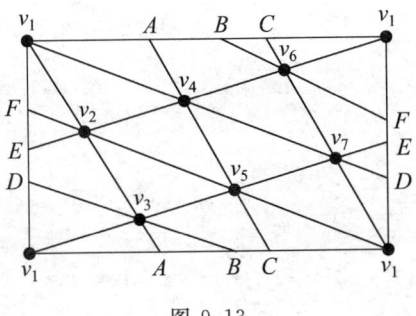

图 9-13

诞生和迅速发展的过程. 经过许多专家学者前后 78 年的努力,最终由林格尔(G. Ringel)和扬斯(T. Youngs)于上世纪 70 年代末完成了该公式的证明. 读者可以参考林格尔的名著《地图染色理论》(*Map Color Theory*),或我国著名拓扑图论学家刘彦佩教授于 1980 年代发表在《数学的实践与认识》中的系列文章.

定理 9-16(希伍德地图染色定理) 对于每一个正整数 k,
$$\chi(S_k) = \frac{7 + \sqrt{1 + 48k}}{2}.$$

注意:在上述公式的证明过程中有一系列十分重要的结果伴随产生. 例如,人们必须要证明:对于每一个完全图 K_n,它的最小亏格(即最小数值 k 使得 K_n 可以嵌入在 S_k 上)为
$$\gamma(K_n) = \left\lceil \frac{(n-3)(n-4)}{12} \right\rceil,$$

这也是《地图染色理论》一书中分 12 种情形来对 $\gamma(K_n)$ 的值作决定的过程.这其中产生了大量的新的数学理论和方法,而由古斯廷(Gustin)所发现的电流图理论以及其对偶的电压图理论则为现代拓扑图论的发展提供了新的工具和研究对象.这棵老树至今还在不断焕发着极其旺盛的生命力,创造出崭新的数学成果.

§9.3 与平面图有关的图论问题

这一节我们将涉及一些与平面图和多面体有关的几何问题.

例1 在平面上给定 $n(>4)$ 个点,其中任意三点不共线. 证明:至少有 C_{n-3}^2 个由以上点决定的凸四边形.

证明 因为每 5 个点可以决定一个凸四边形,所以从形式上看至少有 C_n^5 个凸四边形. 又因为每一个凸四边形恰好属于 $n-4$ 个 5 点组,所以不同的凸四边形个数至少为 $\dfrac{1}{n-4}C_n^5$,而 $\dfrac{1}{n-4}C_n^5 \geqslant C_{n-3}^2$.

点评 这个证明的原理如下:用 A 表示凸四边形,Ω 为全体凸四边形的集合,Ψ 为全体 5 点组 S 的集合,M 表示这 n 个点的集合. 采用交换求和方式,即使用对于同一个对象两次求和的方式求和:

$$\sum_{S \subset M}\sum_{A \subset S}1 = \sum_{A \in \Omega}\sum_{A \subset S \subset M}1,$$

$$\sum_{S \subset M}\sum_{A \subset S}1 \geqslant C_n^5,$$

$$\sum_{A \in \Omega}\sum_{A \subset S \subset M}1 = |\Omega|(n-4),$$

所以 $|\Omega| \geqslant \dfrac{1}{n-4}C_n^5$.

例2 设 S 为平面上 $2n$ 个点的集合,其中任意三个点不共线.

将其中 n 个点染成红色,另外 n 个点染成蓝色. 证明:可以找到两两不相交的 n 条直线段,其中每一条线段的两个端点均为一红一蓝.

证明 这是几何图论(Geometrical graph theory)中的染色问题,题目所反映的事实令人印象深刻,有些不可思议. 我们利用组合数学中的极端原理来证明.

论断 1. 将红点与蓝点配对的方法数目有限.

设 $S(f)$ 是每一种配对方法 f 所对应的线段长度总和. 取 $S(f)$ 为最小值,则有以下论断.

论断 2. 取 $S(f)$ 为最小值时,f 中红蓝点配对的线段无交点.

如果 f 中红蓝点配对的 RB 与 $R'B'$ 线段相交,在 f 中去掉 RB,$R'B'$,然后加入 RB',BR',则新的配对方法 f' 满足 $S(f') < S(f)$,与假设相违.

例 3 设 G 是一个可以三角剖分某个曲面 Σ 的简单图. 证明:G 可以分解成为两个边不相交的连通支撑子图(从而有两个边不相交的支撑树).

证明 任取一个 G 中节点 A,它的邻域 $N(A) = \{A_1, A_2, \cdots, A_m\}$ 连同 A 形成一个轮形图 $W_{1,m}$,其中心为 A. 将边 (A, A_1) 染成蓝色,其余的 $m-2$ 条边 $(A, A_2), (A, A_3) \cdots, (A, A_{m-1})$ 染成红色,再将边 (A, A_m) 染成蓝色,于是 $W_{1,m}$ 是一个符合条件的染色子图.

下面我们将这个局部染色向外扩展,依次给与已知染色部分相邻的侧面(即只有部分边被染色,还有一部分边未染色的三角形)染色. 具体做法如下:如果这个侧面只有一条边已经染色,则给未染色的另外两条边染上不同颜色;如果已经染色的边有两条,则第三条边可以任意染一种颜色. 这样继续下去,可以将整个图的边实行红蓝两色染色,使得每一个单色边所导出的子图是支撑的连通图.

> **点评** 这个证明利用了染色子图方法,实际上是将给定图按边子图进行分解.容易看出,对于平面情况,这是最好可能结果(即最多只能分解成两个连通支撑子图).我们依然可以证明 G 是 4-边连通图,然后利用图特定理说明 G 有两个边不相交的支撑树.

例 4 某俱乐部有 $3n+1$ 个人,每两个人可以在一起玩下面 3 种游戏中的某一种:象棋、围棋、跳棋.已知每一个人都与 n 个人下象棋,与 n 个人下围棋,与 n 个人下跳棋.证明:这 $3n+1$ 个人中必有这样的 3 个人,他们之间有下围棋的,有下象棋的,有下跳棋的.

(1987 年匈牙利数学奥林匹克竞赛)

证明 如果将每一个人看作一个节点,当且仅当两人之间玩过游戏时,两个节点之间有边相连.于是得到一个完全图 K_{3n+1},它的边被 3 种颜色着色:以 1,2,3 分别表示象棋、围棋、跳棋,每一个节点所发出的 $3n$ 条边被 1,2,3 各染 n 色.问题要求证明这个图中一定会有三色三角形.

一个点引出的两条边如果使用不同颜色,那么称它们形成的角为异色角.当且仅当一个三角形的每一个角都是异色角时,它是异色三角形.从一个点共引出异色三角形 $3n^2$ 个,从而这个三色完全图中共有 $3n^2(3n+1)$ 个异色角.另一方面,K_{3n+1} 中一共有 $C_{3n+1}^3 = \frac{1}{2}n(3n+1)(3n-1)$ 个三角形.把这些三角形看作抽屉,把异色三角形看作球.因为 $3n^2(3n+1) > n(3n+1)(3n-1)$,由抽屉原理,必有某一个三角形,它有三个异色角.

例 5 将凸 $2n+1$ 边形的顶点染色,使得任意两个相邻的顶点不同色.证明:该凸 $2n+1$ 边形存在一个三角剖分图,使得剖分图中任意一条凸 $2n+1$ 边形的对角线的两个端点颜色不同.

图论

(1978年匈牙利数学奥林匹克竞赛)

证明 使用数学归纳法. 假定结论对于 $n=2k+1$ 成立, 往证结论对于 $n=2k+3$ 也成立. 设对凸 $2k+3$ 边形的所有顶点染了色, 使得相邻的顶点颜色不同. 此时必有某个顶点 A, 与它相邻的两个顶点颜色不同. 设与 A 相邻的两个顶点为 A_1, A_2, 且 A, A_1, A_2 的颜色分别为红色、蓝色、绿色. 联结对角线 A_1A_2, 它将原来的凸 $2k+3$ 边形分解成为一个三角形和一个凸 $2k+2$ 边形 $A_1A_2\cdots A_{2k+1}A_{2k+2}$. 不妨假设这个凸 $2k+2$ 边形 $A_1A_2\cdots A_{2k+1}A_{2k+2}$ 中与任何一个顶点 B 相邻的两个顶点都同色, 那么这个 $2k+2$ 边形 $A_1A_2\cdots A_{2k+1}A_{2k+2}$ 一定是使用了两种颜色蓝和绿, 且 A_{2i-1} 为蓝色而 A_{2i} 为绿色 ($1\leqslant i\leqslant k+1$). 此时联结 AA_i ($i=1, 2, \cdots, 2k+2$), 则这个三角剖分即为所求.

例6 设有一个凸 n 边形, 不相邻的两个顶点之间的连线称做它的对角线. 假设没有 3 条对角线相交于凸 n 边形内部一点, 求这些对角线(在凸 n 边形内部)两两相交的交点个数和区域总数.

(1972年基辅市数学奥林匹克竞赛)

解 容易看出, 一共有 C_n^4 个交点. 连同凸 n 边形上的 n 个顶点, 一共有 C_n^4+n 个顶点. 注意到凸 n 边形内部每一个点的次为 4, 而凸 n 边形边界上的点的次为 $n-1$. 根据握手定理, 这个新图的边数满足条件:
$$2|E(G)|=4C_n^4+n(n-1),$$
从而由欧拉公式得(设 $|F|$ 是面数)
$$(n+C_n^4)-(2C_n^4+\frac{n(n-1)}{2})+|F|=2,$$
解得 $|F|=C_n^4+\frac{n(n-3)}{2}+2$.

例7 已知某凸 n 边形的任意两条对角线不平行, 任意三条对角线不交于一点. 求在凸 n 边形外部的对角线的数目.

(1972年基辅市数学奥林匹克竞赛)

第九讲 平面图与多面体问题

解 凸 n 边形的任意两个顶点间连一条线段,共有 C_n^2 条,其中有 n 条是凸 n 边形的边,故对角线的数目为 $m=C_n^2-n$. 因为任意两条对角线不平行,所以这 m 条对角线以及它们的延长线两两相交共有 C_m^2 个交点. 这些交点可以分为三部分:一部分是在凸 n 边形的外部,其全体记为 E;一部分是在凸 n 边形的内部,有 C_n^4 个;另一部分是凸 n 边形的顶点. 因为每一个顶点引出的对角线有 $n-3$ 条,所以在上述计算中,每一个顶点都被计算了 C_{n-3}^2 次. 因此有

$$|E|=C_m^2-C_n^4-nC_{n-3}^2=\frac{1}{12}n(n-3)(n-4)(n-5)$$

条对角线在凸 n 边形的外部.

点评 这个问题的实质反映了拓扑图论的一个重要领域:图的交叉数理论,这是图论中比较艰深的部分. 将一个图 G 画在平面上,使得边与边的交叉数目最少,这个数目就是这个图 G 的交叉数 $Cr(G)$,对应的画法称为 G 的最优画法. 容易看出,交叉数 $Cr(G)$ 是一个表征图 G 是否可以嵌入在平面上的一个特征. 因此,这个问题中的结论实际上提供了完全图 K_n 的交叉数的一个上界,即

$$Cr(K_n)\leqslant\frac{1}{12}n(n-3)(n-4)(n-5).$$

在交叉数研究历史上,对于完全图的交叉数有一个重要结果,即下面的定理.

盖伊(Guy)定理(1969)

$$Cr(K_n)\leqslant\frac{1}{4}\left\lfloor\frac{n}{2}\right\rfloor\times\left\lfloor\frac{n-1}{2}\right\rfloor\times\left\lfloor\frac{n-2}{2}\right\rfloor\times\left\lfloor\frac{n-3}{2}\right\rfloor.$$

交叉数理论领域的一个十分重大的问题就是决定完全图的交叉数. 事实上,人们一直猜测上述结果中应该是等式. 目前为止只对于较小的自然数得到了证明(例

如爱尔特希和盖伊于 1973 对于 $n \leqslant 10$ 的情形进行了证明).另外一个重要结果是下面的定理.

扎兰凯维奇(Zarankiewicz)定理(1954)

$$Cr(K_{m,n}) \leqslant \left\lfloor \frac{m}{2} \right\rfloor \times \left\lfloor \frac{m-1}{2} \right\rfloor \times \left\lfloor \frac{n}{2} \right\rfloor \times \left\lfloor \frac{n-1}{2} \right\rfloor.$$

与前面一个结果一样,人们相信这个定理应该是等式.事实上,克莱特曼(Kleitman)对于 $\min\{m, n\} \leqslant 6$ 的情形进行了论证.

总的来讲,判定一个图的交叉数在计算复杂性角度来看是十分困难的.加里(Garey)和约翰逊(Johnson)在 1982 年证明了这样一个结果:"对于给定的图 G 和一个自然数 k,是否可以判定 $Cr(G) \leqslant k$,是 NP-完备的问题(即与上百个著名数学问题的计算复杂度一样)."这等于从计算机算法设计的有效性方面宣判了它的"死刑".

例 8 N 是平面上 n 个点的集合,它们之中无三点共线.假定联结每一对点的 C_n^2 条直线中每两条都相交,同时这些直线中没有三条在给定点以外共点.证明:这 C_n^2 条直线在 $\frac{1}{8}n(n-1)(n-2)(n-3)$ 个不同于 N 的点上两两相交,并且它们把平面划分成 $\frac{1}{8}(n-1)(n^3-5n^2+18n-8)$ 个连通区域,其中包括 $n(n-1)$ 个无界区域(选自孔泰(Louis Comtet)所著的《高等组合学》(Advanced Combinatoris)).

证明 一共有 C_n^2 条直线.用 a_n 表示由 n 个点 $A_1, A_2, \cdots, A_n$ 决定的符合题目要求的点数.对于较小的自然数容易直接验证.假定结论对于 n 个点的情况成立,即

$$a_n = \frac{1}{8}n(n-1)(n-2)(n-3).$$

现在将第 $n+1$ 个点 A_{n+1} 按照要求放入平面内. 于是由 A_1A_{n+1}, $A_2A_{n+1}, \cdots, A_nA_{n+1}$ 决定过 A_{n+1} 的 n 条直线. 对于其中的每一条直线而言,每一对点 $A_i, A_j (1 \leqslant i < j \leqslant n)$ 决定的直线与它有一个交点,所以由 $A_1A_{n+1}, A_2A_{n+1}, \cdots, A_nA_{n+1}$ 决定的过 A_{n+1} 的 n 条直线上一共有 nC_{n-1}^2 个新交点. 因此, $a_{n+1} = a_n + nC_{n-1}^2$. 反复叠加求解得

$$a_{n+1} = a_n + nC_{n-1}^2$$
$$= \frac{1}{8}n(n-1)(n-2)(n-3) + nC_{n-1}^2$$
$$= \frac{1}{8}(n+1)n(n-1)(n-2).$$

根据归纳法原理,对于一切自然数 n,

$$a_n = \frac{1}{8}n(n-1)(n-2)(n-3).$$

下面我们用平面图理论与欧拉公式解决第二个问题,怎样将其转化为平面图问题至为关键. 由于只有有限个点与交点,可以将它近似地视为一个平面图(之所以说是近似,是因为每一条直线上处于无限远的部分不是图中的部分). 我们可以在每一条直线上选相隔充分远的两个点,然后用平面内的曲线段按照(这些新设置的"点")在平面上出现的次序逐步联结它们,最后得到一个平面图 G(如图 9-14 所示是三个点的情形).

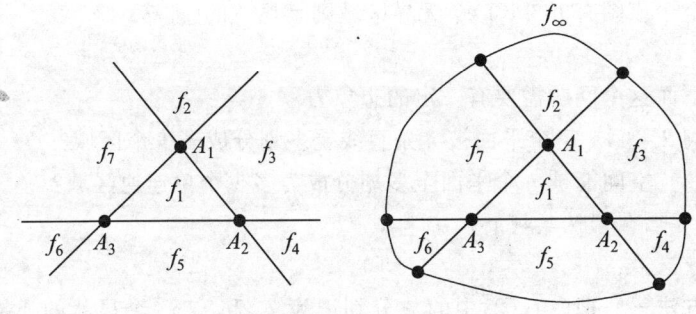

图 9-14

为了使用欧拉公式,我们来计算右边图中的点数与边数. 直线上的点分三类: N 中的点,由直线间交叉所产生的非 N 中的点,以及无限面

 图论

f_∞ 边界上的点. 一共有

$$|V(G)| = n + 2C_n^2 + \frac{1}{8}n(n-1)(n-2)(n-3)$$

个节点. 所有节点的次分为三类: N 中的点的次均为 $2(n-1)$, 无限面 f_∞ 边界上的点的次均为 3, 直线间交叉所产生的非 N 中的点的次均为 4. 根据第一讲中的握手定理, 图 G 的边数满足条件:

$$2|E(G)| = 4 \times \frac{1}{8}n(n-1)(n-2)(n-3) + 2n(n-1)$$
$$+ 3n(n-1)$$
$$= \frac{1}{2}n(n-1)(n-2)(n-3) + 5n(n-1),$$

故

$$|E(G)| = \frac{1}{4}n(n-1)(n-2)(n-3) + \frac{5}{2}n(n-1).$$

根据欧拉公式, 右图的面数为

$$|F| = |E(G)| - |V(G)| + 2,$$

而左图中区域数目 $|F'| = |F| - 1$, 即

$$|F'| = \frac{1}{8}n(n-1)(n-2)(n-3) + \frac{3}{2}n(n-1) - (n-1)$$
$$= \frac{1}{8}(n-1)(n^3 - 5n^2 + 18n - 8).$$

至于该图有 $n(n-1)$ 个无界区域则是显然的. 证毕.

下面这个问题需要有一定的想象力.

例 9 (1) 一个平面被 n 条直线至多划分成多少个区域?
(2) 空间能被 n 个平面至多划分成多少个单连通区域?
(德国国家队集训题)

解 方法一 把 (1), (2) 中的数分别记为 p_n 和 s_n. 一个显然的递推公式是: $p_{n+1} = p_n + n + 1$, $s_{n+1} = s_n + p_n$. 从它们的这个关系可以很快得到答案.

但是我们并不在意这个解答 (因为它可能回答不了更加一般的问

题). 下面将给出另外一个解答,它会引导我们思考解决更一般的问题.

方法二　在计数理论中有一个基本原理,就是将一个计算问题利用一一对应转化成为另外一个计算问题. 第一个问题是:是否可以将平面的 p_n 个部分双射到一个较为容易计算的集合? n 条直线恰好有 C_n^2 个交点,但是每一个交点恰好又是每一个区域的最深点(又是极端原理!). 没有最深点的区域一定是下方无界的. 这 n 条直线把我们引进的水平直线 h 切成 $n+1$ 段,这些下方无界的区域可以与这些线段对应. 这样有 $n+1=C_n^0+C_n^1$ 个区域没有最深点. 所以,平面被划分成为

$$p_n = C_n^0 + C_n^1 + C_n^2$$

个连通区域.

在空间中,3 个平面作出一个交点,共有 C_n^3 个交点,每一个定点恰好为一个区域的最深点,因而有 C_n^3 个区域有最深点. 而没有最深点的每一个区域把一个水平平面 h 切割成 p_n 部分. 所以,空间的区域数目为

$$s_n = C_n^0 + C_n^1 + C_n^2 + C_n^3.$$

点评　利用引入一个参考物(水平直线和水平平面)这一方法,将一个极为困难的凸多面体图的计算问题成功转化成为另外一个计算问题,技巧实在高!重要之处还在于,这个方法将结果表达成为一个具有普遍性的形式:$s_n = C_n^0 + C_n^1 + C_n^2 + C_n^3$,它引导我们去想象一个更加抽象而困难的问题:

在一个高维空间 R^{n+1} 中,m 个超平面可以将 R^{n+1} 最多划分成为多少个单连通凸区域?答案是不是 $C_m^0 + C_m^1 + C_m^2 + \cdots + C_m^n$?

如果没有引入水平"超平面"的概念和所谓"最深点"的观察,人们对于这一类问题的求解难度是不可想象的. 下面是这个问题的延续.

例 10 在例 9 的问题 (2) 中，如果 $n \geqslant 5$，证明在空间的 s_n 个区域中，至少有 $\dfrac{2n-3}{4}$ 个四面体.

(1973 年匈牙利数学奥林匹克竞赛)

证明 设 t_n 是空间的 s_n 个区域中四面体的个数. 我们要证明 $t_n \geqslant \dfrac{2n-3}{4}$. 一个通常的思路就是设法解释分子与分母的组合意义.

分子的解释：n 个平面的每一个上都至少放有两个四面体，而在其余的面上只有一个四面体.

分母的解释：每一个四面体对于每一个面都计算了一次，共计算了 4 次，因而要除以 4.

这些信息提示我们找出证明的方法. 设 π 是 n 个平面当中的一个，它把空间分成两个半空间 H_1, H_2. 至少有一个半空间（比方说 H_1）含有所有顶点. 在 H_1 中取与 π 距离最小的顶点 D（又是极端原理），D 是三个平面 π_1, π_2, π_3 的交点. 这时 π_1, π_2, π_3 决定了一个四面体 $T = ABCD$（如图 9-15 所示），其余 $n-4$ 个平面不会与 T 相截（如果有平面 π' 与 T 相截，π' 至少与 AD, BD, CD 中的一条相交于一点 Q，它与 π 的距离比 D 与 π 的距离更小，与 D 的定义相违！）. 所以，T 是由 n 个平面所决定的一个四面体.

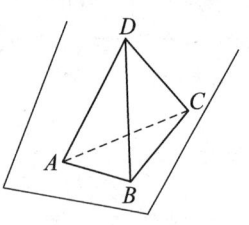

图 9-15

注意到上述分析对于 n 个平面中的任何一个都成立. 如果在一个平面的两侧都有顶点，就至少有两个四面体（的某一个面）在该平面上.

剩下需要证明的是，在 n 个平面中至多只有 3 个平面使得所有顶点都在该平面的同一侧.

我们用反证法. 如果这样的平面

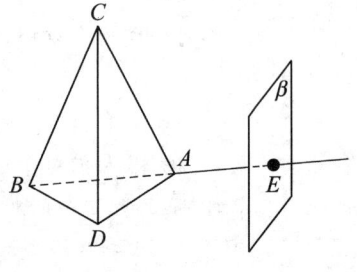

图 9-16

有 4 个,这 4 个平面为 $\alpha_1,\alpha_2,\alpha_3,\alpha_4$,界出一个四面体 $ABCD$(如图 9-16 所示). 因为 $n\geqslant 5$,还有另外一个平面 β,它不会与四面体的 6 条边都相交. 设它与 BA 的延长线交于点 E,则 B,E 在平面 ACD 的两侧,矛盾!

习题 9

1. 用若尔当曲线定理证明:库拉托夫斯基图 $K_{3,3}$ 不是平面图.

2. 凸 n 边形被剖分成彼此沿整条边相邻的三角形(如图 9-17 所示). 设在 n 边形各边上共有 m 个剖分点,而在内部则有 p 个点. 试证明:这个 n 边形被剖分成为 $m+n+2p-2$ 个三角形.

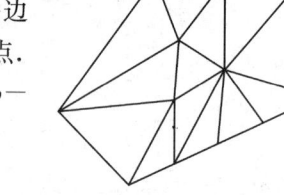

$m=4, n=5, p=3$

图 9-17

3. 下列凸多边形是否存在?

(1) 1992 个顶点,偶数条边,奇数个面;

(2) 顶点数、棱数与面数之和为 1993;

(3) 顶点数、棱数与面数之积为 1993.

4. 能否用 17 个三角形面围成一个凸多面体?一般地,能否用奇数个三角形围成一个凸多面体?

5. 证明:如果 G 是一个阶为 $n \geq 3$ 且边数为 m 的平面图,则必有 $m \leq 3n-6$,当且仅当 G 是一个平面三角剖分图时等式成立. 从而,当图的边数多于 $3n-6$ 时,一定含有库拉托夫斯基图 K_5 或 $K_{3,3}$.

6. 证明:如果图 G 可以三角剖分平面,则它一定是 3 -连通的.

7. 设 G 是一个凸 $n(\geq 4)$ 面体,每一个面都是三角形. 证明:G 中有两个不相交的支撑树.

8. 平面上有若干个车站组成的连通的公路网,每两个站点之间至多有一条公路开通,每个车站至少连出 6 条公路. 证明:公路局必须为这些公路设计交叉路口,使得一些公路在平面上相交(从而,在人员密集的交通网络上面必须架设空间高架公路桥).

9. 将凸 $2n+1$ 边形的顶点用三种颜色染色,使得任意两个相邻的顶点不同色. 证明:该凸 $2n+1$ 边形存在一个三角剖分图,使得剖分图中任意一条凸 $2n+1$ 边形的对角线的两个端点颜色不同.

(1981 年俄罗斯数学奥林匹克竞赛)

10. 将多面体的每一条棱都涂上红黄两色之一,将两边异色的面角称为奇异面角. 某顶点 A 的奇异面角的个数称为该顶点的奇异度,记为 S_A. 求证:总存在两个顶点 B 和 C,使得 $S_B+S_C \leqslant 4$.

(1991 年中国国家集训队选拔试题)

11. 托尔贝格岛的形状是一个多边形,岛屿上分布着若干国家,每一个国家的边界都是一个三角形,并且每两个国家都具有完整的公共边界(即一个三角形的顶点不会落在另外一个三角形的边上). 试证:可以用三种颜色来给这个岛屿的地图染色,使得每一个国家都涂有一种颜色,而任何两个接壤的国家都涂有不同颜色.

(1969 年第 32 届莫斯科数学奥林匹克竞赛)

12. 在一个正方形的岛屿上分布着若干国家. 能否将这些国家分得更小,使得不出现新的国境线交点,而又可以只用两种颜色来为这个岛屿的地图染色?

13. 欧氏平面被有限个圆分成了若干区域,对所分得的每一个区域分别涂以红色或蓝色. 求证:能使任何两个相邻区域的颜色不同(凡是有公共边作为边界的两个区域称为相邻区域).

(1962 年第 23 届美国普特南数学竞赛)

14. 有一个正方体、一个同样大小的带盖正方体盒子和 6 种颜色,每一种颜色只涂正方体及盒子的一面. 试证:可以用适当的方式将正方体放到盒子里面,使得正方体的每一面和盒子与它紧贴的那一面颜色不同.

(1985 年第 19 届全苏数学奥林匹克竞赛)

15. 从给定的 6 种不同的颜色中选取若干颜色,将一个正方体的 6 个面染色,每一个面恰好染一种颜色,具有公共棱的两个面不同色,则不同的染色方法数是多少?(约定:经过翻滚或旋转可以重合的染色方法认为是相同的染色方案)

(1996 年中国高中数学联赛)

16. 有一个正八面体,每一个面都是正三角形. 用 2 种颜色给它的面染色,如果它可以在空间中旋转,有多少种染色方法?

17. 设在平面上给定 n 条直线,它们之间两两共点,但是没有三条共点. 证明:这些直线将平面划分为 $\frac{1}{2}(n^2+n+2)$ 个区域.

18. 证明: n 个圆至多可以将平面划分为 n^2-n+2 个区域(从而球面上 n 个大圆将球面划分为 n^2-n+2 个连通区域).

(美国大学生数学竞赛)

19. (有关凸多边形的一些计数问题)设 $A_1, A_2, \cdots, A_n$ 是平面凸 n 边形 P 的 n 个定点, 不是 P 的边的任意线段 A_iA_j 被称为对角线. 设任意三条对角线除在定点处外都不共线.

(1) 证明: 这些对角线彼此相交于 C_n^4 个多边形内部的点和 $\frac{1}{12}n(n-3)(n-4)(n-5)$ 个多边形外部的点;

(2) 证明: 边和对角线将 P 内部分成 $\frac{1}{4!}(n-1)(n-2)(n^2-3n+12)$ 个凸区域, 并且将整个平面划分为 $\frac{1}{8}(n^4-6n^3+23n^2-26n+8)$ 个区域;

(3) 证明: 利用 $n-3$ 条对角线将多边形 P 分解成为 $n-2$ 个三角形的方法数目等于 $\frac{1}{n-1}C_{2n-4}^{n-2}$ (即所谓的卡塔兰(Catalan)数).

第十讲 有向图

这一讲我们将集中探讨有向图及其在数学竞赛中的应用. 一个有向图用 $D=(V(D),E(D))$ 表示,其中 $V(D)$ 是节点集合,而 $E(D)$ 是有向边或弧 (u,v) 的集合, (u,v) 表示从 u 到 v 的有向边. 以下凡是使用记号 (u,v),均指这样的有向边. 可以看出,每一个有向图 D 对应于一个无向图 $G=(V,E)$ (D 的基础图),而 D 则是将 G 的每一条边给一个定向. 因此,我们也称 D 是 G 的一个定向. 对于一个节点 $x\in V(D)$,我们用 $id(x),od(x)$ 分别表示进入和离开 x 的边数(有时也用 $d_-(x)$, $d_+(x)$ 表示 x 的入度和出度).

定理 10-1 若有向图 D 的边数为 m,而 $V(D)=\{v_1,v_2,\cdots,v_n\}$,则有

$$\sum_{i=1}^{n} od(v_i) = \sum_{i=1}^{n} id(v_i) = m.$$

这个结果表明:虽然有向图在局部上看十分不均匀,但是从整体和统计的角度出发却体现出某些不变性,保持了类似于电流理论中的"基尔霍夫节点电流定律". 用这个规律可以很好地解释一个体育竞赛安排计划中总的得分数=总的失分数的现象. 下面这个结果就是上述定理的应用.

例 1 n 个参赛者 $P_1,P_2,\cdots,P_n(n>1)$ 进行循环赛,每个参赛者同其他 $n-1$ 个参赛者都进行一局比赛,假设比赛结果没有平局出现, w_r 和 l_r 分别表示参赛者 p_r 胜与负的局数. 求证:

$$w_1^2+w_2^2+\cdots+w_n^2=l_1^2+l_2^2+\cdots+l_n^2.$$

(第 26 届美国普特南数学竞赛)

证明 作一竞赛图 $\overline{K_n}$，每个顶点 v_r 对应于参赛者 P_r. 如果参赛者 P_i 胜了 P_j，则在顶点 v_i 与 v_j 之间作一弧 (v_i,v_j)，于是 w_r 和 l_r 分别是顶点 v_r 的出度和入度. 根据定理 10-1,

$$w_1+w_2+\cdots+w_n=l_1+l_2+\cdots+l_n.$$

注意到 $w_i+l_i=n-1(1\leqslant i\leqslant n)$，可得

$$w_1^2+w_2^2+\cdots+w_n^2-(l_1^2+l_2^2+\cdots+l_n^2)$$
$$=(w_1^2-l_1^2)+(w_2^2-l_2^2)+\cdots+(w_n^2-l_n^2)$$
$$=(w_1+l_1)(w_1-l_1)+(w_2+l_2)(w_2-l_2)+\cdots+(w_n+l_n)(w_n-l_n)$$
$$=(n-1)((w_1+w_2+\cdots+w_n)-(l_1+l_2+\cdots+l_n))=0,$$

从而 $$w_1^2+w_2^2+\cdots+w_n^2=l_1^2+l_2^2+\cdots+l_n^2,$$

证毕.

如果 $W:u=u_0,u_1,\cdots,u_k=v$ 是一条路，且 (u_i,u_{i+1}) 表示从 u_i 到 u_{i+1} 的有向边，则称其为一条有向链；如果没有节点重复，则称 W 为 D 中从 u 到 v 的有向路(有时也称 u-v 路). 因此，有向图中的路与无向图中的路有着本质的区别. 凡是有向图中的路都指有向路. 类似地可以定义有向圈.

例 2 在一个凸多面体的每一边上标一个箭头，使得每一个顶点都有一个箭头从它出发，也有一个箭头以它结束. 证明：该多面体上有两个面，使得可以沿着箭头方向绕其周界走一圈.

(德国数学奥林匹克竞赛)

证明 从任何一个顶点出发，沿着箭头方向前进，直到第一次碰到前面已经到过的某一个顶点. 这样，我们得到一个有向圈 C. 根据平面若尔当曲线定理，C 将多面体的表面分为左右两个部分. 然后在每一个部分中重复上述走法，可以各得到一个有向圈. 证毕.

定理 10-2(明蒂(Minty)定理,1960) 给定一个有向图 $D=(V, E)$,用红、蓝、绿三种颜色给 E 中的弧染色.已知弧 (v_s, v_t) 是红色弧,则如下论断有且仅有一个成立:

(1) 弧 (v_s, v_t) 包含在一个圈 C 中,C 是由红、蓝色弧构成的(简称红蓝圈),并且 C 上所有的红色弧都属于 C^+(或都属于 C^-),这里的 $C^+(C^-)$ 表示给定 C 的一个定向后,由所有和定向同向(反向)的弧构成的集合;

(2) 弧 (v_s, v_t) 包含在一个反圈 ν(由 $E[X, \overline{X}] \neq \varnothing$ 中的弧构成的集合)中,ν 是由红、绿色弧构成的(简称红绿反圈),并且所有的红色弧都属于 ν^+(或都属于 ν^-),这里的 $\nu^+(\nu^-)$ 表示给定 ν 的一个定向后,由所有和定向同向(反向)的弧构成的集合.

证明: 首先证明(1)和(2)不会同时成立.若不然,设 $C=v_t, v_1, v_2, \cdots, v_k, v_s, v_t$ 是(1)中的红蓝圈,$\nu = \Phi(X)$ 是(2)中的红绿反圈.不妨设 $v_t \in X, v_s \notin X$.设 v_i 是路 $v_t, v_1, v_2, \cdots, v_k, v_s$ 上第一个不属于 X 的节点($1 \leqslant i \leqslant k+1$),即 $v_t, v_1, v_2, \cdots, v_{i-1} \in X, v_i \notin X$.这样的 v_i 是存在的.以 a 表示 C 上以 v_{i-1} 和 v_i 为端点的弧.因为 $a \in E(C) \cap \nu$,故 a 必定是红色弧.由(1)知,$a=(v_i, v_{i-1})$.这是矛盾的.

下面用反圈法构造性地证明(1)和(2)中一定有一个成立.

开始时令 $X^{(0)} = \{v_t\}$,一般地,设已经有 $X^{(k)}$.按照如下原则在 $\Phi(X^{(k)})$ 中选弧:选 $\Phi(X^{(k)})$ 中的蓝色弧或 $O(X^{(k)})$ 中的红色弧,这里 $O(X^{(k)})$ 表示 $\Phi(X^{(k)})$ 中与 $\Phi(X^{(k)})$ 的定向同向的弧的集合.把被选上的弧的端点放入 $X^{(k)}$,得到 $X^{(k+1)}$.重复这个过程,进行到某一阶段时必出现下列情况之一:(A)$v_s \in X^{(k)}$;(B)$v_s \notin X^{(k)}$,而 $\Phi(X^{(k)})$ 中无边可选.易见,情形(A)发生时,就得到了使论断(1)成立的红蓝圈 C;情形(B)出现时,就得到了使论断(2)成立的反圈 ν.证毕.

利用明蒂定理,我们还可以得到下述定理.

定理 10-3 设 D 是连通有向图,则如下各结论等价:

(1) D 是强连通图;

(2) D 中每一条弧都在某一个有向圈中;

(3) D 不含反回路(即反圈 $E[X,\overline{X}]$,所有的弧方向一致,从 X 到 $\overline{X}$).

证明: (1)$\Rightarrow$(2)是显然的.

现证(2)$\Rightarrow$(3). 若 D 含反回路 $O(X)$,把 D 的所有弧染成红色,并且任取一条弧 $(v_s,v_t)\in O(X)$. 按照明蒂定理,D 中没有包含 (v_s,v_t) 的圈,与(2)相违.

再证(3)$\Rightarrow$(1). 设 D 不是强连通图,把 D 的弧都染成红色. D 至少有两个强连通分图. 因为 D 是连通的,故必存在强连通分图 D_1,D_2,以及弧 (v_s,v_t),使得 $v_s\in V(D_1), v_t\in V(D_2)$,则 (v_s,v_t) 不在任何圈上. 由明蒂定理,D 中存在一个含 (v_s,v_t) 的反回路,与假设相违. 证毕.

当且仅当一个有向图 D 的基础图 G 是连通图时,它是弱连通的. 如果 D 中任何两个节点 x,y 之间都有 x-y 有向路和 y-x 有向路相通,则称其为强连通图. 一般来说,并非所有的图都可以由定向方式使得它形成一个强连通图.

定理 10 - 4 如果一个有向图是强连通的,那么它的基础图一定是 2 - 边连通图.

定理 10 - 5 如果一个有向图中有一条长度为 k 的 u-v 链,那么它一定有一条长度不超过 k 的 u-v 路.

下面的结论给出了一个有向图成为强连通图的充分必要条件.

定理 10 - 6 有向图 D 是强连通图的充分必要条件是 D 含有一个封闭的支撑链.

一个包含所有有向边的封闭链称为一个欧拉回路,而此时有向图为欧拉有向图.

定理 10 - 7 非平凡连通有向图是欧拉有向图的充分必要条件是对于每一个节点 $x, id(x)=od(x)$.

下面我们介绍罗宾斯定理(读者可以直接用归纳法进行证明).

定理 10 - 8(罗宾斯定理,1939) 当且仅当非平凡连通图是 2 - 边连通图时,它有一个强连通定向.

第十讲 有向图

例3 给出图 10-1 中两个图的一个定向,使得它们成为强连通图.

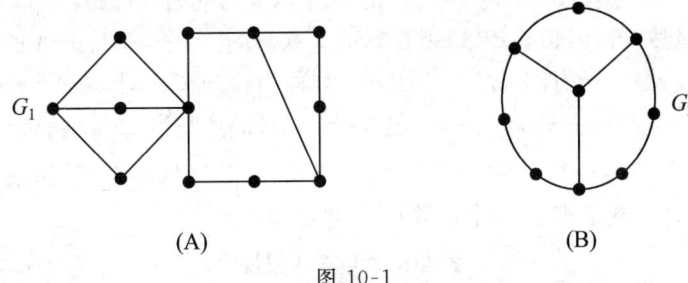

图 10-1

解 根据罗宾斯定理,我们可以先在一个圈上定向,得到一个有向圈,然后再在联结圈上两个节点的路上适当定向,使每一个节点都有入次与出次,最后得到所求定向,如图 10-2 所示.

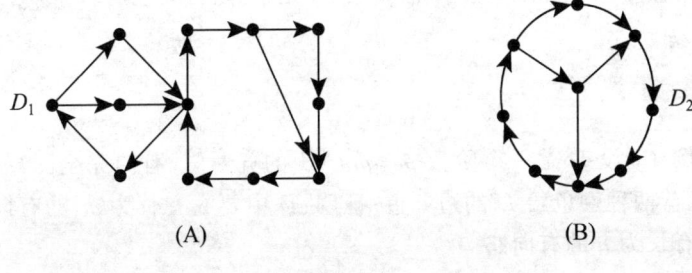

图 10-2

定理 10-9 对于非平凡有向图 D 的基础图 G 的每一个边割 $S=[A,B]$,当且仅当 D 中存在一条从 A 到 B 的弧和一条从 B 到 A 的弧时,图 D 是强连通的.

下面我们介绍图的节点色数与有向路的长度之间的关系.

图论

定理 10-10(罗伊,1967,加莱,1968) 在任何一个有向图 $D=(V,E)$ 中,最长有向路的长度至少是 $\chi(D)-1$.

证明:设 $A\subseteq E$ 是使 $D-A$ 不含圈的极小集合. 令 $D'=D-A$,则 D' 是不含圈的极大集合. 对于 $v\in V$,记

$$t(v)=\max\{|V(P)|\,|\,P\text{ 是 }D'\text{ 中以 }v\text{ 为起始点的路}\}.$$

显然,若 $(u,v)\in E\backslash A$,则有 $t(u)>t(v)$. 若 $(u,v)\in A$,由 A 的极小性知 $D'+(u,v)$ 有圈,故 $t(v)>t(u)$. 这样,当 $(u,v)\in E$ 时,$t(u)\neq t(v)$.

令 $V_i=\{v\in V\,|\,t(v)=i\}$. 记 $k=\max\limits_{v\in V}\{t(v)\}$,则当 $i>k$ 时,$V_i=\varnothing$. 此时 $\{V_1,V_2,\cdots,V_k\}$ 构成了 V 的一个划分,并且每一个 V_i 都是独立集. 于是得到了 D 的一个正常 k-点染色. 故

$$\chi(D)\leqslant \max\limits_{v\in V}\{t(v)\}.$$

若 $t(v_0)=\max\limits_{v\in V}\{t(v)\}$,则以 v_0 为起点的最长路至少含有 $\chi(D)$ 个点. 证毕.

上述定理也可以叙述成以下形式.

定理 10-11 当且仅当无向图 G 存在边的一种定向,使得所得到的有向图中最长路的长度 $\geqslant k-1$ 时,G 是 k-点可染色的.

例 4 设 D 是一个阶数 $p\geqslant mn+1$ 的竞赛图(有向完全图). 现在用红、蓝两种颜色给 D 的边染色. 证明:D 中要么有长为 m 的有向路,要么有长为 n 的有向路.

证明 这是仅有的几个关于有向图单色子图的问题,可以根据这个模式构造其他的竞赛题目.

我们将图 D 按照边的颜色分解成为两个子图 D_1,D_2,具体构造如下:D_1 是由红色边决定的生成子图,D_2 则是由蓝色边决定的生成子图. 容易看出:要么 $\chi(D_1)>m$,要么 $\chi(D_2)>n$. 否则,设

$$V(D_1)=V_1^1+V_1^2+\cdots+V_1^s\quad(s\leqslant m),$$
$$V(D_2)=V_2^1+V_2^2+\cdots+V_2^t\quad(t\leqslant n)$$

分别是 D_1, D_2 的两个染色划分,我们将它们合并后得到

$$V(D) = V(D_1) \cap V(D_2) = \sum_{i=1}^{s} \sum_{j=1}^{t} (V_1^i \cap V_2^j)$$

为 D 的一个染色划分(因为 $V_1^i \cap V_2^j$ 是独立集合). 但是,这与 $\chi(D) > mn+1$ 相违.

根据定理 10-10,要么 D_1 中有长为 m 的路,要么 D_2 中有长为 n 的路. 证毕.

邦迪是研究图中圈问题的著名数学家,在对有向图的研究过程中他发现了以下的定理.

定理 10-12(邦迪,1976) 设 D 是强连通图. 如果它的阶 $p \geq 2$,则它必有长度至少为 $\chi(D)$ 的圈.

因为 2-边连通图总有强连通定向(罗宾斯定理),故这个定理可以改述如下.

定理 10-13 2-边连通图 G 的每一个强连通定向图中,包含长度至少是 $\chi(G)$ 的圈.

注意:定理 10-12 和 10-13 是邦迪定理的直接推论.

一个有向完全图称为一个竞赛图. 关于竞赛图我们有下面的定理.

定理 10-14(勒代(Laszlo Redei)) 每一个竞赛图都有一条(有向)哈密顿路.

例 5 在象棋比赛中,每两名选手之间都要赛一场. 证明:我们可以给所有参赛选手编号,使得无论哪一名选手都没有输给编号紧接在他后面的那名选手.

(第 25 届莫斯科数学竞赛)

证明 设有 n 名选手,用 n 个顶点 $v_1, v_2, \cdots, v_n$ 表示这 n 名选手. 当选

手 v_i 没有输给 v_j 时,从 v_i 向 v_j 引一条弧 (v_i,v_j),这样就得到了一个竞赛图 $\overline{K_n}$。由定理 10-14,$\overline{K_n}$ 中有哈密顿路,则按此路上选手出现的顺序为他们编号即可.

知识桥

如果对于一个竞赛图的每一个长为 2 的有向路 $W:x,y,z$,一定有边 (x,z),则该图是可迁的(transitive).

定理 10-15 对竞赛图 D,当且仅当 D 中没有圈时,它是可迁的.

证明: 设 D 是一个可迁竞赛图,且含有一个圈 $C=v_1,v_2,\cdots,v_n,v_1$. 根据可迁性,我们可以设 C 是一个有向 3-圈,明显产生矛盾.

假定 D 中没有圈而有边 $(x,y),(y,z)$. 如果 (z,x) 是边,则有 3-圈. 所以,(x,z) 是边. 根据定义,D 是可迁的.

注意:(1) 由于"一个竞赛图有 3-圈 $\Leftrightarrow$ 它有圈",所以定理 10-15 可以进一步改进成为"一个竞赛图是可迁的 $\Leftrightarrow$ 它不含 3-圈";

(2) 根据定理 10-15 的结果,如果一个竞赛图是可迁的,那么没有两个节点的出度相同. 将这一性质运用到体育比赛中就会发现:如果一个循环赛中没有 A 战胜 B,B 战胜 C,$\cdots$,Y 战胜 Z,最后 Z 又战胜 A 这样的循环战胜对手的结构出现的话,那么每两个人的得分都不相同.

定理 10-16 若 x 是竞赛图 D 中的具有最大出度的节点,则对于任意一个节点 y,$x-y$ 的最短长度 $\leqslant 2$.

证明: 在证明这个结果之前我们先看看它的意义. 根据题意,每一个竞赛图中都有一个节点,被称为王(king),从它出发,最多经过两个节点就可以到达其他任何一个节点.

假定 $od(u)=k$,并设 $v_1,v_2,\cdots,v_k$ 是从 u 出发到达的 k 个节点. 若 D 中没有其他节点,命题自然成立. 假定 D 中有若干个节点 w_1,$w_2,\cdots,w_l$ 出发到达 u(如图 10-3 所示). 由上所述,u 到 $v_i(1\leqslant i\leqslant k)$ 的距离 $=1$. 我们证明:对于每一个节点 $w_j(1\leqslant j\leqslant l)$,$u$ 到 w_j 的距离

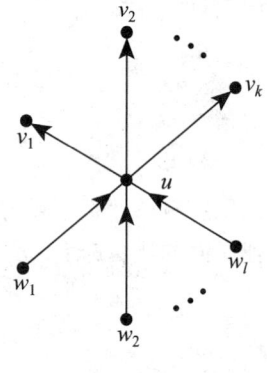

图 10-3

$=2$. 若某个 v_i 邻接到 w_j,自然成立. 否则,w_j 邻接到 $v_1,v_2,\cdots,v_k$. 此时 w_j 的出度大于 u 的出度,矛盾!

上述结果可以推广到一般有向图中. 设 I 是有向图 D 的一个独立集. 如果对于 $V(D)-I$ 中的任意一点 v,总存在 $u\in I$,使得 D 中存在长度 $\leqslant 2$ 的 u-v 路,我们就称 I 是一个"**半核**". 其实,半核就是"有向控制集合".

定理 10-17(赫瓦塔尔,洛瓦兹,1974) 任何一个有向图 D 中都有半核.

证明:对 D 的点数用数学归纳法. $p=1$ 时显然. 设 D 有 p 个点,任取 $v\in V(D)$,不妨设 $\{v\}\cup N^+(v)\neq V(G)$. 考虑 $D'=D-(\{v\}\cup N^+(v))$. 由归纳假设,D' 存在半核 I'. 若 v 是 I' 中某一个点的外邻域(向外到达的点集合)中的点,则 I' 也是 D 的半核;若 v 不是 I' 中任一点的外邻域中的点,则 $I'\cup\{v\}$ 是 D 的半核. 证毕.

注意:竞赛图中出次最大的点集就是半核.

例 6 $n(n\geqslant 3)$ 个人参加单循环比赛,通过比赛确定优秀选手. 选手 A 被确定为优秀选手的条件是:对任何其他选手 B,或 A 胜 B,或存在选手 C,C 胜 B,A 胜 C. 如果按上述规则确定的优秀选手只有一名,试证:这名选手战胜了所有其他选手.

(第 2 届全国中学生数学冬令营试题)

证明 设 n 名选手对应 n 个点. 若选手 v_i 胜 v_j,则作一条从 v_i 到 v_j 的弧,得到一个竞赛图 $\overline{K_n}$. 不妨设 v_1 是 $\overline{K_n}$ 中出度最大的点. 由定理 10-16 知,v_1 就是优秀选手. 要证明的是顶点 v_1 到别的顶点有长为 1 的路(即弧),也就是 v_1 的入度 $d^-(v_1)=0$.

假设命题结论不真,记以 v_1 为终点的弧的起点集合为 $N^-(v_1)=\{v_{i_1},v_{i_2},\cdots,v_{i_r}\}$,$r\geqslant 1$,考虑由顶点 $v_{i_1},v_{i_2},\cdots,v_{i_r}$ 组成的竞赛图 $\overline{K_r}$. 取 v_{i_1} 是 $\overline{K_r}$ 中出度最大的点. 根据定理 10-16,v_{i_1} 到 $v_{i_2},v_{i_3},\cdots,v_{i_r}$ 各点有

不大于 2 的路. 又由于 v_1 有到除 $v_{i_1}, v_{i_2}, \cdots, v_{i_r}$ 外的所有其他顶点的弧, 故 v_{i_1} 到除 $v_1, v_{i_2}, v_{i_3}, \cdots, v_{i_r}$ 外的所有其他顶点也有不大于 2 的路. 因而, 在竞赛图 $\overline{K_n}$ 中 v_{i_1} 到其他各点均有不大于 2 的路, 于是 v_{i_1} 也是优秀选手. 这与 v_1 是唯一的优秀选手矛盾. 从而 $N^-(v_1) = \varnothing$, 即 $d^-(v_1) = 0$, 命题得证.

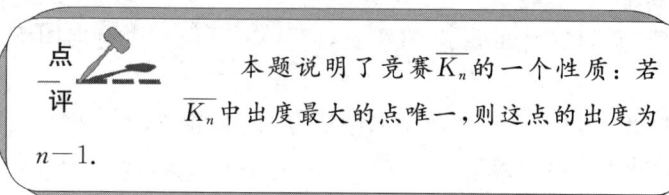

本题说明了竞赛 $\overline{K_n}$ 的一个性质: 若 $\overline{K_n}$ 中出度最大的点唯一, 则这点的出度为 $n-1$.

定理 10 - 18 非平凡强连通竞赛图 D 的每一个节点都属于一个三角形.

证明: 设 v 是一个节点. 由于 D 是强连通的, 所以 $od(v) > 0$, $id(v) > 0$. 设 U 是从 v 出发可以到达的节点集合, W 为 v 所邻接的节点集合, 则 $U \neq \varnothing$, $W \neq \varnothing$. 由于 D 是强连通的, 所以每一个 $w \in W$ 都存在一个 v-w 路. 对于某个 $u \in U$, $w \in W$, 该路必然包含弧 (u, w). 所以 (v, u, w) 形成一个 3 -圈. 证毕.

每一个竞赛图都有哈密顿路, 但不一定有哈密顿圈. 不过我们有下面的定理.

定理 10 - 19(卡米翁(P. Camion)) 当且仅当非平凡竞赛图 D 是强连通的时, 它是哈密顿图.

证明: 假定 D 是强连通竞赛图, 但不是哈密顿图. 设 $C = v_1, v_2, \cdots, v_m, v_1$ 是其最长圈, 于是 $D - C$ 有节点. 根据假设, 每一个 $D - C$ 中的节点与 C 相连的边都具有同一个方向(要么全部离开 C, 要么全部进入 C).

结论: $D - C$ 中一定有两个节点, 他们与 C 相连的边方向相反(否则, D 不是强连通图).

在此结构下,我们容易发现更长圈.证毕.

对于竞赛图,穆恩(Moon)得到一个比上述定理更强的结果.

定理 10-20(穆恩,1966) p 阶强连通竞赛图的任何一个节点都在 k-圈上($k=3,4,\cdots,p$).

证明: 设 v 是强连通竞赛图 D 中的任意一个节点.

首先证明点 v 在一个 3-圈上.令 $S=N^+(v),T=N^-(v)$ 分别是离开和进入 v 的节点集合,则 $S\neq\varnothing,T\neq\varnothing$,同时 $E[S,T]\neq\varnothing$.因此 v 在一个 3-圈上.

现在设点 v 在一个 k-圈上($3\leqslant k<p$),我们将证明它在一个 $(k+1)$-圈上.

设 $C=(v_1,v_2,\cdots,v_k)$ 是过 v 的 k-圈,$v=v_1$.

若存在一点 $u\notin C$,使得 $N^+(u)\cap C\neq\varnothing,N^-(u)\cap C\neq\varnothing$,容易看出存在 $i(1\leqslant i\leqslant k)$,使得 $(u,v_{i+1})\in E,(v_i,u)\in E$,于是 $C'=(v_1,v_2,\cdots v_i,u,v_{i+1},\cdots,v_k,v_1)$ 是过 v 的 $(k+1)$-圈.

设对于任意一点 $u\notin C$,或者 $N^+(u)\cap C=\varnothing$,或者 $N^-(u)\cap C=\varnothing$. 令
$$S=\{u\notin C|N^+(u)\cap C=\varnothing\},$$
$$T=\{u\notin C|N^-(u)\cap C=\varnothing\},$$
显然 $S\neq\varnothing,T\neq\varnothing,E[S,T]\neq\varnothing$.设 $(u,w)\in E[S,T],u\in S,w\in T$,则
$$C''=(v_1,u,w,v_3,\cdots,v_k,v_1)$$
是过 v_1 的 $(k+1)$-圈.证毕.

下面这个结论说明:强连通竞赛图具有递归特性(读者可以直接证明它).

定理 10-21 若 D 是一个阶数至少为 4 的强连通竞赛图,则存在节点 x,使得 $D-x$ 还是强连通竞赛图.

在本讲的结尾,我们介绍有向图中的门格定理.

定理 10-22 设 s,t 是有向图 D 中任意两个不相邻的节点,则 D 中内部不交的 $(s-t)$-路的最大条数等于 $(s-t)$-分离集的最小点数.

证明: 我们来证明它的等价形式:当且仅当 D 中任一 (v_s-v_t) 点分离集 A 有 $|A|\geqslant k$ 时,D 中存在 k 条内部不交的 (v_s-v_t)-路.

对 k 进行归纳. 若 $k=1$, 结论显然成立.

假设对任一个 (v_s-v_t) 点分离节点集 A, $|A|\geqslant k+1 (k\geqslant 1)$, 证明 D 中有 $k+1$ 条内部不交的 (v_s-v_t)-路.

由归纳假设, D 中存在 k 条内部不交的 (v_s-v_t)-路 $\mu_1,\mu_2,\cdots,\mu_k$. 不妨设 μ_i 具有 $v_s v_i \cdots v_t (i=1,2,\cdots,k)$ 的形式. 因为 $\{v_1,v_2,\cdots,v_k\}$ 无法分离 v_s 和 v_t, 故存在一条 (v_s-v_t)-路 μ, 使 $v_i \notin \mu, 1\leqslant i\leqslant k$. 令 u 是路 μ 上在 v_s 之后与某个 μ_i 相交的第一个节点 (即 $v_s \overset{\mu}{-} u$ 与 $\mu_1,\mu_2,\cdots,\mu_k$ 是 (除 v_s,u 外) 点不交的). 记 $\mu_{k+1}=v_s\overset{\mu}{-}u$. 我们选取 $\mu_1,\mu_2,\cdots,\mu_k,\mu_{k+1}$, 使 $D-v_i$ 中 $d(u,v_t)$ 最小.

若 $u=v_t$, 则 $\mu_1,\mu_2,\cdots,\mu_k,\mu_{k+1}$ 为所求的 $k+1$ 条内部不交的 (v_s-v_t)-路, 结论成立. 故设 $u\neq v_t$, 考虑有向图 $D-u$. 根据归纳假设, $D-u$ 中存在 k 条内部不交的 (v_s-v_t)-路 $P_1,P_2,\cdots,P_k$. 设 $P_1,P_2,\cdots,P_k$ 这样选取, 使

$$|(\bigcup_{i=1}^{k}E(P_i))\setminus(\bigcup_{i=1}^{k+1}E(\mu_i))|=\min.$$

令

$$V(H)=\bigcup_{i=1}^{k}V(P_i)\cup\{u\}, E(H)=\bigcup_{i=1}^{k}E(P_i).$$

设有 $\mu_j (1\leqslant j\leqslant k+1)$, 使 $(v_s,v_j)\notin E(H)$. 令 w 是 μ_j 上在 v_s 之后属于 $V(H)$ 的第一个节点. 不妨设 $w\neq v_t$.

若 $w=u$, 令 ρ 是 $D-v_s$ 中最短 $(u-v_t)$-路, v 是 ρ 上与某个 $P_i (1\leqslant i\leqslant k)$ 相交的第一个点, 则 $d_{D-v_i}(v,v_t)<d_{D-v_s}(u,v_t)$. 这与 $P_1,P_2,\cdots,P_k,P_{k+1}$ 的选取方法相违.

若 w 属于某个 $P_i (1\leqslant i\leqslant k)$, 则 $v_s\overset{P_i}{-}w$ 上至少有一条弧不属于 $\bigcup_{i=1}^{k+1}E(P_i)$ (否则, $\mu_1,\mu_2,\cdots,\mu_k,\mu_{k+1}$ 中有两条路在异于 v_s,v_t,u 点处相交, 这是不可能的). 我们令 $P'_i=v_s\overset{\mu_j}{-}w\overset{P_i}{-}v_t$, 而对 $j\neq i, P'_j=P_j$. 从而得到 $D-u$ 中的 k 条内部不交的 (v_s-v_t)-路 $P'_1,P'_2,\cdots,P'_k$, 满足

$$|(\bigcup_{i=1}^{k}E(P'_i))\setminus(\bigcup_{i=1}^{k+1}E(\mu_i))|<|(\bigcup_{i=1}^{k}E(P_i))\setminus(\bigcup_{i=1}^{k+1}E(\mu_i))|,$$

这与 $P_1,P_2,\cdots,P_k$ 的定义相违. 证毕.

最后,我们来介绍一个关于有向图在组合优化理论上的应用.

例7 有 3 个酒瓶 A,B,C,分别具有 $1,3,4$ 升容量.这些瓶子没有标出刻度,也就是说,瓶子上面没有标记.因此,在观察一个瓶子时,不可能确切地知道它里面有多少酒,除非它是空的或满的.开始时,最大的瓶子里装满了酒,其他瓶子是空的.用倾倒这个词来表示把 X 瓶所装的酒倒入瓶子 Y 中,直到 Y 被装满或 X 中的酒被倒光.我们希望通过不断地把一个瓶子中的酒倾倒入另外一个瓶子中,最后把酒分成相等的两份.问:我们能够在最大号的瓶子和中号的瓶子中各装上 2 升酒吗?如果可以,那么完成这个目标所需要的最少可能次数是多少?

解 在任何时候,假设瓶子 A,B,C 中的酒量分别为 a 升,b 升,c 升,则 $a+b+c=4$,最初时的状态为 $a=b=0$.一个关键的因素是:在任何一个状态,只要知道 a 和 b 的值,就可以知道三个瓶子中分别装了多少酒了.为了有助于了解这个问题,我们有必要构造一个有向图 D,满足条件

$$V(D)=\{(a,b)\,|\,a\in\{0,1\},b\in\{0,1,2,3\}\},$$

当且仅当通过一次倾倒能够从一个状态 (a_1,b_1) 变成另外一个状态 (a_2,b_2) 时,(a_1,b_1) 可连到 (a_2,b_2).因此,问题就变成了在 D 中计算从节点 $(0,0)$ 到 $(0,2)$ 的最短路.这个有向图如图 10-4 所示,其中有些边具有双箭头,表示可以相互变换,其状态是可逆的,另一些则不然.从图中不难发现:从 $(0,0)$ 到 $(0,2)$ 的距离为 3.路径 $(0,0)\to(0,3)\to(1,2)\to(0,2)$ 是唯一的一条最短路,但不是唯一的路.

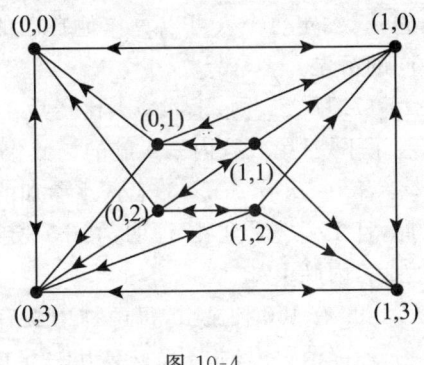

图 10-4

习题 10

1. 有 $n(>4)$ 个城市,每两个城市之间有一条直达道路.证明:可将这些道路改为单行道,使得从任意城市可以到达任一其他城市,中间至多经过 1 个城市.

2. (1) 证明:若竞赛图 $\overline{K_n}$ 中有一个回路,则 $\overline{K_n}$ 中有一个三角形回路;

   (2) 证明:竞赛图 $\overline{K_n}$ 中有一个三角形的充分必要条件是:存在两个节点 x, y,它们的出度相同.

3. 某国的 N 个城市被航空线联结起来,而所有航线都是单向的.这些航线满足条件 f:从任一城市起飞,不能沿着这些航线回到此城.求证:能补充这个航线系统,使每 2 个城市都被航线联结,并且新的航线系统也满足条件 f.

4. 在排球单循环赛中,若 A 队胜 B 队,或 A 队胜 C 队而 C 队胜 B 队,则称 A 队优于 B 队,并称优于所有对手的队为冠军.试问:按此规定,是否会出现恰好两个冠军?

5. 有 n 个棋手,每一个与其余若干个人进行了比赛.假定比赛中没有平局,且没有 v_1 胜 v_2, v_2 胜 $v_3, \cdots, v_k$ 胜 v_1 这样的情形出现.证明:必有一个人在所有比赛中全胜,也必有一个人在所有比赛中全负.

6. 如果 n 个人 $v_1, v_2, \cdots, v_n$ 中,每两个人 v_i 与 v_j 有一个共同的祖先 v_k(约定每个人可以算作他自己的祖先).证明:这 n 个人有一个共同的祖先.

7. 甲、乙、丙、丁四个人比赛乒乓球,每两个人都要赛一场.结果甲胜了丁,且甲、乙、丙三人胜的场数相同.问:乙胜了几场?

8. 一次有 $n(n \geq 3)$ 名选手参加的单循环赛,每对选手赛一局,无平局,且无一选手全胜.证明:其中一定有三名选手甲、乙、丙,甲胜乙,乙胜丙,丙胜甲.

9. 有 100 种昆虫,每两种中必有一种能消灭另一种(但甲能消灭乙,乙能消灭丙,并不意味着甲一定能消灭丙).证明:可以将这 100 种昆虫依某种顺序排列起来,使得每一种能消灭紧接在它后面的那一种昆虫.

10. 证明:当且仅当图 G 是欧拉图时,它有一个欧拉定向.

11. 证明:有向图 D 是强连通图的充分必要条件是:它的逆 $\overline{D}$ 也是强连通图.

12. 证明:非平凡有向图 D 是强连通图的充分必要条件是:对于 D 的基础图 G 的每一个边割 $S=[A,B]$,D 中存在一条从 A 到 B 的弧和一条从 B 到 A 的弧.

13. 证明:每一个竞赛图都有一个(有向)哈密顿路.

14. 证明:竞赛图 D 是可迁的充分必要条件是:D 的每两个节点的出度都不相同.

15. 证明:若 D 是一个强连通的竞赛图,则对于任何一个整数 k:$3 \leqslant k \leqslant n$,$D$ 中一定有 k-圈.

16. 设 u,v 是竞赛图 D 中的两个不同节点.如果 D 中有 u-v 路和 v-u 路,证明:最短的 u-v 路长度不等于最短的 v-u 路长度.

17. 如果一个有向树 H 中有一个节点 v 叫根节点(rooted vertex),从它出发可以沿着 H 中的有向路到达任何一个节点,则称 H 是一个**外向树**.设 H_1,H_2 是有向图 D 中的两个根节点为 v_1 的外向树.证明:可以经过有限次的基本变换将 H_1 变成 H_2.

18. 利用邦迪定理(定理 10-12)证明定理 10-10.

19. (赫瓦塔尔 & 科姆洛什(J. Komlos))设 D 是色数 $\chi(D) > mn$ 的有向图,而 f 是定义在 $V(D)$ 上的一个实函数.证明:D 或者有一条适合 $f(u_0) \leqslant f(u_1) \leqslant \cdots \leqslant f(u_m)$ 的有向路 $(u_0, u_1, \cdots, u_m)$,或者有一条适合 $f(v_0) > f(v_1) > \cdots > f(v_n)$ 的有向路 $(v_0, v_1, \cdots, v_n)$.

20. (爱尔特希 & 塞凯赖什)试证明:任意 $mn+1$ 个不同整数组成的序列,或者包含一个 m 项的递增子序列,或者包含一个 n 项的递减子序列.

21. 图 G 有一个定向图 D.证明:其中每一个有向路的长至多是 $\Delta(G)$.

22. 3 个酒瓶 A,B,C 分别有 $3,5,8$ 升的容量,开始时最大的瓶子里装满了酒.最少要通过多少次倾倒,能够得到下列情况?

图论

(1) 两个瓶子分别装有 4 升的酒;

(2) 两个瓶子之中,一个装有 2 升酒,另外一个装有 6 升酒;

(3) 两个瓶子之中,一个装有 1 升酒,另外一个装有 7 升酒.

23. 证明罗宾斯定理(即一个图 G 有一个边的定向,使得对应的有向图成为强连通图的充分必要条件是:G 是 2-边连通图).

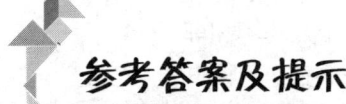

习题 1

1. 可以从支撑树理论直接得到.

2. 这是显然的.

3. 设 G 有 x 个次为 3 的节点. 由于 G 的阶为 14, 且次为 4 的节点数为 6, 故次为 3 和 5 的节点数为 8. 因此, 次为 5 的节点数为 $8-x$. 根据握手定理, G 有 5 个次为 3 的节点和 3 个次为 5 的节点.

4. $\frac{1}{2}n(n-1)$.

5. 用 n 个点 $v_1, v_2, \cdots, v_n$ 表示这 n 名教授, 并在相互认识的人之间连一条边. 将这 n 个点任意分成两组, 只有有限多种分法, 考虑在两组之间的连线条数 S, 其中必存在一种分法, 使 S 达到最大值, 此时定有 $d_i \geqslant d'_i (i=1,2,\cdots,n)$. 若不然, 设对 v_1, 有 $d'_1 \geqslant d_1$, 则将 v_1 从这组换到另一组, S 增加了 $d'_1-d_1>0$, 这与 S 已达到最大值矛盾.

6. 设 A 队经过 8 轮之后与 8 个队赛过, 而与其他 9 个队没有赛过. 若这 9 个队在前 8 轮中相互之间都赛过, 由于每队只赛了 8 场, 所以这 9 个队与其他各队都没有赛过. 但这 9 个队中第一轮比赛只能赛 4 场, 所以必有一个队要与其他队比赛, 矛盾. 所以在这 9 个队中必有两个队 B,C, 它们之间没有赛过. 这样 A,B,C 三队之间便彼此没有赛过了.

7. n 名代表用 n 个点 $v_1, v_2, \cdots, v_n$ 表示. 如果 2 名代表没有握过手, 就在相应的顶点之间连一条边, 得图 G. 如果 G 中任意 4 点 v_1, v_2, v_3, v_4, 每一点都有与之相邻的点, 分别设为 v'_1, v'_2, v'_3, v'_4, 由已知条件知, v_1, v_2, v_3, v_4 中有 1 点, 不妨设为 v_1, 与其余 3 点 v_2, v_3, v_4 均不相邻, 所以 $v'_1 \neq v_2, v_3, v_4$. 如果 $v'_2 \neq v'_1$, 则在 v_1, v_2, v'_1, v'_2 这 4 个点中, 没

有 1 个点与其余的 3 点均不相邻,所以 $v_2' = v_1'$. 于是在 v_1, v_2, v_3, v_1' 这 4 个点中,又没有 1 个点与其余的 3 个点均不相邻. 所以在任意 4 个顶点中,必有 1 个点与其余的 $n-1$ 个点均不相邻.

8. 用 $3n$ 个顶点表示这些学生,三所中学的学生组成的三个顶点集合分别记为 X, Y 和 Z. 若 u 和 v 是不同学校的学生,而且互相认识,则在 u 与 v 之间连一条边,这样便得图 G. 设 $x \in X$, 将 Y 和 Z 中与 x 相邻的顶点数记作 k 和 l, 则 $k+l = n+1$. 将 k 与 l 中较大的记作 $m(x)$. 让 x 遍经 X, 将 $m(x)$ 的最大值记作 mx, 对 my 与 mz 作同样理解.

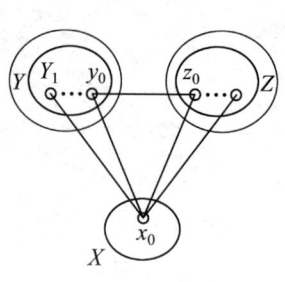

图 A-1

将数 mx, my 与 mz 中的最大值记作 m. 不妨设 $m = mx$, 并且 $x_0 \in X$, 使得 Y 中和 x_0 相邻的顶点集 Y_1 中的顶点数 $|Y_1| = m$, 于是 Z 中与 x_0 相邻的顶点数为 $n+1-m \geq 1$ (如图 A-1). 设 $z_0 \in Z$ 与 x_0 相邻,如果 $y_0 \in Y_1$ 与 z_0 相邻,则 $\triangle x_0 y_0 z_0$ 是 G 中的一个三角形;如果 Y_1 中每一个 y 与 z_0 都不相邻,则 Y 中与 z_0 相邻的顶点数 $\leq n-m$. 因此 z_0 与 X 中相邻的顶点数 $\geq n+1-(n-m) = m+1$, 与 m 的最大性矛盾. 于是证得 G 中必有 $\triangle x_0 y_0 z_0$.

9. 当 $n=1$ 时,有 2 个红色方格相邻,显然为 1 个矩形. 设当 $n=k$ 时成立,即可以将 $2k$ 个连通红色方格分成 k 个矩形. 当 $n=k+1$ 时,有以下几种情况.

(i) 对于 $2k+2$ 个方格,若去掉一对相邻的红色方格后有一个图仍为连通图,则由归纳假设知结论成立.

(ii) 若去掉一对相邻的红色方格后分成若干个连通图,而每个图的红色方格个数为偶数,由归纳假设知结论成立.

(iii) 若去掉任何一对相邻的红色方格后分成若干个连通图,而其中存在连通图的红色方格个数为奇数.

(a) 当 $n=2$ 时,有 "T" 形图 1×3 和 1×1 的两个矩形满足要求.

(b) 当 $n \neq 2$ 时,观察所有方格中左上角的 "T" 形图,去掉这两个方格至多形成两个连通图.

若去掉左上角的两个方格后所形成的两个连通图的红色方格的个

数均为奇数,则去掉 $1×3$ 和 $1×1$ 的两个矩形后,易知仍为两个连通图,而红色方格的个数为偶数.

综上所述,$n=k+1$ 时也成立,故结论成立.

10. 如果 2000 个成员都彼此认识,则认识参观团所有成员的人数为 2000,因此,不妨设有某两个成员 u 与 v 互不认识.下面分 3 种情况讨论.

(i) 除 u,v 外的任意 2 个成员必彼此认识.

设 a,b 是另外 2 个成员,由题设,在 a,b,u,v 这 4 个成员中,必有 1 人认识其余 3 人,这个人只能是 a 或 b,这表明 a,b 互相认识.

(ii) 如果 u,v 两人都认识其他 1998 个人中的每一个,则该参观团有 1998 个人认识所有其他成员.

设 a 是除 u,v 外的任意一个成员,由假设知 a 认识 u,v.设 b 是另一成员,由前所证 a 与 b 必彼此认识,由 b 的任意性知,a 认识参观团的所有其他成员.又由 a 的任意性知,该参观团除 u,v 外的 1998 个人认识所有其他成员.

(iii) 如果 u,v 中某一个不全认识其他 1998 个成员,则该参观团有 1997 个人认识所有其他成员.

不妨设除 v 外,u 不认识另一个成员 w.设 a 是 u,v,w 外的 1997 个成员中的任意一个.由题设,在 a,u,v,w 中认识另外 3 个人的人只能是 a,这表明 u,v,w 这 3 个人的每一个都认识该参观团中的其余 1997 人.

综上,认识该参观团所有成员的人数最少有 1997 个.

11. 根据条件,每个人都有朋友.

如果 $k(k\leqslant m)$ 个人彼此是朋友,由于他们有一个公共的朋友,所以 $k+1$ 个人彼此是朋友.依此类推,导出有 $m+1$ 个人 $A_1,A_2,\cdots,A_{m+1}$ 彼此是朋友.

下面证明车厢中除 $A_1,A_2,\cdots,A_{m+1}$ 外,别无他人.

若 B 是这 $m+1$ 个人以外的人,并且 B 至少与 $A_1,A_2,\cdots,A_{m+1}$ 中两个人是朋友.设 B 与 A_1,A_2 是朋友,则 $B,A_3,A_4,\cdots,A_{m+1}$ 这 m 个人有两个公共的朋友 A_1,A_2,与已知矛盾.

因此,$A_1,A_2,\cdots,A_{m+1}$ 之外的 B 至多与 $A_1,A_2,\cdots,A_{m+1}$ 中的一个

人是朋友,不妨设除 A_1 外,$A_2, A_3, \cdots, A_{m+1}$ 都不是 B 的朋友. 于是 m 个旅客 $B, A_1, A_2, \cdots, A_{m+1}$ 的公共朋友 C,当然不是 $A_2, A_3, \cdots, A_{m+1}$,也不是 A_1. 由于 $m \geqslant 3$,C 与 $A_1, A_2, \cdots, A_{m+1}$ 中的 $m-1 \geqslant 2$ 个人是朋友,这与上面已证 C 至多与 $A_1, A_2, \cdots, A_{m+1}$ 中一个人是朋友矛盾.

于是车厢中只有 $A_1, A_2, \cdots, A_{m+1}$ 这 $m+1$ 个人,每个人的朋友恰好是 m 个.

12. K_5 有 $C_5^2 = 10$ 条边,$C_5^3 = 10$ 个三角形,与每条边有关的三角形恰有 3 个. 若图中有不少于 7 条边,则从 K_5 中至多去掉 3 条边,于是至多去掉 $3 \times 3 = 9$ 个三角形,仍留下 1 个三角形,与题设矛盾. 所以此图不可能有 7 条或更多的边.

习题 2

1. 考虑 20 个节点的完全图,每一个节点的次为 19,于是立即可得结论.

2. 至少要去掉 $n'(n-n')$ 条边.

3. 在 G 中取一条最长路 $P(x, y)$,则 $N(x) \subseteq V(P)$. 在此结构下,G 中一定有所求的圈.

4. 在 G 中加入新节点 u,使得 u 联结 x 与 y,记所得图为 G_1,则 G_1 是 2-连通图,从而其中有从 z 到 u 的内部不交的路 P 和 Q. 在此结构下,G 中有所求的路.

5. 略.

6. 用反证法. 假设 G 不是 3-边连通图,则 G 中一定有含有两条边 e_1, e_2 的边割集. 由条件,G 中有圈 C_1, C_2 穿过 e_1,但是不能同时也过 e_2. 这是不可能的.

7. 用反证法. 假定 G_1 有割点 x,使得 $G_1 = G_2 \cup G_3$,$G_2 \cap G_3 = \{x\}$,则存在 $u \in (G_2), v \in (G_3)$,使得 $xu, xv \in E(G)$. 易知 $d_G(u, v) = 2$. 由定义,$uv \in E(G_1)$,与 x 是 G_1 的割点相违.

8. 由定义立即可得.

9. 设 G_1 是一个块,但不是 K_1. 如果 G_1 中有两个相交的圈,则一定有两个有公共边的圈. 容易看出,由这两个圈所决定的点导出的子图中有偶长圈,与条件相违. 从而 G_1 只能是一个奇长圈.

10. 参见第 3 题的解答.

11. 参见第 3 题的解答

习题 3

1. 如果 G 中没有悬挂点,则可以选 G 的一个支撑树 T 的叶子(即节点 x, $d_T(x)=1$),去掉 T 中联结 x 的唯一边后得到的图还是连通的.

2. 这个结果是显而易见的.因为 G 中所有的支撑树分成两类:穿过 e 的和不穿过 e 的.

3. 我们用如图 A-2 所示的运算形式来直观地解答.

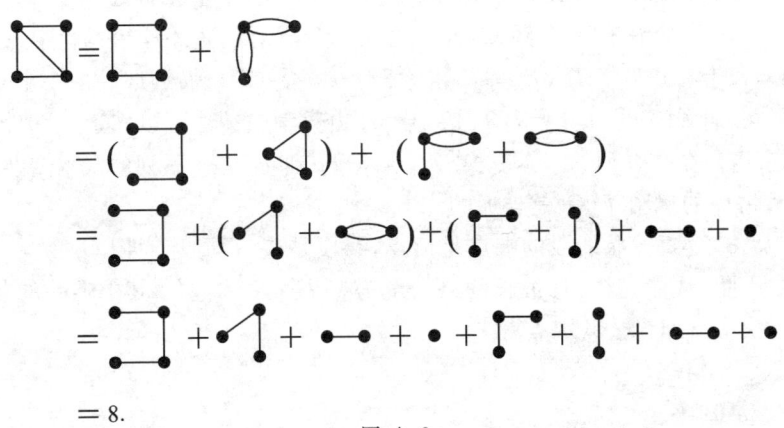

图 A-2

4. 对于图 G 中任意一边 $e=xy$,在 $G-e$ 中执行最短路算法后求出其中的最短$(x-y)$路 $P(e)$,然后在所有的 $P(e)$ 中求出最短者.添加上原来的边后,得到 G 中最短圈.

5. 这是显而易见的.

6. 令 $V(K_p)=\{1,2,3,\cdots,p\}$. 对于 K_p 上的每一个支撑树 T,按照如下方式构造一个长为 $p-2$ 的序列$(s_1,s_2,\cdots,s_{p-2})$:给定 T,设 r_1 是 T 中最小的悬挂点, $r_1 s_1$ 是悬挂边. 考虑 $T-r_1$, 以 r_2 表示 $T-r_1$ 中最小悬挂点, $r_2 s_2$ 是悬挂边. 再考虑 $T-r_1-r_2$, 如此下去直到得到 s_{p-2}.

反过来,若任给一个 $V(K_p)$ 上的长为 $p-2$ 的序列$(s_1,s_2,\cdots,s_{p-2})$,按照如下方式可以构造 K_p 的一个支撑树:令 r_1 是 $V(K_p)\setminus\{s_1,s_2,\cdots,s_{p-2}\}$ 中的最小值,则 r_1 与 s_1 相邻;令 r_2 是 $(V(K_p)\setminus\{r_1\})\setminus$

$\{s_2,\cdots,s_{p-2}\}$ 中的最小值,则 r_2 与 s_2 相邻;如此反复下去,直到得到 r_{p-2},r_{p-2} 与 s_{p-2} 相邻. 最后令 $\{r_{p-1},s_{p-1}\}=V(K_p)\backslash\{r_1,r_2,\cdots,r_{p-2}\}$,则 r_{p-1} 与 s_{p-1} 相邻. 这样就得到了 K_p 的一个支撑树.

这种由树求序列及由序列求树的过程是唯一确定的,所以 K_p 上的支撑树与 $V(K_p)$ 上长为 $p-2$ 的序列之间形成了一一对应关系,故 $\tau(K_p)=p^{p-2}$.

7. 定义 T_1 与 T_2 的距离为
$$d(T_1,T_2)=\frac{1}{2}|E(T_1)\oplus E(T_2)|.$$

因为 $E(T_1)\neq E(T_2)$,$d(T_1,T_2)\neq 0$. 于是存在边 $e_1\in T_2\backslash T_1$,使 T_1+e_1 中恰好有一个圈 $C(e_1)$. 显然 $C(e_1)$ 上的边不全在 T_2 中,故 $C(e_1)$ 上有边 $e_2\in T_1\backslash T_2$. 令 $T_1^{(1)}=T_1+e_1-e_2$,$T_1^{(1)}$ 仍然是 G 的一个支撑树,且 $d(T_1^{(1)},T_2)=d(T_1,T_2)-1$. 由数学归纳法可以知道,从 $T_1^{(1)}$ 到 T_2 存在一系列的基本变换. 所以,从 T_1 到 T_2 有一系列的基本变换. 因此 G 的树图 $T(G)$ 是连通的.

8. 令每一条线段的端点是节点,线段是边,得到连通图 G. 易见 G 中无圈,从而是树,且最长的路长度为 2,故 $G=K_{1,n-1}$. 其中唯一的非一次节点即为公共端点.

9. 略.

10. 略.

11. 如果 G 是二部的,容易知道 G 的每一个面的边界都是偶长圈. 反过来,假定存在 G 的平面嵌入使得所有面的边界都是偶长圈. 设 C 是 G 的任意一个圈,则 C 把平面 S_0 分成两个无公共点的分支 σ_1,σ_2. 设 σ_1 是包含在 C 内部的分支,并用 $\text{Int}(C)=\{\partial f_1,\partial f_2,\cdots,\partial f_m\}$ 表示所有含在 σ_1 里的圈的集合. 容易看出: $C=\partial f_1\oplus\partial f_2\oplus\cdots\oplus\partial f_m$,这里 "$\oplus$" 表示集合之间的对称差运算. 由第 5 题知,两个偶长圈的对称差不含有奇长圈. 证毕.

习题 4

1. $K_{10,10}$ 即为所求.

2. 这是定理 4-1 的直接推论.

3. 设 $G=(V,E)$，有 $d(x)(n-1-d(x))$ 个三点组 $\{x,y,z\}$，它们在 G 或 $\overline{G}$ 中都不构成三角形，且在 G 中有唯一的一条边以 $x\in V$ 为端点. 在 G 或 $\overline{G}$ 中都不构成三角形的每一个三点组 $\{x,y,z\}$ 含有 G 的一条边或两条边. 设 (x,y) 是 G 的一条边，$(x,z),(y,z)$ 是 $\overline{G}$ 的两条边，在总和 $\sum_{x\in V} d(x)(n-1-d(x))$ 中，三点组 $\{x,y,z\}$ 被计算了两次：一次关于 x，一次关于 y. 而如果 $(x,y),(y,z)$ 是 G 的边，(x,z) 是 $\overline{G}$ 的边，则上述和中三点组 $\{x,y,z\}$ 也被计算了两次：一次关于 x，一次关于 z. 因此在 G 和 $\overline{G}$ 中三角形的总数为 $C_n^3 - \dfrac{1}{2}\sum_{x\in V} d(x)(n-1-d(x)) \geqslant C_n^3 - \dfrac{n}{2}\left(\dfrac{n-1}{2}\right)^2 = \dfrac{1}{24}n(n-1)(n-5)$.

4. 参见华东师范大学学报(自然科学版)2007年第一期.

5. 当 $n=2$ 时，$n^2+1=5$，4 点间连有 5 条线段，恰构成两个三角形，命题成立.

设命题于 $n=k$ 时成立，当 $n=k+1$ 时，我们先来证明至少存在一个三角形.

设 AB 是一条已知线段，并记由 A,B 向其余 $2k$ 个点所引出的线段条数分别为 a 和 b.

若 $a+b\geqslant 2k+1$，则存在点 C 异于 A 和 B，使线段 AC,BC 都存在，从而存在 $\triangle ABC$.

若 $a+b\geqslant 2k$，则当把 A,B 两点除去后，余下的 $2k$ 个点间至少连有 k^2+1 条线段，于是由归纳假设知至少存在一个三角形.

设 $\triangle ABC$ 是这些线段所构成的三角形之一，由 A,B,C 三点向其余 $2k-1$ 个点引出的线段数分别为 α,β,γ.

若 $\alpha+\beta+\gamma\geqslant 3k-1$，则恰以 AB,BC,CA 三者之一为一边的三角形的总数至少有 k 个，再加上原来的 $\triangle ABC$，至少有 $k+1$ 个三角形.

若 $\alpha+\beta+\gamma\leqslant 3k-1$，则 $\alpha+\beta,\beta+\gamma,\gamma+\alpha$ 这 3 个数中至少有 1 个不大于 $2k-2$. 不妨设 $\alpha+\beta\leqslant 2k-2$，于是当把 A,B 两点除去后，余下的 $2k$ 个点间至少还连有 k^2+1 条线段，于是由归纳假设知它们至少构成 k 个三角形，再加上 $\triangle ABC$ 即至少有 $k+1$ 个三角形. 因此命题于 $n=k+1$ 时成立，这就完成了归纳证明.

6. 图 G 是从 K_{10} 中去掉 5 条边后得到的图,明显地有 $K_{3,3}$ 为子图.

7. 设 X, Y 分别是女生与男生的集合. 如果 $x \in X$ 与 $y \in Y$ 跳舞, 则 xy 为一条边. 于是我们得到一个二部图 $G=(X,Y,E)$, 其中每个 X 中节点 x 的次 $d(x) \geq 1$, 每个 Y 中节点 y 的次 $d(y) \leq |X|-1$. 设 $b \in Y$ 是 Y 中最大次节点, 而 $g' \in X$ 是 X 中没有与 b 跳过舞的女生, $b' \in Y$ 是与 g' 跳过舞的男生. 在 b 的舞伴中至少有舞伴 $g \in X$ 没有和 b' 跳过舞(否则, $d(b') > d(b)$). 这样, $bg, b'g'$ 即为所求.

8. $n=5$. 首先, 对 $\sqrt{2}, \sqrt{3}, -\sqrt{2}, -\sqrt{3}$ 这 4 个无理数, 任意 3 个中总有 2 个的和为有理数. 其次, 5 个无理数 x, y, z, u, v 中, 如果 2 个数的和为有理数, 则连一条边, 这样的图中无三角形. 否则, 由 $x+y, y+z, z+x$ 为有理数, 可以导出 x 为有理数. 同理, 图中也无长为 5 的圈(否则, 这五个数中也将有有理数). 若节点 x 至少与 3 个节点 y, z, u 相连, 则 y, z, u 为所求 3 个数. 若 x 至多与 1 个节点 v 相连, 由于 y, z, u 中有 2 个节点 y, z 不相连, x, y, z 即为所求. 若每个节点的次为 2, 则得到长为 5 的圈.

9. 用 17 个节点 $x_1, x_2, \cdots, x_{17}$ 表示这 17 个人. 若两个人认识, 就在他们之间连一条边, 于是得到一个 4 -正则图 G. 我们要证明:存在两个节点 x_i, x_j, 使得 $x_i x_j \notin E(G)$, $N(x_i) \cap N(x_j) = \varnothing$.

用反证法. 假设结论不成立, 则对于任意节点 $x \in V(G) \Rightarrow$ 对任意节点 $y \in V(G) \setminus \{x \cup N(x)\}$, 都有 $z \in N(x)$, 使得 $yz \in E(G)$. 这表明 $N(x) \cup \{x\}$ 以外的 12 个节点至少要向 $N(x)$ 引 12 条边. 由抽屉原理, $N(x)$ 中必有节点 u 要接受 $N(x) \cup \{x\}$ 以外 4 个节点发出的边, 从而 $d(u) \geq 5$, 与假设相违背.

10. (1) 这个图是所谓的奥勒(Ore)图 $\Big($ 即每一个节点的次至少为 $\frac{1}{2}(n+1)\Big)$, 其中必有 3 -圈. 我们可以考虑图中的一条边 (x, y), 它的邻域为 $N(x), N(y)$. 利用
$$|N(x) \cap N(y)| = d(x) + d(y) - |N(x) \cup N(y)| > 0,$$
知道存在 $z \in N(x) \cap N(y)$, 从而 $C=(x, y, z)$ 是一个 3 -圈.

这个证明实际上说明:有 3 -圈过图中的每一条边.

(2) 可以考虑 $K_{\lceil\frac{n}{2}\rceil,\lceil\frac{n}{2}\rceil}$ 的子图.

11. 容易看出,所有不同的联结方式是有限的,每一种方式决定一个折线段总和. 必有一个和是最小的,计为 D. 现在证明:对应的联结方式决定一个简单 n 边形. 否则, 这条闭折线段 $abe\cdots fcdh\cdots ga$ 中的两条线段 ab 与 cd 相交(如图 A-3 所示). 从折线段中去掉 ab 和 cd,联结 ac 与 bd,得到另外一个闭折线段 $acf\cdots ebdh\cdots ga$,它的长要小于 D(三角形两边之和大于第三边).

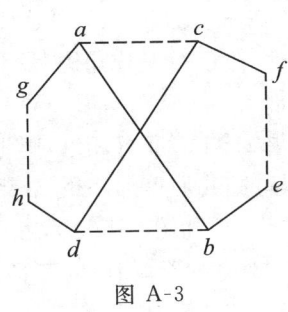

图 A-3

12. 容易看出,以同色点为顶点的三角形数目有限,选其中一个面积最小者为 $\triangle abc$,并且设其顶点为红色,则其 3 条边中,必有一边不含其他颜色点. 否则, ab, bc, ca 上各有一个蓝色点 a', b', c', 那么 $\triangle a'b'c'$ 是包含在 $\triangle abc$ 内部的三角形,面积小于 $\triangle abc$ 的面积.

13. 每一个车站对应于这样一个数:由该站出发能够到达的车站数目(按出发的下一站作为第一站计算). 站数小于 n 的,表示该站不合要求(不能跑一圈). 因此,合乎要求的车站应该在"由该站出发能够到达的车站数最多"那些车站中去寻找. 设从 A 站出发能够到达的车站数目最多,有 m 站. 下面证明:车站 A 符合要求. 如图 A-4,设由 A 出发无法回到 A 而只能

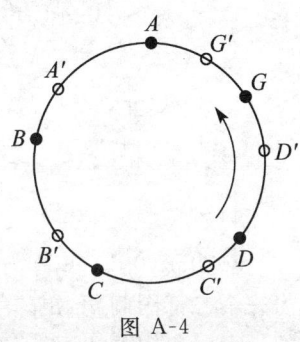

图 A-4

到达 B 站的前面一站 A'. 于是,由 B 站出发无法到达 A 站(否则,由 B 出发能够到达的站数 $>m$,与 A 站的最大性相违). 设由 B 站出发只能到达 C 站的前面一站 B',同理,由 C 出发只能到达 D 站的前面一站 C'……最后,设由 G 站出发只能到达 A 站的前面一站 G'. 这表明: n 个车站的汽油总量不够一辆汽车跑上一圈,与题目假设相违.

习题 5

1. 这是一个 k-正则二部图的 1-因子问题.

2. 这是霍尔定理的直接应用.

3. 设 $G=(V,E)$ 是 $2k$-正则图,而 $V=\{v_1,v_2,\cdots,v_p\}$. 不失一般性,假定 G 是连通图. 设 C 是 G 的一个欧拉环游. 根据下列规则构造二部图 $G'=(X,Y,E):X=\{v_1,v_2,\cdots,v_p\},Y=\{v_1,v_2,\cdots,v_p\}$. 在 C 上如果 v_i 与 v_j 正好相继,则将 x_i 与 y_j 连一条边. 由于 G' 是可以 1-因子分解的,我们得到 G 的 2-因子分解.

4. 如图 A-5(A),考虑 $G=K_5$ 中依次遍历所有边的欧拉环游 $C=1231425435$. 相应的二部图 H 如图 A-5(B)所示. 对于 u,w-分别是 $12,43,25,31,54$ 的 1-因子,由它得出的 2-因子是一个圈 $(1,2,5,4,3)$. 其余的边形成了另外一个 2-因子 $(1,4,2,3,5)$.

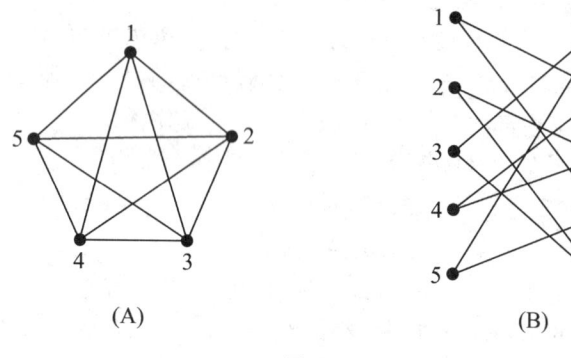

图 A-5

5. 由于 $(0,1)$-矩阵与二部图是相互决定的,我们可以将其转化成为一个二部图问题. 矩阵中最大的独立的 1 的数目恰好是这个二部图的最大对集中的边数,而覆盖所有 1 的最少线条数目恰好就是这个二部图中最小横截集中节点的数目. 由定理 5-12 立即可得结论.

6. 用反证法. 在 $G=(X,Y,E)$ 中取最大对集 M,设 $|M|<k$. 令 $V(M)\bigcap X=X_1,X-X_1=X_2,V(M)\bigcap Y=Y_1,Y-Y_1=Y_2$,则 $N(Y_2)\subseteq X_1,N(X_2)\subseteq Y_1$. 由于 G 中没有关于 M 的可扩交错路,$M\bigcap E[N(X_2),Y_2)]=\varnothing$. 于是我们可以进一步将 X_1,Y_1 分解为
$$X_1=X_{11}+X_{12},Y_1=Y_{11}+Y_{12},$$
使得
$$M=E[X_{11},Y_{11}]+E[X_{12},Y_{12}],N(X_2)=Y_{12},N(Y_2)=X_{11},$$

这样就有
$$\sum_{x \in X_{11}} d(x) + \sum_{y \in Y_{12}} d(y) = |E|.$$

由于每一个 X_{11} 中节点 x 的度 $d(x) \leqslant n - |Y_{12}|$，每一个 Y_{12} 中节点 y 的度 $d(y) \leqslant n - |X_{11}|$，我们有：
$$mn \leqslant (k-1)n < |E| \leqslant |X_{11}|(n-|Y_{12}|) + |Y_{12}|(n-|X_{11}|)$$
$$= mn - 2|X_{11}| \times |Y_{12}|,$$
这是不可能的.

7. 这是显然的.

8. $K_{n,n}$ 有 $n!$ 个完美对集. 对于 K_{2n}，它的每一个节点的度为 $2n-1$，选定其中的一条边后，余下的每一个节点只有 $2n-3$ 个选择，依此类推下去，一共有 $(2n-1)\cdot(2n-3)\cdot\cdots\cdot 3\cdot 1 = (2n-1)!!$ 个不同的 1-因子.

9. 集合系统 $M = (A_1, A_2, \cdots, A_n)$ 显然满足霍尔定理条件，因此有 SDR. 设 $\pi = (a_1, a_2, \cdots, a_n)$ 是一个 SDR，则必然有 $a_i \neq i (1 \leqslant i \leqslant n)$，因此 π 是 $(1,2,3,\cdots,n)$ 的一个全错位排列；反过来，$(1,2,3,\cdots,n)$ 的一个全错位排列也必然是 $M = (A_1, A_2, \cdots, A_n)$ 的一个 SDR. 因此，$M = (A_1, A_2, \cdots, A_n)$ 的 SDR 数目恰好等于 $(1,2,3,\cdots,n)$ 的全错位排列数目，即 $D_0(n) = \sum_{k=0}^{n} \frac{(-1)^k}{k!}$.

10. 我们提供一个由彼得森本人提供的解答. 由彼得森定理，当 G 中没有割边时，一定有 1-因子. 因此，设 G 的所有割边位于一条路 $P: u = u_0, u_1, \cdots, u_k = v$ 上. 不妨设 uu_1 和 $u_{k-1}v$ 为割边，设 G_1 为 $G - uu_1$ 中含有 u 的分支，G_2 为 $G - u_{k-1}v$ 中含有 v 的分支. 对于每一个 $i(i=1,2)$，设 $e_i = x_i y_i$ 为 G_i 中的一条边. 在 G 中的边 $e_i(i=1,2)$ 中加入一个节点（即在 e_i 中间加入一个 2 度节点）w_i，这样得到的图记为 G'. 因而，w_1, w_2 是 G' 中仅有的两个 2 度节点. 制造 G' 的 3 个拷贝 F_1, F_2, F_3. 对于每个 $j(1 \leqslant j \leqslant 3)$，设 F_j 中两个 2 度节点分别为 w_{1j}, w_{2j}，它们分别对应于 G' 中的 w_1 和 w_2. 在 F_1, F_2, F_3 的基础之上构造图 F 如下：加入新节点 z_1, z_2，使得 z_1 与 w_{1j} 相连，z_2 与 w_{2j} 相连 $(j=1,2,3)$，于是 F 是一个没有割边的 3-正则图. 由彼得森定理，F 中一定有 1-因子，从而某

个 F_i 中有 1-因子.

11. 我们用 $\rho(A)$ 和 $\rho'(A)$ 分别表示 A 中独立的非零元的最大个数和覆盖所有非零元所用的最少直线条数. 设 A 可以用 e 条水平线、f 条垂直线来覆盖其所有非零元素, $\rho'(A) = e + f$, 而 $\rho(A)$ 表示其中独立非零元的最大个数, 则有 $\rho'(A) \geqslant \rho(A)$. 不妨将这 e 条水平线和 f 条垂直线放在前 e 行与前 f 列(如下式所示).

$$A = e\left\{\begin{pmatrix} \overbrace{A_{11}}^{f} & A_{12} \\ A_{21} & A_{22} \end{pmatrix}\right.$$

以下证明: $\rho(A_{12}) = e$. A_{12} 是一个 $e \times (n-f)$ 型的 $(0,1)$ 矩阵, 可以视为一个集合系统 $(S_1, S_2, \cdots, S_e)$ 的关联矩阵. 如果 $(S_1, S_2, \cdots, S_e)$ 没有 SDR, 则存在自然数 k 和 k 个 S_i, 不妨设为 $S_1, S_2, \cdots, S_k$, 破坏了霍尔条件, 即 $\left|\bigcup_{i=1}^{k} S_i\right| = l < k$. 这表明: $S_1, S_2, \cdots, S_k$ 所在行上的非零元素可以用其中元素所对应的 l 列上的直线来覆盖(如下式所示).

$$A = e\left\{\begin{pmatrix} \overbrace{A_{11}}^{f} & \overbrace{* \; * \; \cdots \; *}^{l} \\ A_{21} & \end{pmatrix}\right.$$

重新计算后发现, $\rho'(A) \leqslant f + l + (e - k) < e + f$, 与 $\rho'(A)$ 的定义相违. 因此, 集合系统 $(S_1, S_2, \cdots, S_e)$ 有 SDR, 从而 $\rho(A_{12}) = e$. 同理, $\rho(A_{21}) = f$.

因为覆盖 A_{12} 至少要用 e 条水平线, 覆盖 A_{21} 至少要用 f 条垂直线, 且 A_{12} 与 A_{21} 无交叉点, 我们得到 $\rho(A) \geqslant \rho(A_{12}) + \rho(A_{21}) = e + f = \rho'(A)$.

12. 不难看出集合系统 $(A_1, A_2, \cdots, A_n)$ 满足霍尔条件, 因此它有 SDR. 下面来计算 SDR 个数. 设 $(a_1, a_2, \cdots, a_n)$ 是一个 SDR, 则有 $a_i \neq i$ $(1 \leqslant i \leqslant n)$. 于是 $(a_1, a_2, \cdots, a_n)$ 是一个 S 上的全错位排列. 反过来, 对于一个 S 上的全错位排列 $(a_1, a_2, \cdots, a_n)$, 由于 $a_i \neq i (1 \leqslant i \leqslant n)$, 它一定是集合系统 $(A_1, A_2, \cdots, A_n)$ 的一个 SDR. 因此, SDR 的个数恰好就是 S 上的全错位排列数 $D_0(n) = n! \sum_{k=0}^{n} \frac{(-1)^k}{k!}$.

13. 如同在上题中所证明的, 这个集合系统中的 SDR 数目恰好就

是下列 $3\times n$ 矩阵中每一列没有相同元的 X 上的排列. 记这种排列数目为 U_n.

$$\begin{pmatrix} x_1 & x_2 & \cdots & x_n \\ 1 & 2 & \cdots & n \\ 2 & 3 & \cdots & 1 \end{pmatrix}$$

$U_n = \mathrm{per}(J_n - I_n - P_n)$,其中 $\mathrm{per}(A) = \sum_\sigma \prod_{i=1}^n a_{i\sigma(i)}$,称为 A 的积和式,而

$$P_n = \begin{pmatrix} 0 & 1 & & & & \\ & 0 & 1 & & & \\ & & * & * & & \\ & & & * & * & \\ & & & & * & 1 \\ 1 & & & & & 0 \end{pmatrix} n \times n.$$

数 U_n 直接联系着"n 对夫妇围圆桌入座"这一历史名题. n 位女士先围圆桌而坐,每两位女士之间空一位置,要求每位男士不坐在他的妻子身边. 这种圆排列总数恰好就是 U_n. 虽然 U_n 可以表示成 $U_n = \mathrm{per}(J_n - I_n - P_n)$ 这种简单形式,可是具体的计算却十分困难. 应用容斥原理可以发现:

$$U_n = \sum_{j=0}^n (-1)^j \frac{2n}{2n-j} C_{2n-j}^j (n-j)!.$$

对于这种积和式,在 1967 年求出了 $\mathrm{per}(J_n - I_n - P_n - P_n^2)$ 的显式,1979 年才计算出了 $\mathrm{per}(J_n - I_n - P_n - P_n^2 - P_n^3)$ 的显式.

14. 用 X, Y 分别表示男士和女士的集合,当且仅当两个异性认识时,在他们之间用一条边相连,于是可以建立关系图 $G = (X, Y, E)$. 利用霍尔定理证明 G 中存在对集可以饱和 X 中所有节点.

习题 6

1. 给定图是一个边权为 1 的网络,其中有 16 个节点的次为 3. 如图 A-6,根据中国邮递员问题的埃德蒙-约翰逊算法,先将边 (A_i, B_i) 复制一次 $(1 \leqslant i \leqslant 8)$,将其变成一个欧拉图. 任意取其中一个欧拉环游,即为所求最佳旅行方案.

2. 这个问题可以直接推出.

3. 当且仅当图 G 中每一个节点的次为偶数时 G 是欧拉图,而这直接对应于 G^* 中每一个面边界为一个偶长圈,从而决定了 G^* 是一个二部图.

4. 将 G_n 的节点分成两部分 X 和 Y,它们分别由偶置换与奇置换组成.由高等代数中的理论知道,一个置换经过奇数次元素的对换后改变了其奇偶性.因此,任何 $X-Y$ 通路的长均为奇数,从而 G_n 是一个二部图.

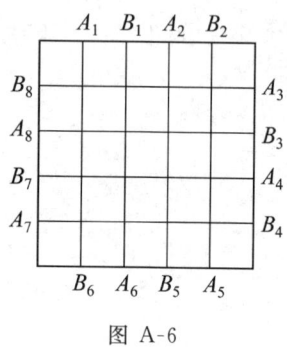

图 A-6

由于每一个置换都可以产生 C_n^2 个对换,因此每一个节点的次为 C_n^2. 由正则二部图可以分解成若干 1-因子,可知结论成立.

5. 由于 $E(X,Y)$ 是一个边割,且哈密顿圈必然形成 X 与 Y 中元素的一一对应,故结论成立.

6. 仿照奥勒条件的证明立即可得.

7. 将每一个人视为一个节点,两个人如果认识就在他们之间连一条边,于是得到一个 6 阶图.易见它是哈密顿图.

8. 建立一个人员关系图如下:将每个大臣视为一个节点,在各对非仇人之间连一条边.则这个图满足奥勒条件,于是有哈密顿圈.这个圈决定了可行方案.

9. 如上题分析可得方案.

10. 作图 G:顶点代表原料,每种菜对应一条边.在 G 中,每个顶点的度 ≥ 4.根据奥勒条件,G 中有一个哈密顿圈.

11. 设集合 A 有 n 个元素,把每个元素编号,设 $A=\{1,2,3,\cdots,n\}$.我们用一个长度为 n 的由 0 与 1 构成的序列来表达每个子集,规则是若 A 的元素 i 在该子集中,则在序列的第 i 位上写 1,否则写 0. 例如,空集 $\varnothing=0,0,0,\cdots,0;\{1\}=1,0,0,\cdots,0;\{n\}=0,0,\cdots,1;\{2,3\}=0,1,1,0,\cdots,0$.于是 A 的全部子集共有 2^n 个.

以这 2^n 个子集对应的序列为顶点,仅当两序列只有一个同位数码相异时,在此二顶点间连一边,得图 G. 例如 $n=1$ 时,G 为图 A-7(A)所示的单位线段;$n=2$ 时,G 为图 A-7(B)所示的正方形. 图 A-7(B)是由两个图 A-7(A)如下作成的:在一个的 0,1 码前加上 0,变成 00,01,在另一个的 0,1 码前加上 1,变成 10,11,再把一个放在另一个上方,连上两个"竖边"作成一个正方形. 复制两个图 A-7(B),把一个放在另一个的上方,在上方的各顶点标志码前加一个 0,在下方的各顶点标志码前加一个 1,再用 4 条竖线联结上下相对的顶点,构成 $n=3$ 时的图 G(图 A-7(C)),它是一个立方体.

如果 $n=k$ 的图 G 已作好,则把 $n=k$ 的图及其复件分别放在上方和下方,在上方图的各顶点标志码前加一个 0,在下方图的各顶点标志码前加一个 1,再在上、下两方对应的顶点间连竖直的边,则得 $n=k+1$ 的图 G. 图 A-7(C)是 $n=3$ 的情形,图 A-7(D)是 $n=4$ 的情形.

$n=k$ 的图 G 称为 k 维立方体图. 用数学归纳法容易证明 k 维立方体图有哈密顿图($k \geqslant 2$). 对于 $n=1$,显然成立,因为这时 1 维立方体图是 K_2,是一条哈密顿链. 对于 $n=2$,它是四边形,显然是哈密顿圈. 若

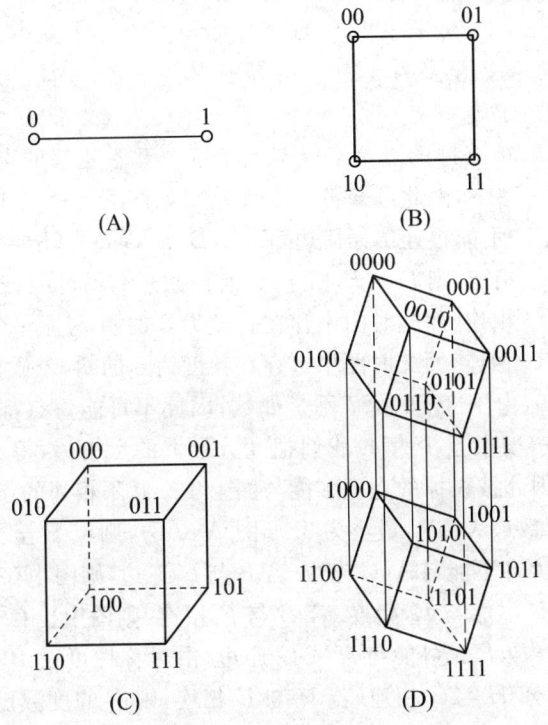

图 A-7

对于 $n=k$，它是哈密顿图，考虑 $n=k+1$. 把 G 中上方和下方的 $n=k$ 时的哈密顿圈上各删去一条对应边，再把这两条对应边的对应端点间的两条边选来与上下方的哈密顿链并成一个 $n=k+1$ 时的哈密顿圈，如图 A-7(D) 中的粗线所示.

把 G 中的顶点按哈密顿圈上的顺序放在一个圆周上，从任一顶点出发，沿逆时针（或顺时针）为序，则把全部子集排了序，使得相邻子集恰相差一个元素.

12. 首先，每个点的度至少为 3. 不然设存在一点 A 仅选出至多两边，则把其中一边去掉后，剩下的 A 点必不在某个圈上，这与条件不符，因此 $n \geqslant 3$.

不难证得 $n \neq 4, 5, 6$.

若 $n=7$，则去掉其中度数最大的点（显然该点度数至少为 3），得到一个长度为 6 的圈. 由于与该点相邻的点在圈上必不相邻（否则将出现长度为 7 的圈），于是被去掉的点至多能与圈上 3 个互不相邻的点相连，因此该点度数至多为 3，从而可知图中各点度数均恰为 3. 而 $3 \times 7 = 21$ 是奇数，矛盾.

若 $n=8$，被去掉的点至多能与圈上三个互不相邻的点相连，因此它的度数至多为 3，由此可知各点度数为 3. 如图 A-8(A)，A, C, F, O 的度数已经为 3，不能再连出任何边，而 B, D, E, G 每点还要各连出一条边. 若 B 与 G 相连，则 D 与 E 相连（连有两条边），不可能；若 B 与 D 相连，则 E 与 G 相连，而此时图中存在长度为 8 的圈，矛盾；若 B 与 E 相连，则 D 与 G 相连，而此时图中也存在长度为 8 的圈，矛盾！

若 $n=9$，由于 $3 \times 9=27$ 不是偶数，因此不可能每点都是 3 度，故至少有一点，度数至少为 4. 我们把度数最大的点去掉，得到一个长度为 8 的圈，因此被去掉的点至多能与圈上 4 个互不相邻的点相连，因此图中的点度数最大为 4，最小为 3. 如图 A-8(B)，则点 B 至少要再连出一条边. 显然 B 不能与 A, C 连边. 若 B 与 D 连边，则图中存在长度为 9 的圈，同理 B 不能与 H 相连. 若 B 与 F 相连，则图中也存在长度为 9 的圈，矛盾！故 B 只可能与 E 或 G 连边. 由对称性可设 B 与 E 相连，仿上讨论可知 H 与 G 相连（若 H 与 E 相连，则 E 的度数已达到 5，矛盾！），F 与 A 相连，D 与 G 相连，此时图中任何两点不可能再连边，于

是去掉点 A 后,图中应存在长度为 8 的圈.而事实上,若图中存在长度为 8 的圈,则 BE,BC,HG,HC,FE,FG 必在圈上,而该 6 边已构成一个长度为 6 的圈,矛盾!

由以上讨论可知,满足要求的 n 值至少为 10.

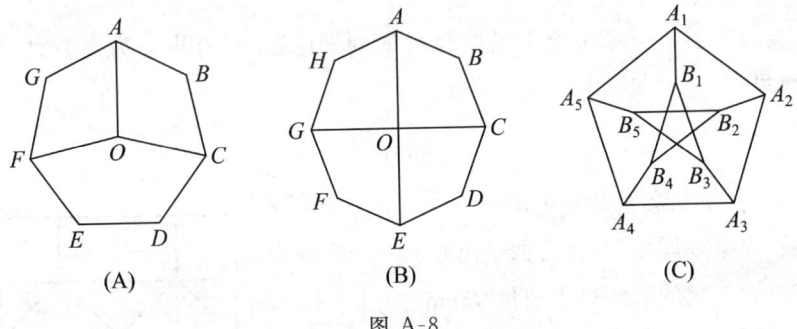

图 A-8

$n=10$ 的例子如图 A-8(C),称为彼得森图.

13. 若恰为 5 人,设原来的座次是 $ABCDEA$,调整成 $ADBECA$ 即可.若超过 5 人,则以人为顶点,仅当两人原来不是邻座时,在此二顶点间连一边,得图 G.由于每个顶点的度数都是 $|V(G)|-3$,于是任意两个顶点度数之和为 $2n-6$,其中 n 是顶点数.又 $n>5$,故 $2n-6 \geqslant n$. G 中必有哈密顿圈,按图上的次序请各人入座即可.

14. 首先,G 是 2-连通图(即 $k \geqslant 2$).由门格定理,G 中有圈过 e_1, e_2.选取圈 C 是过这两边的最长圈.假定 C 不是支撑圈,那么 C 外部有节点 x,由门格定理,自 x 向 C 有 k 条内部不相交的路.仿照爱尔特希定理(定理 6-16)的证明可以知道,G 中一定有圈 $C_1 \supset C$,且 $|V(C)|<|V(C')|$,与 C 的定义相违.

15. 只用证明两个圈 C_m 与 C_n 的笛卡儿乘积图 $C_m \times C_n$ 是哈密顿图即可.由定义,这是显而易见的. 由于 $Q_n = Q_{n-1} \times Q_{n-1}$,易知 Q_n 的哈密顿性.

16. 首先计算出一个哈密顿圈如图 A-9 所示.然后使用 K_n 中的旋转方法,可以

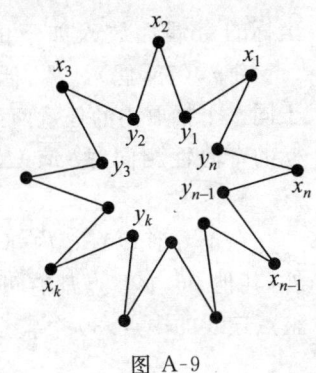

图 A-9

知道 $K_{n,n}$ 中的无公共边哈密顿圈的数目是 $\left[\dfrac{n}{2}\right]$ 个,即当 $n \equiv 0 \pmod{2}$ 时恰好可以分解成 $\dfrac{n}{2}$ 个边不相交的哈密顿圈;当 $n \equiv 1 \pmod{2}$ 时可以分解成 $\dfrac{n-1}{2}$ 个哈密顿圈外加一个 1-因子.

17. 这是 n 阶完全图的欧拉性的判别问题. 只有当 n 为奇数时才有可能.

习题 7

1. 先将矩形分成如图 A-10 所示的 5 个区域. 根据抽屉原理,必有两个点在同一个区域内部,它们之间的距离不超过 $\sqrt{5}$ cm.

2. 以 O 为圆心、半径小于 1 的圆有无穷多个,而圆上所染的颜色种数(n 种颜色的子集)至多为 $2^n - 1$,所以必然有两个圆的颜色种数相同. 设它们的半径为 r, s,且 $r < s < 1$. 显然有 $r(s-r) \in (0, 2\pi)$. 在以 O 为圆心、r 为半径的圆上,以 $r(s-r)$ 为幅角的点 Y 的颜色出现在这个圆上. 而 $r + \dfrac{r(s-r)}{r} = s$,所以以 O 为圆心、s 为半径的圆即 $C(Y)$,结论成立.

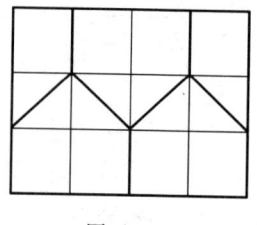

图 A-10

3. 如图 A-11 所示,把所给的 30 个整点 $M_i(x_i, y_i)(i = 1, 2, \cdots, 30)$ 按照其两个坐标的奇偶性放入如下的 4 个抽屉内:(奇,奇),(奇,偶),(偶,偶),(偶,奇). 由于同一个抽屉内的任意两个点 M_i 和 M'_i 坐标的奇偶性相同,故 $M_i M'_i$ 的中点也是整点.

在正方形 $OABC$ 内部,除去 4 个顶点外,其他 96 个整点都有可能成为某两个整点连线的中点. 30 个整点不管怎样放入 4 个抽屉中,同一个抽屉中

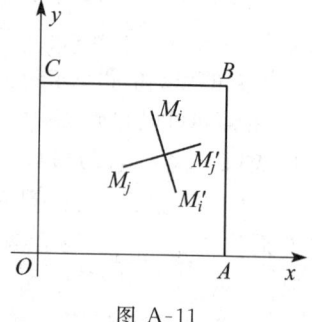

图 A-11

的每两点连线的中点个数至少有
$$C_7^2+C_7^2+C_8^2+C_8^2=98$$
个. 由抽屉原理,这 98 个整点中至少有某两个点重合,它们必为某 4 个点所决定的线段 M_iM_i' 和 M_jM_j' 的共同中点, M_i, M_i', M_j, M_j' 是 4 个不同的点,因此它们决定的图形具有中心对称性,且对称中心也是整点.

4. 任取 K_{10} 的一个节点 P_1. 如果其他 9 个节点中至少有 4 个和 P_1 以红色边相连,我们把这 4 个节点记为 P_2, P_3, P_4, P_5. 若 P_2, P_3, P_4, P_5 引导出一个蓝色的 K_4,则为所求. 若其中有一条边为红色边,则 P_1 与这条边决定一个红色的三角形. 否则,其中有 6 条与 P_1 关联的边为蓝色. 由 $r(3,3)=6$ 可知,其中要么有红色的三角形,要么有蓝色的 K_4.

5. 这是上题的直接推论.

6. 利用性质 $r(3,6) \leqslant r(3,5)+r(2,6)-1=14+6-1=19$.

7. 由于 $r(m,n) \leqslant r(m,n-1)+r(m-1,n)-1 < r(m,n-1)+r(m-1,n)$,且 $r(m,2)=m, r(2,n)=n$,容易得出:
$$r(3,3) \leqslant r(3,2)+r(2,3)=3+3=6,$$
$$r(3,4) \leqslant r(3,3)+r(2,4)-1 \leqslant 6+4-1=9,$$
$$r(3,5) \leqslant r(3,4)+r(2,5) \leqslant 9+5=14,$$
$$r(4,4) \leqslant r(4,3)+r(3,4) \leqslant 9+9=18.$$

为了证明 $r(3,5)=14$,我们考虑循环图 $C(13,5)$(如图 A-12 所示)和其在 K_{13} 中的补图. 它们表明: $r(3,5) \geqslant 14$.

8. 设这个有理数为 $\dfrac{p}{q}(q>0)$. 我们考虑每一步除法所得的余数. 若余数为零,命题显然成立. 若余数不为零,它们的取值只能是 $1, 2, \cdots, q-1$,故至多在 q 步除法之内就有两步除法的余数相同.

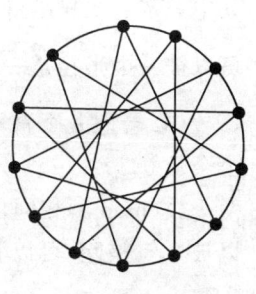

图 A-12

9. 我们考虑数列 $7, 77, 777, 7777, \cdots, \overset{n\text{个}}{\overline{7777\cdots 7}}, \cdots$. 每一个数被 n 来除,所得到的余数中一定有两个相同.

10. 由于 $r(3,3)=6$,其中有一个单色三角形. 去掉这个三角形的一个节点,余下的 6 个节点的完全图中也有一个单色三角形. 如果这两个单色三角形有公共节点,去掉这个公共节点后,余下的 6 个节点中有一个单色三角形,命题成立.

设 $\triangle v_1 v_2 v_3$ 与 $\triangle v_4 v_5 v_6$ 是两个不相交的单色三角形. 如果它们同为红色的,自 v_7 向其余 6 个节点可以引出 6 条边. 如果这 6 条边中有 2 条是与同一个单色三角形同色(红色),则命题成立(有 3 个红色三角形). 如果自 v_7 向每一个同色三角形引出两条蓝色边,设 $v_7 v_1, v_7 v_2$, $v_7 v_4$ 是 3 条蓝色边,则 $\triangle v_4 v_1 v_2$ 为红色或 $\triangle v_4 v_1 v_7 (\triangle v_4 v_2 v_7)$ 为蓝色. 若 $\triangle v_1 v_2 v_3$ 为红色而 $\triangle v_4 v_5 v_6$ 为蓝色,则当 $v_4 v_1, v_4 v_2, v_4 v_3$ 中有 2 条红色边时有红色三角形;当 $v_4 v_1, v_4 v_2, v_5 v_2$(或 $v_5 v_2$)均为蓝色边时,有蓝色三角形.

11. $2n$ 边形一共有 $\dfrac{2n(2n-3)}{2}=n(2n-3)$ 条对角线. 对于每一条边来说,与它平行的对角线的数目 $\leqslant n-2$,因而与凸 $2n$ 边形的边平行的对角线总数至多有 $2n(n-2)$. 由于 $2n(n-2) < n(2n-3)$,必有某对角线不与任何边平行.

12. 把单位正方形分成 25 个边长为 $\dfrac{1}{5}$ 的小正方形. 由抽屉原理,其中一定有 3 只小虫位于某一个小正方形内. 容易知道,这个小正方形可以被一个半径是 $\dfrac{1}{7}$ 的圆所覆盖.

13. 考虑 n 个自然数 $1, 11, 111, \cdots, 11\cdots1 \pmod n$. 一共可能有 n 个余数 $0, 1, 2, \cdots, n-1$. 如果有某个余数为零,就已经完成. 否则,总有两个数 $(\bmod\ n)$ 相同,它们的差 $11\cdots100\cdots0$ 可以被 n 整除. 因为 n 不可以被 $2, 5$ 整除,可以将数字 0 都去掉,得到全由数字 1 所组成的 n 的倍数.

14. 我们分别用 $2n+1$ 和 $n+1$ 代替 25 和 13. 设 A, B 是 S 中距离最大的两点. 如果 $|AB| \leqslant 1$,则命题自然成立. 现在设 $|AB| > 1$. 设 X 是 $S \setminus \{A, B\}$ 中的任意一点,在 $\{A, B, X\}$ 中有两点距离小于 1,因而 $|AX| < 1$ 或 $|BX| < 1$. 所以 S 中的点或者在以 A 为圆心、半径为 1 的

圆上,或者在以 B 为圆心、半径为 1 的圆上. 其中总有一个圆含有至少 $n+1$ 个点.

15. 如果 3 条主对角线(不切出三角形的对角线)经过同一点,则很明显主对角线把六边形分成 6 个三角形,其中有一个面积不超过六边形面积的 $\dfrac{1}{6}$. 设此三角形为 $\triangle OBC$(如图 A-13(A)所示),则 $\triangle ABC$ 和 $\triangle BCD$ 中必有一个的面积 $\leqslant \triangle OBC$ 的面积. 如果主对角线如图 A-13(B)形成一个三角形 PQR,证明更加简单,读者可以自己完成.

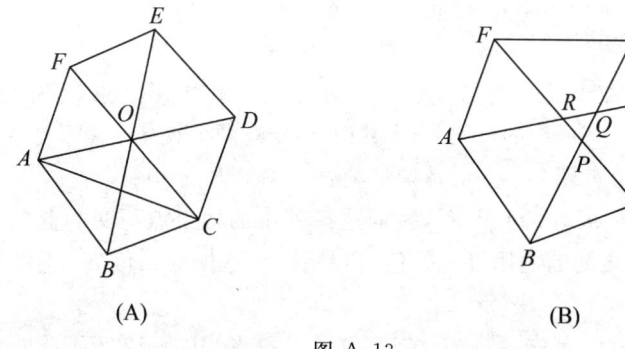

图 A-13

16. 这是上题的特殊情况.

17. 10 个不同两位数的集合 S 中,每一个数都不超过 99,它们一共有 $2^{10}=1024$ 个子集合. 而 S 的任何子集中所有数的和 $\leqslant 10\times 99=990$. 所以,可能的和比子集合的数目小. 这样,就至少有两个不同的子集合 S_1,S_2,这两个集合中元素之和相同. 如果 $S_1\cap S_2\neq\varnothing$,则去掉它们的公共元素后得到两个不相同的子集合,满足要求. 否则,S_1,S_2 即为所求.

18. 设第 k 张卡片上的数为 a_k,而 $s_n=\sum\limits_{k=1}^{n}a_k(n=1,2,\cdots,m)$ 没有一个是 $m+1$ 的倍数,而且 $(\bmod\ (m+1))$ 时全不相同. 否则,若有两个和的差是 $m+1$ 的倍数,我们有 $a_2=s_2-s_1$. 由抽屉原理,a_2 一定与某个 s_q 关于 $m+1$ 同余. 如果 a_2 与某个 $s_q(3\leqslant q\leqslant m)$ 的余数相同,则 $s_q-a_2\equiv 0(\bmod\ (m+1))$,这将导致若干张卡片上数字之和是 $m+1$ 的倍数. 因为在 $s_1,s_2,\cdots,s_m$ 被 $m+1$ 除时余数 $1,2,\cdots,m-1,m$ 都出现,所

以 $a_2 \equiv s_2 \pmod{m+1}$ 或 $a_2 \equiv s_1 \pmod{m+1}$. 因为 $0 < a_1 < m+1$, 所以只能有 $a_2 \equiv s_1 \pmod{m+1}$, 即 $a_2 = a_1$. 由于 a_2 的任意性, 我们有 $a_2 = a_1 = \cdots = a_{m-1} = a_m$.

19. 设所有 100 个乘积用 100 去除所得余数都不相同. 特别地,有 50 个为奇数和 50 个为偶数的乘积. 50 个奇的乘积用完了所有奇的 a_i 和所有奇的 b_i. 偶的乘积是两个偶数的乘积, 因此都是 4 的倍数. 但是, 这样的乘积中没有 $4k+2$ 形式的数, 矛盾! 因此, 这 100 个乘积中一定有两个关于 100 是同余的.

20. 假定 $a_1 \leqslant \left[\dfrac{2n}{3}\right]$, 则 $3a_1 \leqslant 2n$. 集合 $\{2a_1, 3a_1, a_2, a_3, \cdots, a_n\}$ 由 $n+1$ 个 $\leqslant 2n$ 的整数组成, 其中没有一个数被另外一个数整除, 这是不可能的 (因为 $\{1, 2, \cdots, 2n\}$ 中的任何 $n+1$ 数中, 一定有两个数存在整除关系).

21. 这是定理 7-23 的特殊情况: $r(2K_3, 2K_3) = 10$.

22. 先证 $n \geqslant 9$. 对于 K_8, 我们选择其中的两个点不交的蓝色 K_4, 然后对它们之间的边用红色染色. 容易看出, 这样的二色 K_8 中没有所求结构.

再证 $n = 9$. 首先, 我们有结论: 红蓝二色 K_9 中有 12 个不同的单色三角形. 这可以从定理 7-1 立即得出, 也可以直接证明.

事实上, 记 K_9 的节点为 $A_1, A_2, \cdots, A_9$, 从每一个 A_i 中引出 r_i 条红色边和 $(8-r_i)$ 条蓝色边 $(i=1, 2, \cdots, 9)$. 我们称从一个节点引出的一条红色边和一条蓝色边形成的交角为异色角, 而含有不同颜色边的三角形为异色三角形. 每一个异色三角形恰好有 2 个异色角, 所以红蓝二色 K_9 中异色三角形的数目为

$$\dfrac{1}{2} \sum_{i=1}^{9} r_i(8-r_i) \leqslant \dfrac{1}{2} \times 9 \times 16 = 72,$$

等号成立的条件是所有的 $r_i = 4$. 因为 K_9 中一共有 $C_9^3 = 84$ 个三角形, 所以其中至少有 12 个同色三角形.

回到原题. 按照 K_9 中边可以重复计算的原则, 12 个三角形中共有 36 个节点, 由抽屉原理, 必有一个节点是 4 个单色三角形. 若其中任何 2 个三角形都不恰好有一个公共节点, 则这 2 个三角形必然有公共边, 因而 4 个单色三角形有 1 条公共边且 4 个三角形同色. 不妨设其为

$\triangle A_1A_2A_i(i=3,4,5,6)$，且都是蓝色三角形. 考察以 A_3,A_4,A_5,A_6 为顶点的二色 K_4. 若其中有一条蓝色边，不妨设其为 A_3A_4，则 $\triangle A_1A_3A_4$，$\triangle A_1A_3A_5$ 都是蓝色三角形，并且恰好有 1 个公共顶点 A_1；若全是红色边，则红色 $\triangle A_5A_3A_4$，蓝色 $\triangle A_1A_2A_3$ 恰好有一个公共顶点 A_3.

综上所述，最小正整数 $n=9$.

23. 先证 $n \geqslant 31$. 设有两个无公共节点的 K_5^1, K_5^2，它们使用的都是红蓝二色的坏染色. 从 K_5^1 的每一个节点向 K_5^2 的两个节点（这两个节点之间是 K_5^2 的同色边）引两条边，这种沿着 K_5^2 的同色 5-圈引边可以得到一个 10 个节点的 6-正则图 G_{10}. 注意到 K_5^2 的一条同色边的两端点引向 K_5^1 的同一个节点的两条边所使用的颜色与那条 K_5^2 的同色边的颜色不同. 在 G_{10} 的这种二边染色下，其中没有同色的三角形或四边形.

再证 $n=31$. 由抽屉原理，二色的简单图中必有 16 条同色边. 所以，问题转化为在 10 个节点 16 条边的图中，总存在三角形或四边形.

因为 16 条边有 32 个端点，所以必有一个节点至多引出 3 条边，不妨设其为 A_{10}. 这样，除 A_{10} 以外的 9 个节点之间至少有 13 条边，26 个端点. 由抽屉原理，必有一个节点至多引出 2 条边，设这个节点为 A_9. 于是以 $A_1,A_2,\cdots,A_8$ 为节点的子图至少有 11 条边和 22 个端点. 由抽屉原理，必有一个节点 A_8 至多引出 2 条边. 于是以 $A_1,A_2,\cdots,A_7$ 为节点的子图有 9 条边. 类推可知，以 $A_1,A_2,\cdots,A_6$ 为节点的子图有 7 条边. 此时的子图中必有圈. 如果最长圈为 6-圈，则第 7 条边加入时会产生 3-圈或 4-圈；如果最长圈为 5-圈，则它一定有对角线.

综上所述，10 个节点的简单图中满足要求的最少边数为 31.

24. 参见第 22 题的解答.

25. 先证二色 K_9 中有 12 个单色三角形，二色 K_8 中有 8 个单色三角形，二色 K_7 中有 4 个单色三角形，二色 K_6 中有 2 个单色三角形.

然后讨论三色 K_{10}. 设由点 A_1 引出的边全为红色边，则 $K_9 = K_{10} - A_1$ 中有 r 条红色边时，K_{10} 中有 r 个红色三角形.

情况 1：$r \geqslant 4$，结论成立.

情况 2：$r=0$，则 $K_9 = K_{10} - A_1$ 中有 12 个单色三角形.

情况 3：$r=1$，不妨设 $K_9 = K_{10} - A_1$ 中唯一的红色边为 A_2A_3. 删除

285

A_2,则 $K_8=K_9-A_2$ 中不含有红色边,其中有 8 个单色三角形,连同前面的一个红色三角形,至少有 9 个单色三角形.

情况 4:$r=2$,在两条红色边中各去掉一个点,得到一个二色的 K_7,其中有 4 个单色三角形,然后将去掉的一个点恢复,使得它们向其余的 7 个点只连非红色边.在这 4 个单色三角形外加一个节点后,可以发现同色的 4 个三角形.

情况 5:$r=3$,去掉 3 条红色边上的 3 个节点后,可以得到二色的 K_6.然后由情况 4 中所用的恢复节点方法,加入非红色边,可以发现同色的 4 个三角形.

综上所述,结论成立.

26. 第一步,将 K_{25} 的节点划分成为 5 个均匀的节点子集合 V_1,V_2,V_3,V_4,V_5.在每一个集合 V_i 内部的 5 个节点之间使用 a,b 两种颜色进行坏的染色(分解成为两个 5-圈,分别染为 a,b 两色).

第二步,将介于不同的 V_i,V_j 之间的边使用 c,d 两种颜色,对 K_5 实行坏的染色方法(即 V_i,V_{i+1} 之间的边使用颜色 c,其余的 V_i,V_j 之间的边使用颜色 d).容易看出,K_{25} 的这个 4 边染色符合要求.

> **点评** 这里运用到了目前图论理论中彼得森图子式(Subgraph-Minor)的概念,十分前卫.在目前的图论领域内,一个图如果含有彼得森图子式,将具有许多十分重要的理论意义.例如,一个图当且仅当它不含有 K_5 或 $K_{3,3}$ 为子式时它是平面图.特别地,如果一个图中有彼得森图子式,那么它不可以画在平面上,使得边与边之间无交叉.目前,关于图子式的理论已经比较成熟,读者可以参见组合数学界权威刊物 J. of Combin. Ser. B(组合理论 B)上西摩(P. Seymour)与罗伯逊(N. Robertsen)为解决伟大的韦格纳(Wegnar)猜想,在 20 多年的漫长时间里面所写就的系列文章.

习题 8

1. 容易看出 G 有 $m=4k^2+1$ 条边,而且 $\Delta(G)=2k$ 满足条件 $m>\dfrac{(n-1)\Delta(G)}{2}$,从而由定理 8-15 得到 $\chi'(G)=2k+1$.

2. 选取 4 种颜色的点都有的 $\{A_1, A_2, \cdots, A_i\}$ 中的最小下标 i,则点 A_i 的颜色与前面 $i-1$ 个点的颜色都不相同(否则去掉 A_i 后仍然满足要求).然后取 4 种颜色的点都有的 $\{A_j, A_{j+1}, \cdots, A_i\}$ 中的最大下标 j,则 A_j 的颜色与后 $i-j$ 个点的颜色都不相同.这样一来,点 $A_{j+1}, A_{j+2}, \cdots$, A_{i-1} 的颜色都是异于 A_i, A_j 的另外 2 种颜色.容易看出,线段 $A_j A_i$ 满足要求.

3. 首先,表中两个最大的数同时被两种颜色标出.

(1) 如果这两个数既不同行又不同列,则表中第三大数也必满足要求;

(2) 如果这两个最大数同行,则不与这两个数同行的所有数中最大的一个满足要求;

(3) 如果这两个最大数同列,则不与这两个数同列的所有数中最大的一个满足要求.

无论如何,表中总有 3 个数既红又蓝.

4. 两块棋盘的相交部分为正八边形,其面积为 $128(\sqrt{2}-1)$.这个正八边形可以分成 4 部分:(白,白),(白,黑),(黑,白),(黑,黑),分别记它们的面积为 S_1, S_2, S_3, S_4.因为将一块棋盘绕中心旋转 $90°$ 时,恰好两种颜色的方格互换,故当将这两块棋盘绕中心旋转 $90°$ 时,上述 4 部分的次序恰好颠倒过来,此时 $S_1=S_4$,$S_2=S_3$.当将两块棋盘反向旋转 $45°$ 且将上下两块交换位置时,相当于一块不动而另外一块旋转 $90°$,这就可以得出 $S_1=S_3$,从而 4 部分面积相等.故得 $S_4=32(\sqrt{2}-1)$.

5. 注意:正方形的顶点是一个小正方形的顶点,正方形边上非顶点的节点是两个小方格的公共顶点,正方形内部每一个节点恰好为四个小方格的公共顶点.由于 4 个角点 2 红 2 蓝,所以所有小方格的蓝色顶点数目的总数是偶数,从而恰好有 3 个顶点同色的小方格(即蓝色顶

点为奇数(1 或 3)的小方格)的总数为偶数.

6. 将每一个小扇形看成一个节点,当且仅当对应的小扇形共有一条边时两个节点有边相连,于是得到一个长为 n 的圈 C_n. 而问题等价于计算使用 m 种颜色给 C_n 进行正常染色的方法数目: $\pi_m(C_n) = (m-1)^n + (-1)^n(m-1)$.

7. 使用递推的方法可求得,当没有置换群作用时的染色方案数目是 $m(m-1)^{n-1}$,其中 m 表示色数,n 表示被染色的段数. 考虑到棍子的对称性,相当于有两个置换的群的作用,而只有恒等置换才能使染色方案不变,因此所求方法数目是 $\frac{1}{2}m(m-1)^7$.

习题 9

1. 参见 9.1 节例 4.

2. 使用欧拉公式.

3. 使用欧拉公式.

4. 使用欧拉公式.

5. 使用欧拉公式.

6. 利用 3-连通图定义直接完成证明.

7. 参见 9.3 节例 1.

8. 将车站看成节点,当且仅当两个节点之间有公路直通时,它们之间有边相连. 于是得到一个简单图,它的每一个节点的次至少是 6. 根据欧拉公式,这个图一定是非平面图,从而无法将其画在平面上,使得边与边之间无交叉.

9. 参见 9.3 节例 5.

10. 将多面体视为一个平面图,红色边和黄色边分别用 1 和 0 表示. 定义一个面角的度数为该面角两边数目之和取模 2 所得的余数 0 或 1. 于是一个面角为奇异面角的充分必要条件是其度数为 1. 任取一顶点 A. 由于在计算 A 处所有面角的度数时,从 A 发出的每一条棱的标数都用了两次,从而 A 处所有面角的度数之和为偶数. 于是顶点 A 处的奇异度 S_A 为偶数. 同理可证,任一面所包含的奇异面角的个数也是偶数.

假定图有 k 个顶点 $A_1, A_2, \cdots, A_k$, j 个面 $M_1, M_2, \cdots, M_j$ 和 l 条边. 设面 $M_i(i=1,2,\cdots,j)$ 为 t_i 边形, 则有 $\sum_{i=1}^{j} t_i = 2t$. 令 M_i 的奇异面角数为 $\overline{S}_{M_i}$, 由于它是偶数, 从而有

$$\overline{S}_{M_i} \leqslant 2\left[\frac{t_i}{2}\right],$$

又因 $t_i \geqslant 3$, 有

$$\overline{S}_{M_i} \leqslant 2t_i - 4.$$

在上式中对 i 求和, 则图的所有奇异面角数满足

$$\sum_{i=1}^{j} \overline{S}_{M_i} \leqslant 2\sum_{i=1}^{j} t_i - 4j = 4(t-j).$$

由欧拉公式可得 $t-j=k-2$, 于是有

$$\sum_{i=1}^{j} \overline{S}_{M_i} \leqslant 4k-8.$$

由于每一个 $S_{A_i}(1 \leqslant i \leqslant k)$ 都是偶数, 故必存在 $k_1, k_2, k_1 \neq k_2$, 使得 $S_{A_{k_1}} \leqslant 2, S_{A_{k_2}} \leqslant 2$.

11. 只要证明: 一个平面近三角剖分图(最多只有一个面是非三角形)是可以 3-面染色的. 这可以直接用数学归纳法证明.

另外, 也可以使用布鲁克斯定理. 不妨假定图是平面三角剖分图, 且不是 K_4. 其几何对偶图是 3-正则图. 于是由布鲁克斯定理, 集合对偶图可以用三种颜色实行节点染色, 而我们的图的面染色对应于几何对偶的节点染色图的子图, 自然可以使用不多于三种颜色来实行面染色.

12. 答案是显然的. 我们在原地图 G 的基础上构造一个新地图 G', 使得新增加的扁平形与原来的边不交, 且保证新地图是欧拉图(每一个点的度为偶数). 这足可以保证 G' 可以被 2-面染色.

13. 这是平面 4-正则图的面染色问题, 结论显而易见.

14. 答案是显然的.

15. 从题目条件看, 所有的面都没有区别. 这是一个无标号图的面染色问题, 同时它又是正常染色, 因此只能使用穷举法. 因为有三个面共一个顶点, 至少要用 3 种颜色.

(1) 6 种颜色全都使用.将一种颜色染上底面,从剩下的 5 种颜色中取 1 种染下底面,一共有 C_5^1 种方法.余下的 4 个侧面对应于 4 种颜色的圆排列,有 $(4-1)!$ 种染色法.所以,一共有 $5\times(4-1)!=30$ 种方法.

(2) 只用 5 种颜色.从 6 种颜色中取 5 种有 C_6^5 种方法.此时一定有一组对面同色,从 5 种颜色中选 1 色染一组对面,并且将它们朝上和朝下,有 C_5^1 种方法.其余 4 种颜色染余下 4 个侧面(对应于 4 种不同颜色的珠子的项链),有 $\frac{1}{2}(4-1)!$ 种染色方法.所以一共有 $C_6^5 C_5^1 \frac{1}{2}(4-1)!=90$ 种方法.

(3) 只用 4 种颜色.先选 4 种颜色,有 C_6^4 种方法.此时必有两组对面同色,另外一组对面不同色.将不同色的一组对面朝上和朝下,并且从 4 色中选 2 色染上下两面,有 C_4^2 种方法.余下 2 色的 4 个侧面使 2 组对面同色(应该是 2 种颜色珠子的项链),只有一种方法.所以一共有 $C_6^4 C_4^2 \times 1 = 90$ 种方法.

(4) 只用 3 种颜色.从 6 种颜色中选 3 种有 C_6^3 种方法.此时 3 组对面必须同色,用 3 种颜色去给它们染色只有一种方法.一共有 $C_6^3 = 20$ 种方法.

综上所述,不同的染色方法数目为 $30+90+90+20=230$ 种.

16. 如图 A-14(A),将这个八面体视为一个平面嵌入图,则得到一个平面三角剖分图 G(如图(B)所示).然后将其每一个面视为一个节点,当且仅当两个节点所对应的面共一边时它们有边相连.于是得到几何对偶图 G^*(如图(C)所示). G^* 实际上就是空间正方体(如图(D)所示).于是,对正八面体的面染色问题转化成为对正方体的顶点染色问题.利用模型 1 即可解决.

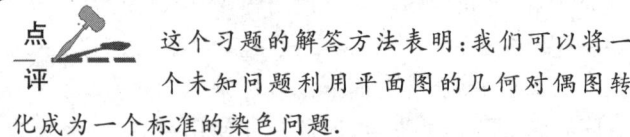

点评 这个习题的解答方法表明:我们可以将一个未知问题利用平面图的几何对偶图转化成为一个标准的染色问题.

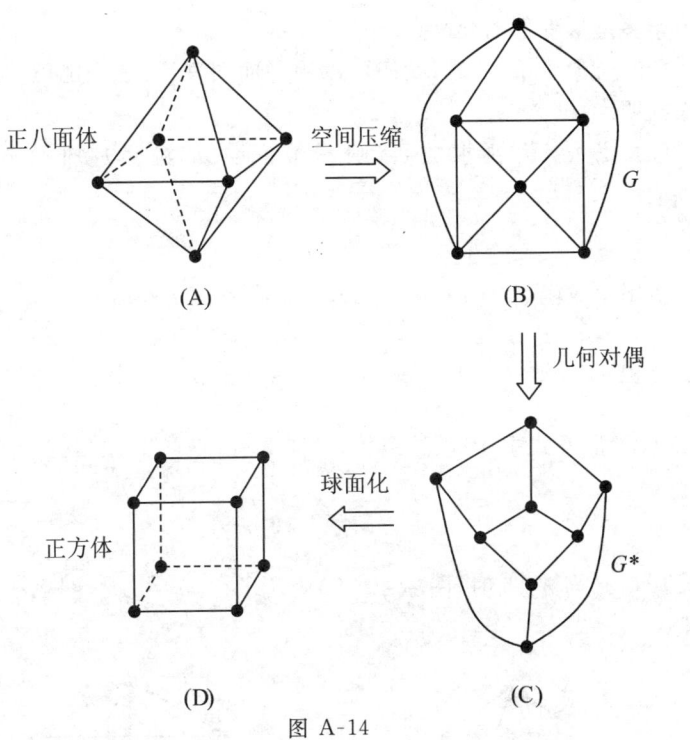

图 A-14

17. 证明所要求的数 a_n 满足关系: $a_n = a_{n-1} + n$.

18. 我们使用图论来解决等价问题:球面上 n 个大圆将球面划分为 $n^2 - n + 2$ 个连通区域. 如果将圆之间的交叉点视为节点, 而圆上因为交叉而分成的线段视为图的边, 则得到一个 4-正则平面图. 显然,区域数目就是图的面数 F, 而边数记为 E, 点数记为 V. 由握手定理知道 $E = 2V$. 由于每一个圆被切分为 $2(n-1)$ 段, 所以 $E = 2n(n-1)$. 从而 $V = n(n-1)$. 根据欧拉公式, $F = E - V + 2 = n(n-1) + 2$.

19. (1) 从形式上看, 一共有 $C_n^2 - n = \frac{1}{2}n(n-3)$ 条对角线, 它们可以组成 $C_{\frac{n(n-3)}{2}}^2$ 个交叉点, 其中有一些是不符合要求的, 必须去掉. 首先要去掉的是位于多边形内部的交叉点, 有 C_n^4 个. 其次是在多边形的定点上的交叉点, 有 nC_{n-3}^2 个. 因此, 一共有

$$C_{\frac{n(n-3)}{2}}^2 - C_n^4 - nC_{n-3}^2 = \frac{1}{12}n(n-3)(n-4)(n-5)$$

个位于多边形外部的交叉点.

(2) 类似于第 18 题,我们可以用平面图理论、握手定理及欧拉公式来证明.

(3) 设 a_n 为所求数目,则不难证明 a_n 满足递推公式:$a_n = \sum_{k=2}^{n-1} a_k a_{n-k+1}$.

如果引用生成函数 $f(x) = \sum_{n=1}^{\infty} a_n$,约定 $a_1 = 0, a_2 = a_3 = 1, a_4 = 2$,而且满足方程 $f^2(x) - f(x) - x = 0, f(x) = \dfrac{1-\sqrt{1-4x}}{2} = \sum_{n=3}^{\infty} \dfrac{1}{n-1} C_{2n-4}^{n-2}$.

对比 $f(x)$ 展开式中 x^n 项的系数,得到 $a_n = \dfrac{1}{n-1} C_{2n-4}^{n-2}$.

习题 10

1. (1) 当 $n = 5$ 时,图 A-15(A) 为所求;当 $n = 6$ 时,图 A-15(B) 为所求.

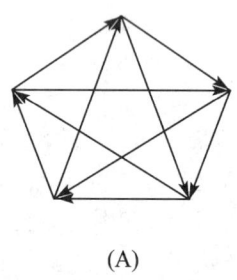
(A)

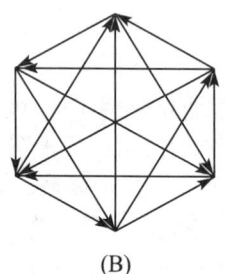
(B)

图 A-15

(2) 假设 $n = k$ 时,存在满足要求的有向图.

当 $n = k+2$ 时,先在顶点 $V_1, V_2, \cdots, V_k$ 间作出满足要求的 k 阶有向图.对于另两个顶点 V_{k+1}, V_{k+2},令 $V_1, V_2, \cdots, V_k$ 均指向 V_{k+1},而 V_{k+2} 指向 $V_1, V_2, \cdots, V_k$,再令 V_{k+1} 指向 V_{k+2},则 V_{k+1} 可通过 V_{k+2} 到达 $V_1, V_2, \cdots, V_k$(显然 V_{k+2} 可以直达 $V_1, V_2, \cdots, V_k$),$V_1, V_2, \cdots, V_k$ 可通过 V_{k+1} 到达 V_{k+2}(显然 $V_1, V_2, \cdots, V_k$ 可以直达 V_{k+1}),故该 $k+2$ 阶图仍满足要求.

由(1)(2)知对任意 $4 < n \in \mathbf{N}$,都存在满足要求的 n 个城市间的改造方案.命题得证.

2. (1) 设 G 有回路 $(v_1, v_2, \cdots, v_k)$. 在 $v_1, v_2, \cdots, v_{k-1}$ 中,取第一个使弧 (v_{i+1}, v_1) 存在的 v_i,则有弧 (v_1, v_i),因而 $(v_1, v_i, \cdots, v_{i+1})$ 就是一个三角形的回路.

(2) 设节点 x, y 满足 $od(x) = od(y)$,我们证明有一个回路为三角形.

不妨设有弧 (x, y),并且从 y 到顶点 $v_1, v_2, \cdots, v_k$ 各有一条弧,其中 $k = od(x)$,则必有一顶点 $v_j (1 \leqslant j \leqslant k)$,从 v_j 到 x 有一条弧,否则 $od(x) \geqslant k+1 > od(y)$. 回路 x, y, v_j 就是一个三角形,充分性得证.

若 $\overline{K}_n$ 各顶点的出度不同,用数学归纳法证明 $\overline{K}_n$ 不含三角形. 当 $n = 3$ 时,易知顶点出度为 $0, 1, 2$ 的三角形不成回路.

设命题在 $n = k$ 时成立,考察 $k+1$ 阶竞赛图 $\overline{K}_{k+1}$. 若它的各顶点出度不同,那么它们依次为 $0, 1, 2, \cdots, k$. 设 $od(y) = k$,去掉点 y 及相应的弧,由归纳假设,$\overline{K}_{k+1} - y$ 不含三角形回路,显然 $\overline{K}_{k+1}$ 中也没有三角形回路,必要性得证.

3. 我们来证明,如果现在的航线系统满足条件 f,并且 2 个城市 A 与 B 没有航线相连,那么这时增加航线 $A \to B$ 或 $B \to A$,可使航线系统仍旧满足条件 f. 假设在新的航线系统中条件 f 未被满足,那么在增加航线 $A \to B$ 后会出现闭合路线 $B \to C_1 \to C_2 \to \cdots \to C_n \to A \to B$. 类似地,在增加航线 $B \to A$ 后会出现闭合路线 $A \to D_1 \to D_2 \to \cdots \to D_m \to B \to A$. 但这会导致在增加 A 与 B 之间航线前,已经有闭合航线 $A \to D_1 \to D_2 \to \cdots \to D_m \to B \to C_1 \to C_2 \to \cdots \to C_n \to A$(可能有某些顶点 C_i 与 D_j 重合),即以前的航线系统不满足条件 f,矛盾.

4. 参见例 6.

5. 用 n 个点表示 n 个棋手. 如果 v_i 胜 v_j,我们就作一条从 v_i 到 v_j 的弧,得有向图 D. 如果 D 中没有回路,那么必有一点 v 的入度是 0,该点就表示在比赛中全胜的人. 同样可证有一个人在所有比赛中全负.

6. 设 $v_1, v_2, \cdots, v_n$ 中,v_p 的子孙后代最多,那么 v_p 就是这 n 个人的共同祖先. 否则设 v_p 不是 v_q 的祖先,那么 v_p 与 v_q 的共同祖先 $v_r \neq v_p$,而 v_r 的子孙后代至少比 v_p 多 1,矛盾.

293

7. 乙胜了两场.

8. 把循环赛对应于一个竞赛图. 由题设, 无一顶点的出度为 $n-1$. 由抽屉原理, 至少有两个顶点的出度相同, 由习题 2, 命题得证.

9. 利用定理 10-9.

10. 假定图 G 有一个欧拉定向. 根据定义, 每一个节点的出度=入度, 故 G 是欧拉图. 反过来, 假定 G 是欧拉图, 那么 $E(G)=C_1+C_2+\cdots+C_m$, 即每一个欧拉图的边集合都可以分解成为若干个边不交的圈的并. 对于每一个圈 $C_i(1\leqslant i\leqslant m)$, 给它一个完全定向, 使得 $C_i(1\leqslant i\leqslant m)$ 成为一个有向圈. 将它们合并起来后得到图 G 的一个欧拉定向.

11. 根据定义直接可得.

12. 假定有向图 D 是强连通的, 对于它的任何一个边割 $E[A,B]$, 从 $A(B)$ 到 $B(A)$ 一定有有向路 $P(Q)$, 它与 $E[A,B]$ 一定有公共边. 反之, 假定对于 D 的基础图 G 的每一个边割 $S=[A,B]$, D 中存在一条从 A 到 B 的弧和一条从 B 到 A 的弧, 并假定 D 不是强连通图, 则存在两个节点 u,v, 它们之间没有 $u-v$ 路. 设 $A=\{x\in V(D)\mid D$ 有 $u-x$ 路$\}$, $B=D-A$. 由于 $u\in A, v\in B$, 所以 $A\neq\varnothing, B\neq\varnothing$. 基础图中 $E[A,B]$ 形成一个边割. 因为对于任意 $x\in A$, D 中有 $u-x$ 路, 并且对于任意 $x\in B$, D 中不含 $u-x$ 路, 所以 D 中不存在从 A 到 B 的弧. 矛盾.

13. 这是显然的.

14. 假定竞赛图 D 是可迁的, 由定理 10-15, 其中没有圈, 也就没有 3-圈. 根据习题 2 的论断(2)知道, D 中没有两个节点的出度相同. 反之, 假定没有两个节点的出度相同, 同理可知 D 中没有 3-圈. 如果 D 不是可迁的, 那么它一定有 k-圈. 利用此 k-圈, 我们可以找到 3-圈, 矛盾.

注意: 这里利用的事实是: 竞赛图中有 3-圈 $\Leftrightarrow$ 它有某圈.

15. 利用定理 10-19.

16. 设 $u,v\in V(D), (u,v)\in E(D)$, 则最短 $u-v$ 路长为 1, 而最短 $v-u$ 路长 $\neq 1$.

17. 只要证明: 若 $E(H_1)\neq E(H_2)$, 则必然存在弧 $(u,v)\in E(H_1)\setminus E(H_2)$, 使得 H_2 中不存在 $v-u$ 路.

我们以 $\lambda_2(v_i)$ 表示节点 v_i 在 H_2 中的"代"数(即在 H_2 中从 v_1 到

v_i 的唯一的 v_1-v_i 路长). 取弧 $(u,v) \in E(H_1) \backslash E(H_2)$ 为使 $\lambda_2(v)$ 最大的弧,我们证明在 H_2 中不存在 $v-u$ 路. 若不然,设 P 是 H_2 中的 $v-u$ 路. 因为 H_1 是外向树,故 P 上至少有一条弧 $(w_1,v_1) \in E(H_2) \backslash E(H_1)$. 易见 $\lambda_2(v_1) > \lambda_2(w_1) \geqslant \lambda_2(v)$. 但是显然存在一条弧 $(u_1,v_1) \in E(H_1) \backslash E(H_2)$,这与 (u,v) 的取法相违. 证毕.

18. 设 D 为有向图,它的色数为 $\chi(D)$. 加入一个新节点 v_0 及弧 (v_0,v),(v,v_0) 后,得到一个强连通图 D',它的色数 $\chi(D') = \chi(D)+1$. 根据邦迪定理,D' 中有一个长度至少为 $\chi(D')$ 的圈 C,这样的圈 C 一定要过 v_0. 在 C 中去掉 v_0 后得到一个有向路,长度至少为 $\chi(D')-2 = \chi(D)-1$. 证毕.

19. 设 D_1,D_2 分别是 D 的生成有向子图,满足:当 D 的弧 (u,v) 适合 $f(u) \leqslant f(v)$ 时,弧 (u,v) 属于 D_1;当 D 的弧 (u,v) 适合 $f(u) > f(v)$ 时,弧 (u,v) 属于 D_2. 容易看出:要么 $\chi(D_1) > m$,要么 $\chi(D_2) > n$. 根据定理 10-10,结论成立.

20. 这是上题的推论. 实际上,我们可以在 K_{mn+1} 上定义一个有向图如下:按照序列 $a_1,a_2,\cdots,a_{mn+1}$ 的次序给 K_{mn+1} 的第一个节点自然赋权(即节点 u_i 的权为 a_i). 由于 $\chi(K_{mn+1}) > mn$,从上题自然可以得到结论.

21. 利用布鲁克斯定理和定理 10-11.

22. 参照例 7,可知 (1) 7 次,(2) 3 次,(3) 9 次.

23. 如果 G 有一个定向,使得对应的有向图成为强连通图,G 一定是不含有割边的图(否则,G 中有边 e 使得 $G-e$ 恰好有两个分支 G_1,G_2. 显然,沿着 e 从一个分支进入另外一个分支后,无法再返回原来的分支).

以下设 G 是 2-边连通图. 我们可以假定 $G_1,G_2,\cdots,G_m$ 是 G 的所有 2-连通分支. 容易看出,每一个分支都不是 K_2. 于是,我们只要证明每一个分支是强连通的即可. 故只要证明:当 G 是节点数大于 2 的 2-连通图,那么它一定有一个强连通定向. 这可以从 2-连通图的耳朵分解定理直接得到(这个定理说明:所有的 2-连通图都可以按照下列方式得到:$G_1 = C_1$ 是一个圈,在 C_1 的两个节点之间联结一个路 P_1,使得它与 G_1 无内部交点,这样得到一个 2-连通图 G_2. 不断重复这个过程,所得到的图都是 2-连通图). 注意到每一个 2-连通图都可以以这种方式来生成, 于是容易看出, 在第一步中, 我们可以给圈 C_1 一个强连通定向, 然后在每一步引入一个有向路, 这样得到的图是强连通的.